色素増感太陽電池の最新技術 II

Recent Advances in Research and Development
for Dye-Sensitized Solar Cells II

《普及版／Popular Edition》

監修 荒川裕則

シーエムシー出版

はじめに

 2001年に色素増感太陽電池に関する入門書として「色素増感太陽電池の最新技術」が株式会社シーエムシー出版から出版された。この入門書では，その当時の色素増感太陽電池の研究の第一線の多くの専門家の先生方に御執筆いただいた。その結果，読者の方々から大変ご好評いただき，まさに色素増感太陽電池に関する解説書，入門書としての役割を果たすことができた。

 「色素増感太陽電池の最新技術」の発刊以来，5年の歳月が経過し，色素増感太陽電池の研究開発も一段と進み，フレキシブル色素増感太陽電池の開発や実用化を意識した研究開発等も行われるようになってきた。また，日本では産官学の多くの研究機関で，色素増感太陽電池に関わる広範な研究開発が行われ，5年前には予想できなかった多くの進捗が見られ，「色素増感太陽電池の最新技術」の改訂版を望む声が編集部に多く寄せられた。

 このような背景をもとに，「色素増感太陽電池の最新技術」の姉妹版である本書「色素増感太陽電池の最新技術Ⅱ」が発刊される運びとなった。本書は色素増感太陽電池の研究開発の最前線にいる36人の研究者，技術者が各々の研究課題について，過去5年間の研究開発の進捗状況を中心として紹介したものであり，基礎編，実用化編，海外編，応用編の4部構成となっている。基礎編では色素増感太陽電池の研究開発における基礎基盤的な研究成果が述べられている。実用化編では，色素増感太陽電池のモジュール開発を行っている企業，大学からのモジュール開発の紹介記事となっている。海外編では，ヨーロッパと東アジアを中心とした海外の研究機関における色素増感太陽電池の研究開発の動向が紹介されている。応用編では，色素増感太陽電池の最近の特許動向のほかに，色素増感太陽電池を応用した蓄電池デバイスの作製について述べられている。本書が，色素増感太陽電池の最近の研究開発動向の把握に役立てば望外の喜びである。

 最後に，お忙しい中をご執筆いただいた執筆者各位に心より感謝申し上げると共に，本書の出版にご尽力いただいた編集部の中村郁恵氏に厚くお礼を申し上げる次第である。

2007年5月

東京理科大学　荒川裕則

普及版の刊行にあたって

　本書は 2007 年に『色素増感太陽電池の最新技術 II』として刊行されました。普及版の刊行にあたり，内容は当時のままであり加筆・訂正などの手は加えておりませんので，ご了承ください。

2013 年 3 月

シーエムシー出版　編集部

執筆者一覧（執筆順）

荒川 裕則	東京理科大学	工学部　工業化学科　教授
正木 成彦	大阪大学	先端科学イノベーションセンター　特任研究員
柳田 祥三	大阪大学	先端科学イノベーションセンター　特任教授；名誉教授
岡田 顕一	㈱フジクラ	材料技術研究所　化学機能材料開発部　係長
奥谷 昌之	静岡大学	工学部　物質工学科　助教授
小柳 嗣雄	触媒化成工業㈱	新規事業研究所
実平 義隆	東京大学	先端科学技術研究センター　特別研究生；東北大学　大学院環境科学研究科
内田 聡	東京大学	先端科学技術研究センター　特任助教授
瀬川 浩司	東京大学	先端科学技術研究センター　教授
箕浦 秀樹	岐阜大学	大学院工学研究科　環境エネルギーシステム専攻　教授
吉田 司	岐阜大学	大学院工学研究科　環境エネルギーシステム専攻　助教授
山口 岳志	東京理科大学	工学部　工業化学科　助手
紫垣 晃一郎	日本化薬㈱	機能化学品研究所　技術開発グループ　研究員
井上 照久	日本化薬㈱	機能化学品研究所　技術開発グループ長
片伯部 貫	横浜国立大学	大学院工学研究院
川野 竜司	横浜国立大学	大学院工学研究院
渡邉 正義	横浜国立大学	大学院工学研究院　教授
早瀬 修二	九州工業大学	大学院生命体工学研究科　教授
松井 浩志	㈱フジクラ	材料技術研究所　化学機能材料開発部　係長
昆野 昭則	静岡大学	工学部　物質工学科　助教授
G. R. アソカクマラ	静岡大学	工学部　物質工学科　研究員

菱川 善博	㈱産業技術総合研究所　太陽光発電研究センター　主任研究員	
小出 直城	シャープ㈱　ソーラーシステム事業本部　次世代要素技術開発センター　主事	
宮坂　力	桐蔭横浜大学　大学院工学研究科　教授；ペクセル・テクノロジーズ㈱　代表取締役	
池上 和志	桐蔭横浜大学　大学院工学研究科　助手	
韓　礼元	シャープ㈱　ソーラーシステム事業本部　次世代要素技術開発センター　第3開発室　室長	
豊田 竜生	アイシン精機㈱　エネルギー開発部　SC開発グループ　グループマネージャー	
元廣 友美	㈱豊田中央研究所　材料分野　材料物性研究室　室長	
北村 隆之	㈱フジクラ　材料技術研究所　化学機能材料開発部　主査	
錦谷 禎範	新日本石油㈱　研究開発本部　中央技術研究所　副所長	
久保 貴哉	新日本石油㈱　研究開発本部　中央技術研究所　水素・新エネルギー研究所　新エネルギーグループ　チーフスタッフ；東京大学　先端科学技術研究センター　特任助教授	
伊藤 省吾	京セラ㈱　中央研究所　DSC開発課　滋賀八日市工場	
Nam-Gyu Park	Korea Institute of Science and Technology (KIST)　Center of Energy Materials, Materials Science and Technology Division	
手島 健次郎	ペクセル・テクノロジーズ㈱　研究開発部　主任研究員	
村上 拓郎	ローザンヌ連邦工科大学　博士研究員	
酒井 幸雄	㈱ダイヤリサーチマーテック　調査コンサルティング部門　主幹研究員	

執筆者の所属表記は，2007年当時のものを使用しております。

目　次

【基礎編】

第1章　研究開発の現状　　荒川裕則

1　はじめに………………………………3
2　色素増感太陽電池の現在の最高性能……3
3　これからの課題………………………5
　3.1　大型セルの高性能化………………5
　3.2　単一セルとモジュールの耐久性の
　　　向上…………………………………8
4　研究開発動向…………………………9
　4.1　導電性基板………………………10
　4.2　半導体光電極……………………10
　4.3　色素………………………………10
　4.4　電解質……………………………11
　4.5　対極………………………………12
　4.6　セル，モジュール化技術………12
　4.7　その他……………………………12
5　おわりに……………………………12

第2章　色素増感太陽電池の電子移動メカニズム　　正木成彦，柳田祥三

1　はじめに……………………………14
2　多孔質酸化チタン電極での電子移動機構
　………………………………………15
3　多孔質酸化チタン電極中の電子拡散係数
　………………………………………16
4　多孔質酸化チタン電極中の電子寿命……20
5　透明導電性電極の界面電子挙動………23
6　おわりに……………………………24

第3章　色素増感太陽電池の導電性基板(1)　　岡田顕一

1　はじめに……………………………26
2　低抵抗透明導電膜……………………27
　2.1　作製方法…………………………27
　2.2　特性………………………………28
3　金属格子配線…………………………30
　3.1　配線材料…………………………31
　3.2　特性………………………………32
4　おわりに……………………………33

第4章　色素増感太陽電池の導電性基板(2)　　奥谷昌之

1　はじめに……………………………35
2　透明導電膜……………………………35

I

3	色素増感太陽電池のための透明導電膜 ……………………………36	3.2	透明導電膜の光吸収 ……………37
		3.3	光散乱効果の導入 ………………40
3.1	低抵抗透明導電膜の作製 ………36	4	おわりに ……………………………41

第5章　チタニア光電極用のナノチタニアと色素増感太陽電池

小柳嗣雄

1	はじめに ……………………………42		特性 …………………………………45
2	色素増感太陽電池の発電原理について ……………………………………42	6	当社のチタニアコロイドラインアップ …………………………………………47
3	ゾル-ゲル法によるチタニア膜の形成法と特性 ……………………………44	6.1	チタニア半導体膜（二層構造）の製造法 ……………………………49
4	固体／電解質の界面での光誘起電荷分離の詳細 ……………………………45	7	コアーシェルチタニア粒子を使用したチタニア電極の特性 ………………50
5	単分散性チタニアの特長と光マネジメント	8	チタニアペーストの特長 …………52

第6章　酸化チタンナノワイヤーによる高効率色素増感太陽電池の作製

実平義隆，内田　聡，瀬川浩司

1	はじめに ……………………………53	4	酸化チタンナノワイヤーによる電池電極の作製 ……………………………56
2	酸化チタンナノワイヤー …………54		
3	酸化チタンナノワイヤーの合成 …55	5	おわりに ……………………………58

第7章　チタニア光電極の光閉じ込め効果　　荒川裕則

1	はじめに ……………………………60		……………………………………62
2	TiO$_2$光電極の光閉じ込め効果による性能の向上 ……………………………60	2.3	Mペーストで構成される光電極を用いた色素増感太陽電池の性能 ……………………………………62
2.1	チタニア粒子と，それから構成されるペースト ………………61	2.4	積層構造の光電極を用いた色素増感太陽電池の性能 ……………64
2.2	Nペーストで構成される光電極を用いた色素増感太陽電池の性能	2.5	多層積層構造の光電極を用いた色素

増感太陽電池の性能‥‥‥‥‥‥65　　　‥‥‥‥‥‥‥‥‥‥‥‥‥‥66
2.6　Black dye色素増感太陽電池による　　3　おわりに‥‥‥‥‥‥‥‥‥‥‥67
　　チタニア光電極の光閉じ込め効果

第8章　電析法により作製される酸化亜鉛光電極を用いた色素増感太陽電池　　箕浦秀樹，吉田　司

1　はじめに‥‥‥‥‥‥‥‥‥‥‥68　　4　電析法により得られるナノポーラス
2　なぜ酸化亜鉛か‥‥‥‥‥‥‥‥69　　　酸化亜鉛薄膜の微細構造‥‥‥‥71
3　ナノポーラス酸化亜鉛／色素ハイブリッド　5　光電極としての特性‥‥‥‥‥‥73
　　薄膜の調製法‥‥‥‥‥‥‥‥‥70　　6　おわりに‥‥‥‥‥‥‥‥‥‥‥76

第9章　Ru錯体系増感色素　　山口岳志，荒川裕則

1　はじめに‥‥‥‥‥‥‥‥‥‥‥78　　4　βジケトナートRu錯体色素‥‥‥82
2　N719色素とBlack dye色素‥‥‥‥79　5　長鎖置換基などを有するビピリジンRu
3　クォーターピリジンRu錯体色素‥‥81　　錯体色素‥‥‥‥‥‥‥‥‥‥‥84

第10章　有機色素を用いた色素増感太陽電池(1)
―クマリン・ポリエン系色素―　　荒川裕則

1　はじめに‥‥‥‥‥‥‥‥‥‥‥88　　3　ポリエン系高性能色素の開発‥‥‥92
2　クマリン系高性能色素の開発‥‥‥88　　4　おわりに‥‥‥‥‥‥‥‥‥‥‥93

第11章　有機色素を用いた色素増感太陽電池(2)　　紫垣晃一郎，井上照久

1　はじめに‥‥‥‥‥‥‥‥‥‥‥95　　　　への電子注入速度‥‥‥‥‥‥‥99
2　色素増感太陽電池における増感色素　　　5　高分子増感色素を用いた色素増感太陽電池
　　の役割‥‥‥‥‥‥‥‥‥‥‥‥95　　　‥‥‥‥‥‥‥‥‥‥‥‥‥‥100
3　アクリル酸系増感色素‥‥‥‥‥97　　6　おわりに‥‥‥‥‥‥‥‥‥‥101
4　アクリル酸系増感色素から酸化チタン

第12章　色素増感太陽電池電解質としてのイオン液体
片伯部貫，川野竜司，渡邉正義

1 はじめに……………………………102
2 イオン液体中のヨウ素レドックスカップルの電荷輸送機構……………………103
3 ヨウ素レドックスカップルの交換反応の溶媒種依存性と太陽電地セル性能に与える影響……………………………105
4 イオン液体を用いた色素増感太陽電池性能……………………………107
5 イオン液晶電解質の色素増感太陽電池への適用……………………………107

第13章　色素増感太陽電池のイオン液体ゲルによる擬固体化
早瀬修二

1 はじめに……………………………113
2 色素増感太陽電池の発電機構と作製方法……………………………113
3 イオン液体型電解液……………………115
4 擬固体化について……………………116
    4.1 相分離と擬固体化(化学反応性ゲル)……………………………116
    4.2 相分離と擬固体化(ナノ粒子／イオン液体コンポジット)……………117
    4.3 相分離と擬固体化(反応性ナノコンポジット，潜在性ゲル電解質前駆体)……………………………117
    4.4 粒子ナノ界面をイオンパスとして使用するナノ粒子添加系ソフトゲル電解質……………………………119
    4.5 粒子界面を自己組織化イミダゾリウムイオンで修飾したハードクレイタイプ電解質—自己組織化によるイオンパスの作製—……………………120
    4.6 直線状イオンパスを有する自己組織化イオンパスの作製……………121
5 おわりに……………………………122

第14章　色素増感太陽電池のナノコンポジットイオンゲル電解質
松井浩志

1 はじめに……………………………124
2 ナノコンポジットイオンゲル電解質の開発……………………………125
    2.1 電解質の調製と基本物性……125
    2.2 電解質特性の評価……………127
    2.3 太陽電池特性…………………129
3 その他の研究例(I^-/I_3^-レドックス対の配列制御による高性能化)……………130
4 おわりに……………………………132

第15章　色素増感太陽電池の固体電解質
昆野昭則，G. R. アソカ クマラ

1　はじめに・・・・・・・・・・・・・・134
2　ヨウ化銅をp-型半導体層とする固体型色素増感太陽電池・・・・・・・・・・・135
3　TiO₂電極の作製法と短絡防止層の効果・・・・・・・・・・・・・・137
 3.1　TiO₂電極作製法Ⅰ・・・・・・・137
 3.2　TiO₂電極作製法Ⅱ・・・・・・・137
4　ヨウ化銅の多孔質TiO₂電極への充填とコンタクトの向上・・・・・・・・・・138
5　色素吸着多孔質TiO₂層の表面被覆による電荷再結合の抑制と開回路電圧の向上・・・・・・・・・・・・・・138
6　有機色素を用いる固体型色素増感太陽電池の高効率化・・・・・・・・・・140
7　おわりに・・・・・・・・・・・・・・140

第16章　非ヨウ素系レドックス／非Pt系対極
荒川裕則

1　はじめに・・・・・・・・・・・・・・143
2　非ヨウ素系レドックス・・・・・・・143
 2.1　臭素系レドックス等・・・・・・143
 2.2　コバルト錯体系レドックス・・・144
 2.3　透明非腐蝕性電解質溶液・・・・145
 2.4　固体系電解質・・・・・・・・・146
3　非Pt系対極・・・・・・・・・・・・147
 3.1　カーボン系対極・・・・・・・・147
 3.2　ポリマー系対極・・・・・・・・148
4　おわりに・・・・・・・・・・・・・・149

第17章　プラスチックフィルム色素増感太陽電池
内田聡，瀬川浩司

1　はじめに・・・・・・・・・・・・・・150
2　色素増感太陽電池の動作原理・・・・151
3　マイクロ波の利用・・・・・・・・・152
4　マイクロ波焼結装置・・・・・・・・153
5　色素増感太陽電池への応用・・・・・154
6　おわりに・・・・・・・・・・・・・・156

第18章　色素増感太陽電池の性能評価技術
菱川善博

1　はじめに・・・・・・・・・・・・・・162
2　実験およびサンプル・・・・・・・・162
3　性能評価技術各論・・・・・・・・・163
 3.1　I-V特性の測定時間・・・・・・163
 3.2　I-V特性の照度依存性・・・・・165
 3.3　分光感度特性の評価・・・・・・167
4　おわりに・・・・・・・・・・・・・・168

第19章　色素増感太陽電池の内部抵抗解析　　小出直城

1　はじめに……………………170
2　色素増感太陽電池の内部抵抗………170
　2.1　動作原理—色素増感太陽電池と
　　　　pn接合型太陽電池の比較—……170
　2.2　セル内部抵抗……………171
3　色素増感太陽電池の等価回路モデル…172
　3.1　等価回路モデルの提案………172
　3.2　等価回路モデルの検証………173
4　等価回路モデルの応用……………174
　4.1　FF改善技術………………174
　4.2　セル評価技術………………174
　4.3　変換効率の現状と展望………175
5　おわりに……………………176

【実用化編】

第1章　プラスチックフィルム色素増感太陽電池　　宮坂　力，池上和志

1　はじめに……………………181
2　プラスチック電極と半導体膜の低温成膜
　　…………………………182
3　プラスチック色素増感太陽電池モジュール
　　の開発……………………186
4　従来シリコン太陽電池との特性比較…188
5　蓄電とユビキタス性が意味をもつ
　　プラスチック色素増感太陽電池……190
6　プラスチックモジュールの耐久性……191
7　おわりに……………………192

第2章　高性能・集積型色素増感太陽電池モジュール　　韓　礼元

1　はじめに……………………194
2　単セルの高効率化技術………………194
　2.1　単セルのJ_{sc}改善技術………194
　2.2　単セル大面積化技術…………195
　2.3　単セル変換効率の現状………196
3　集積型色素増感太陽電池モジュールの
　　高効率化技術……………………196
　3.1　色素増感太陽電池モジュールの
　　　　集積構造………………197
　3.2　高性能・集積型色素増感太陽電池
　　　　モジュールの高効率化………197
4　おわりに……………………199

第3章　色素増感太陽電池モジュールの動向と展望　　豊田竜生，元廣友美

1　はじめに……………………201
2　DSCモジュールの分類……………202
3　各モジュールの特徴・報告例と課題…203
　3.1　対向セルモジュール…………203

3.1.1　特徴……………………203
　　3.1.2　報告例…………………203
　　3.1.3　課題と今後の動向………204
　3.2　Z-モジュール………………205
　　3.2.1　特徴……………………205
　　3.2.2　報告例…………………206
　　3.2.3　課題と今後の動向………207
　3.3　モノリス型モジュール（3層
　　　　モジュール，S-モジュール）……207
　　3.3.1　特徴……………………207
　　3.3.2　報告例…………………208
　　3.3.3　課題と今後の動向………208
　3.4　W-モジュール………………209
　　3.4.1　特徴……………………209
　　3.4.2　報告例…………………209
　　3.4.3　課題と今後の動向………210
4　おわりに………………………………211

第4章　ガラス基板グリッド配線型色素増感太陽電池モジュール
北村隆之

1　はじめに………………………………214
2　素子大面積化に伴う問題点…………215
3　大面積モジュールの構造……………217
4　グリッド配線型大面積モジュールの作製
　　………………………………………219
5　おわりに………………………………221

第5章　ガラス基板色素増感太陽電池　　錦谷禎範，久保貴哉

1　はじめに………………………………223
2　イオン伝導性ポリマーを用いたDSCの
　　固体化検討…………………………224
3　バスバー付き透明導電基板を用いた
　　大面積DSCの作製検討……………225
4　おわりに………………………………229

【海外編】

第1章　世界における色素増感太陽電池の研究開発　　荒川裕則

1　はじめに………………………………233
2　Dyesol-STI（オーストラリア-スイス）
　　………………………………………233
3　Solaronix SA（スイス）………………234
4　ECN（オランダ）………………………234
5　フラウンフォーファー太陽エネルギー
　　研究所（ドイツ）……………………235
6　プラズマ物理学研究所（中国）………236
7　ITRI（台湾）……………………………236
8　Konarka Technologies, Inc.（米国）……237

第2章　EPFLにおける色素増感型太陽電池の研究開発動向　　伊藤省吾

1　はじめに ………………………… 239
2　高効率型セル …………………… 239
3　高耐久型セル …………………… 240
4　固体型セル ……………………… 242
5　光―電子物性測定 ……………… 243
6　おわりに ………………………… 244

第3章　韓国における色素増感太陽電池の研究開発動向
R&D activities on dye-sensitized solar cell in Korea
Nam-Gyu Park

Abstract ……………………………… 246
1　Introduction …………………… 246
2　Research Activities …………… 247
　2.1　Nanocrystalline Wide Bandgap Materials …………………… 247
　2.2　Dye Molecules ……………… 250
　2.3　Redox Electrolytes ………… 251
　2.4　Low Temperature Process and Flexible Device ……………… 252
3　Summary and Outlook ………… 253

【応用編】

第1章　色素増感型光蓄電素子「光キャパシタ」
手島健次郎，村上拓郎，宮坂　力

1　はじめに ………………………… 259
2　光キャパシタの構造と動作機構 … 260
3　光キャパシタの光充放電特性 … 262
4　光キャパシタ構造の改良による光充放電特性の改善 ……………… 262
5　蓄電層の改良による光充放電特性の改善 …………………………… 265
6　大型光キャパシタの作製と拡散太陽光下における出力特性 ………… 266
7　おわりに ………………………… 268

第2章　色素増感光二次電池　　瀬川浩司

1　はじめに ………………………… 269
2　「蓄電できる太陽電池」の基本構成 … 270
3　導電性高分子を用いたES-DSSC … 271
4　セパレータの改良 ……………… 273
5　電荷蓄積電極の改良 …………… 274
6　おわりに ………………………… 276

第3章　色素増感太陽電池の最近の特許動向　　酒井幸雄

1 はじめに ・・・・・・・・・・・・・・・・・・・・・・277
2 特許調査方法と色素増感太陽電池の
  技術分類 ・・・・・・・・・・・・・・・・・・・・・・・277
3 特許出願の全体動向 ・・・・・・・・・・・・・・278
4 技術分野別動向分析 ・・・・・・・・・・・・・・281
5 出願人別動向 ・・・・・・・・・・・・・・・・・・・・282
6 EPFL/Graetzel の特許出願 ・・・・・・・・・283
7 主要研究開発テーマ別特許出願の流れ
  ・・・・・・・・・・・・・・・・・・・・・・・・・・・・・・・・285
8 おわりに ・・・・・・・・・・・・・・・・・・・・・・・・287

基 礎 編

第1章　研究開発の現状

荒川裕則*

1　はじめに

　本書の第1版である「色素増感太陽電池の最新技術」[1]が2001年に発行されて以来5ヵ年が経過した。この間，色素増感太陽電池の研究開発は活発に行われ，今や化学系のエネルギー技術開発の研究分野における大きな柱の一つになる勢いである。春と秋に年2回行なわれる日本化学会や電気化学会等の関連学会でも発表件数は多く，1日1会場では収まらないくらい盛況である。また，過去10年の国内における特許出願状況を見ても，出願数は年々増加し総数で1000件を超えている。その特許の出願機関の数も産官学を含め130機関を上回っている[2]。本研究開発の裾野の広がりに，約10年前に日本における本研究開発のプロジェクトフォーメーションに関わった一人として非常に嬉しく感じていると共に，この研究開発を是非成功させたいと願っている。

　本章では，このように活発に研究開発が行われている色素増感太陽電池の現状について概観する。各要素技術の開発状況については，各々の分野の専門家の執筆になる各章にゆだねたい。

2　色素増感太陽電池の現在の最高性能

　日本では，ここ数年の間に世界のトップレベルの性能を報告する研究機関が現れてきた。筆者は，この成果はNEDOの太陽光発電技術研究開発の一貫として行われた，複数の色素増感太陽電池に関する研究開発プロジェクトに依るところが大きいと考えている。1993年にEPFLのGrätzel教授らがN3色素を用いたチタニア色素増感太陽電池で10.2％[3]を報告して以来，その追試研究が行われてきたが，なかなか性能が再現できなかった。しかし，近年日本ではいくつかの研究機関が変換効率10％以上を達成している。現在の最高性能はGrätzel教授らが2005年に報告したN719色素で11.2％[4]であり，Black dyeでは2006年にシャープ㈱が報告した11.1％が最高である[5]。色素増感太陽電池の性能として10％以上の性能を報告している研究機関を表1にまとめる。N719色素を用いたチタニア色素増感太陽電池では，上述したように2005年にGrätzel教授らが報告した11.2％が最高値である[4]。国内では，2004年に産総研のZ.S.Wangと

＊　Hironori Arakawa　東京理科大学　工学部　工業化学科　教授

色素増感太陽電池の最新技術 II

表1　10％以上の変換効率が報告されている色素増感太陽電池の性能と研究機関

研究機関	報告年	色素	セル面積 (cm^2)	J_{SC} (mA/cm^2)	V_{OC} (V)	ff	η (%)	評価機関
EPFL	2005	N719	0.16	17.7	0.85	0.75	11.2	EPFL[4]
産総研	2004	N719	0.25	18.2	0.76	0.74	10.2	産総研[6]
産総研	2006	N719	0.25	17.3	0.77	0.76	10.0	産総研[7]
シャープ	2006	Black dye	0.22	20.9	0.74	0.72	11.1	AIST（標準機関）[5]
産総研	2005	Black dye	0.25	21.5	0.70	0.69	10.5	産総研[9]
シャープ	2005	Black dye	1.00	21.8	0.73	0.65	10.4	AIST（標準機関）[8]
EPFL	2001	Black dye	0.18	20.5	0.72	0.70	10.4	NREL（標準機関）[10]
東京理科大	2006	Black dye	0.23	21.3	0.69	0.69	10.2	AIST（標準機関）[11]
住友大阪セメ	2007	Black dye	0.23	19.7	0.73	0.69	10.0	住友大阪セメ[12]
東京理科大	2006	β-ジケトナート	0.25	21.5	0.69	0.71	10.2	東京理科大[13]

β-ジケトナート　　　　　　　　N719　　　　　　　　Black dye

筆者らが 10.2％を報告した[6]。これは，チタニア光電極にカスケード型の光閉じ込め効果を適用したものである。また 2006 年には，同じく産総研の M.Wei と筆者らがメソポーラスチタニアを用いて 10.0％を報告した[7]。一方，Black dye を用いた色素増感太陽電池では上述したシャープ㈱の韓らが 2005 年に 10.4％を[8]，2006 年に 11.1％を報告している[5]。シャープ㈱の，これらの太陽電池の評価は日本の太陽電池の標準評価機関である産総研・太陽光発電センター（表1にはAIST と記載）が客観的に評価を行った結果である。また，2005 年には産総研の Z.S.Wang と筆者らが 10.5％を報告している[9]。2001 年には Grätzel 教授らが米国の太陽電池の標準評価機関である NREL の評価で 10.4％を報告している[10]。2006 年に東京理科大の筆者らが産総研・太陽光発電センターの評価で 10.2％を達成している[11]。住友大阪セメント㈱は，星型チタニア散乱粒子を使用したチタニア太陽電池で 10.0％を達成したことを 2007 年春の日本化学会で報告している[12]。また，筆者らは，新色素のターピリジン・β-ジケトナート Ru 色素を開発し，これを用いたチタニア色素増感太陽電池で変換効率 10.2％を達成した[13]。N719 色素，Black dye 色素以外の色素を用いた色素増感太陽電池で 10％以上の性能を出した初めての例である。

これから，多くの研究機関から 10％以上の高性能化の報告があると思われるが，性能測定法は，各研究機関により異なるので，正確かつ客観的な評価法として，日本の太陽電池の評価標準

第1章　研究開発の現状

機関である産総研(AIST)・太陽光発電センターに評価依頼することをお勧めしたい。一度評価を受けて，自社の測定方法や測定値とAIST・太陽光発電センターの測定値との違いや，その原因を把握しておけば，今後の測定の参考になろう。

3　これからの課題

3.1　大型セルの高性能化

　上述したように，5mm角から1cm角程度のミニセルにおいて，日本の複数の研究機関から10％以上の高性能が報告されている現在，これからの研究開発で最も重要な研究開発は何であろうか。以前に我々が行った色素増感太陽電池のラフな経済性評価からすると，モジュールで変換効率8％〜10％が達成できれば，現行の一般電力料金(25〜30円/kWh)並みの電力が供給できる見込みであった。経済性評価には，耐久性を10年と設定した。

　Grätzel教授らにより5mm角程度のミニセルが10％の変換効率が報告されたのは1993年であり，それ以来13年が経過している。また日本でも我々が，本格的に研究開発に着手して以来，約10年という長い年月が経過した。このような背景から，筆者は色素増感太陽電池の実用化に関わる研究開発をトップ・プライオリティで行うことが最も重要であると考えている。これらの観点に立てば，まずモジュールサイズ，あるいは10cm角程度のサブモジュールサイズで変換効率9〜10％程度を持つセルを作製することが重要であると考える。それと同時に，10年以上の耐久性を色素増感太陽電池に付与させる研究が重要であることはいうまでもない。これについては，次節で述べる。

　モジュール開発で先行しているオーストラリアのベンチャーのSTI(現在はスイスに本拠地を置くDyesolとして継承されている)や，日本のアイシン精機㈱-㈱豊田中研グループ，フジクラ㈱，オランダのECN，ドイツFh-ISE，中国のプラズマ物理学研究所等は，さまざまな形態のモジュールを公表しているが，性能を明確に公表するところは多くない。おそらく6％〜7％がモジュール性能と思われる。表2に各社，研究機関のモジュールの情報を示す。変換効率等は，公表していないところが多いので，不明なところは推測の値を示している。間違っていたら，ご容赦願いたい。また各社のモジュール研究開発の詳細データについては，本書の実用化編をご参照いただきたい。

　モジュールの高性能化の為の課題はなにか？　一つは，変換効率10％以上のミニセルの性能をサブモジュールやモジュールで実現する技術の確立である。一般にセルのサイズが大きくなると発電部分の基板抵抗が大きくなり性能が大幅に低下する。そのため，基板抵抗を増加させないで電流を捕集するセルデザインが必要となる。一般に，同一面積でも正方形よりも長方形のほう

色素増感太陽電池の最新技術 II

が発電サイトから集電極への距離が短いので抵抗が少ない[17]。そこで，5mm から 10mm 程度の一辺を持つ矩形・長方形タイプのセル形状の適用が多い。二つ目は，集積化技術の確立である。色素増感太陽電池の単一セルは，その電圧が 0.7V ～ 0.8V 程度であり，実用 100V を想定した場合，1 枚の基板に単セルの直列接続化，集積化を可能にする技術の確立が必要となってくる。例えば，10V 程度の電圧を 10cm 角サブモジュールサイズで得るためには 0.7V ～ 0.8V 程度の単一セルを 10 ～ 15 個集積化させることが必要となる。図 1 に，種々のモジュール構造を示す。

まず，図 1 の上から，モノリシック型直列接続セルである。1 枚の基板に直列構造セルを形成させるもので，アモルファス－シリコン太陽電池の集積構造型に対応する。表 2 では，アイシン精機㈱−豊田中研のものが，これに相当する。次に W 型直列接続セルである。これは，基板の両面にチタニア光電極を形成させ，これを張り合わせる構造である。モノリシック構造に比べ，二極を接続させる構造が必要ないので，製造が容易であるが，発電には両面からの採光が必要であり，両面の単セルの性能のバランスをとることが必要となってくる。シャープ㈱が W 型 5cm 角程度のセルで変換効率 6.3 ％を報告している[14]。次に Z 型直列接続セルである。これは両電極の間に導電性の柱を立てるものである。筆者らは，導電性の柱に銀線を用いて作製を検討した。銀線はヨウ素を含む電解質に腐食されやすいので，電解質溶液と導電性の柱を完全に隔絶することがポイントとなる。5cm × 10cm セルで 6.7 ％の性能を得た[15]。本構造の作動を確認したが，耐ヨウ素腐蝕性の保持が課題となっている。最後は，集電グリッドを基板に配線したグリッド配線

表 2 色素増感太陽電池大型セルの性能

機関	単セルサイズ	(性能)	モジュールサイズ	備考
アイシン−豊田中研	24cm × 24cm	η = 2.7%	60cm × 120cm	モノリシック型 200V
アイシン−豊田中研	24cm × 24cm	η = 2.0%	250cm × 225cm	透明型（夢住宅 Papi）
㈱フジクラ	14cm × 14cm	η = 6.3%	80cm × 120cm	集電グリッド型外部接続
㈱フジクラ	41cm × 14cm	η = 6.3%	84cm × 119cm	集電グリッド型 16 直列
新日本石油㈱	10cm × 10cm	η = 6.3%	84cm × 86cm	集電グリッド型
エレクセル㈱	10cm × 10cm	η = 6.7%		7 直列，Z 型
東理大—㈱フジクラ	10cm × 10cm	η = 9.0%		集電グリッド型
東京理科大	5cm × 10cm	η = 6.7%		Z 型
シャープ㈱	26.5cm^2	η = 6.3%		W 型
ECN	10cm × 10cm	η = 4.6%	30cm × 30cm	集電グリッド型
STI	10cm × 17cm	η = ?	87cm × 57cm	Z 型
中国プラズマ物理研	15cm × 20cm	η = 6%	40cm × 60cm	集電グリッド型外部接続
Fh−ISE	30cm × 30cm	η = 3.1%	6 直列（外部接続）	集電グリッド型グラスフリット
プラスチックセル				
ペクセルテクノロジー㈱	17cm × 30cm	η = 2.1%	30cm × 30cm	10 直列外部接続

第1章　研究開発の現状

型単セルである。㈱フジクラは，本構造を用いて 41cm × 14cm サイズで変換効率 6.3 ％を得ている[16]。これを外部接続することによりメーターサイズのモジュールをデモンストレーションしている。我々は，㈱フジクラと共同研究開発で，ブラックダイ色素と溶液系電解質を用いて本構造の 10cm 角サブモジュールでセル実効面積基準の変換効率 8.4 ％〜 9.0 ％を達成している[17]。

図2にその構造と性能を示す。基本的に本構造で 10 ％の変換効率が可能であると考えている。これからは，セル構造の構築が，より複雑なモノリシック型直列構造の開発が進むものと予想さ

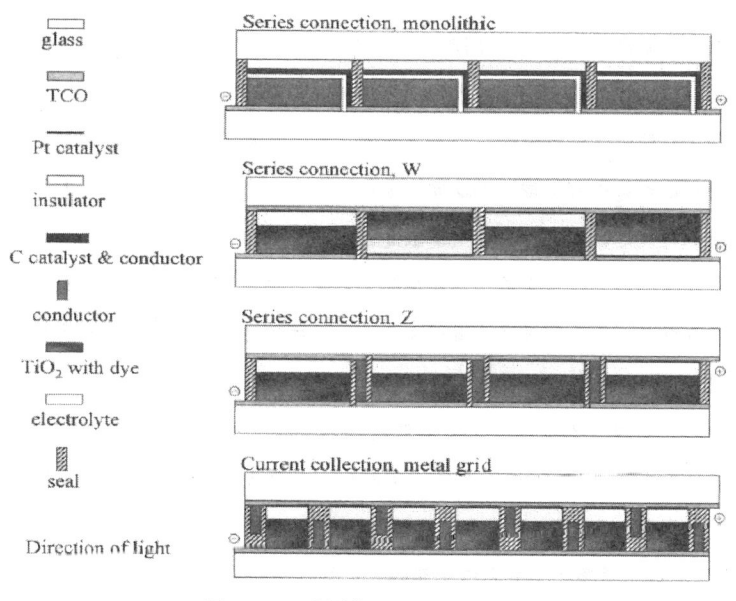

図1　DSC 大型化のバリエーション
オランダ ECN 資料より

サイズ：10cm 角
セル実効面積：5mm × 90mm が 15 個 /67.5cm^2
I_{sc}：1348mA
J_{sc}：20.0mA/cm^2
V_{oc}：0.68V
ff：0.68
η：9.0％
照射源：ソーラーシミュレータ（AM1.5, 100mW/cm^2）

図2　東京理科大－㈱フジクラで作製された 10cm 角の集電グリッド型色素増感太陽電池の形状と性能

れる。モジュールやサブモジュールの製造に関しては本書の実用化編を参照されたい。

3.2 単一セルとモジュールの耐久性の向上

　色素増感太陽電池の耐久性，安定性については，色素増感太陽電池を構成している材料自身の安定性と，セルやモジュールの耐久性・耐候性を中心とする安定性に分けて考える必要がある。前者の材料の安定性については，例えば色素や電解質溶液などの有機系材料の，熱的安定性，光，特に紫外光に対する安定性，さらに酸素や水分に対する安定性などが対象となる。具体的には，Ru色素や有機色素の熱的安定性や光安定性が危惧されたが，一つの色素の光電変換（太陽光を受けて，それを電子に変換すること）の回数，いわゆるターンオーバーが1,000万回以上であるという報告や[18]色素や電解質溶液が酸素や水分から隔絶された環境にあること，色素の光励起後の半導体への電子注入や酸化された色素へのレドックスからの電子注入がナノ秒以上の非常に短い間に進行する為副反応が起きる可能性が非常に少ないことから考えて，材料の安定性は大きな問題でないように考えられている。一方，太陽電池セルとしての安定性については，セルが電解質溶液を両極の間に挟み込むという構造から両極間の封止に問題が残っている。電解質を溶液系電解質からイオン性液体のような不揮発性電解質あるいは擬固体・ゲル系・固体系電解質に変えることにより封止技術の問題は低減される。しかし，性能は溶液系電解質より劣るのが課題である。

　セルの面積が小さい単一封止セルの安定性については，EPFLやECN等で検討されてきた。EPFLの結果によると75℃から85℃程度の非照射・加熱環境下でも約10,000時間安定であるという[19]。また，照射下（AM1.5, UVカット）下でも1,000時間安定であると報告されている。筆者らが50℃程度の温度環境下で耐久性を検討した時はAM1.5の照射条件下で4,000時間以上安定であった[20]。また，筆者らが作製した10cm角の単一セルは，室内の室温環境下で3年以上安定に作動している。このようなことから，基本的に，色素増感太陽電池の作動に関する安定性には問題ないものと考えられる。ただ，電池として，屋外環境下で10年以上の耐久性を要求される実用太陽電池としての安定性は，これからの検討課題であると考えられる。世界で最初に色素増感太陽電池モジュールとしてオーストラリアの国立研究機関CSIROやメルボルン大学に納入されたSTIのモジュールは，一部のモジュールを構成する単一セルの封止部から電解質溶液の漏れがおきたことが報告された。また日本では，数年前にアイシン精機㈱がモノリシック集積型太陽電池の屋外実証試験を行い，その時は約200日程度で，セルの封止部から電解質溶液の漏れが起こり，性能が低下した報告がなされた[21]。従って，現段階では，色素増感太陽電池の耐久性については検討課題が残っていると考えられる。

　このような環境の中，経済産業省傘下の独立行政法人である新エネルギー産業技術開発機構（NEDO）では，2006年度より太陽光発電技術開発の一環として，未来技術開発プロジェクトをス

第1章 研究開発の現状

タートさせ，その中の一つとして色素増感太陽電池技術開発を進めている。この色素増感太陽電池技術開発のターゲットの一つは実用化モジュールの開発であり，4年後の2009度末には，30cm角サブモジュールで変換効率8％の達成，またアモルファス太陽電池に対するJIS規格耐環境性試験下で，その変換効率低下率10％以内の達成を一つの目標としている。JIS規格の環境性試験および耐久性試験は，温度サイクル試験(90℃から－40℃で連続200サイクル)，温湿度サイクル試験(85℃から－40℃，湿度85％で連続10サイクル)，耐熱性試験(85℃，1,000時間)，耐湿性試験(85℃，湿度85％で1,000時間)連続照射試験(積算日射量200kWh/m^2)からなっている。今後の研究成果が期待される。封止技術が解決されれば色素増感太陽電池の実用化に大きく近づくものと考えられる。

4 研究開発動向

前節において，色素増感太陽電池の早期実用化のための課題について紹介した。しかし，色素増感太陽電池の性能が現行レベルの10〜11％で十分かというと，そうではない。実用シリコン系太陽電池が変換効率20％に達している現状では，より安価で資源的な制約が少ない色素増感太陽電池といえども更なる高性能化が必要である。色素増感太陽電池の高性能化の当面のターゲット値は変換効率15％程度と考えられている。変換効率15％の色素増感太陽電池のモジュールが製造できれば，これにより7円/kWhの電力が供給されることが可能であるとの試算もある。7円/kWhの電力コストは，日本の太陽光発電技術開発がターゲットとする2030年の最終目標値

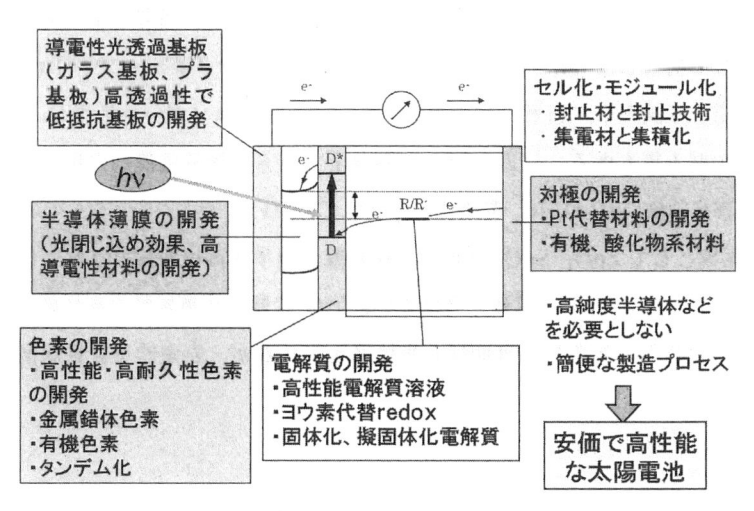

図3 色素増感太陽電池の研究開発要素

である。NEDO未来技術開発プロジェクトのもう一つのターゲットは，15％の変換効率を持つ色素増感太陽電池を開発することである。

このような背景のなかで，引き続き色素増感太陽電池の高性能化の技術開発が行われている。図3は，色素増感太陽電池の基本構造と，それに対応した研究開発要素を示している。これに従い，簡単に研究開発動向を紹介することにする。詳細については各章を参考にされたい。

4.1　導電性基板

現在，色素増間太陽電池の導電性基板としてFTO（フッ素ドープ酸化スズ）導電性ガラス基板が使用されているが，抵抗が8～10Ω/cmである。基板抵抗は少ないほうが好ましいので，より抵抗の少ない基板の開発が必要である。しかし，一般に基板の導電性が向上すると光透過率が低下するので，そのジレンマをどう克服するかが課題となる。第3章，第4章に導電性基板の開発が紹介されている。

一方，プラスチックフィルム型の導電性フィルム（ITO/PET，ITO/PEN等）も開発が十分とはいえない。現在PETやPENが使用されているが，耐熱性，光透過性，耐化学薬品性等について，これらを上回る性能のプラスチックフィルム基板があるかも知れない。基板そのものの選択肢の拡大，さらに低抵抗化が課題として挙げられよう。

4.2　半導体光電極

これまでの研究では，TiO_2が他のn型酸化物半導体比べ，光電極としての性能が優れていることが明らかとなっている。TiO_2光電極では，光閉じ込め効果の最適化が残された課題の一つとして挙げられる。光電極の膜厚や色素，電解質が違ってくると，光閉じ込め効果の最適組成も変わる。光電極を構成するTiO_2をナノ粒子ではなく，TiO_2ナノチューブやTiO_2マイクロポーラス材料を使用する試みや，Ti板の陽極酸化を用いた1次元メソポーラスTiO_2基板の作製による導電性向上の試み等もある。一方，TiO_2光電極界面から電解質溶液への電子の漏れを抑制するための表面修飾効果においても，最適化がなされていない。

非TiO_2光電極としてZnO，SnO，Nb_2O_5，複合酸化物半導体等が検討されているが，現在のところ，これらの性能はTiO_2光電極に及ばない。TiO_2に勝る高導電性の高性能光電極の開発が望まれる。非酸化物系の光電極の可能性も当然考えられるが，安定性や材料価格が課題として残っている。

4.3　色素

現在，最高性能を発揮する色素として，Ru色素N719やBlack dyeがあるが，これに変わる

第1章 研究開発の現状

色素の開発が，色素増感太陽電池の高性能化につながる。筆者らは，変換効率10％以上を発揮するβ-ジケトナー系Ru色素を開発したが，Black dye相当の性能にとどまっている。色素の高性能化には，紫外から可視光，赤外光の領域にかけての光吸光係数の大きいもの，光吸収端が赤外領域に拡張されたものが望ましいが，色素のHOMO-LUMOギャップがTiO_2光電極の伝導帯の位置ならびにヨウ素レドックスの酸化還元電位とマッチングすることが必須となる。最近，Ru系色素でいくつか新しい色素の合成の報告はあるが，性能はN719やBlack dyeに及ばない。非Ru系の金属色素としては，Os，Pt，Fe，Cu，Re等の色素が報告されているが，Ru色素に及ばない[22]。一方，有機色素の開発は，非常に活発となっている。変換効率9％程度を示す色素も報告されており[23]，今後の広がりが期待される。耐久性については，十分検討されていないが，筆者らのクマリン系色素の予備検討結果では，Ru錯体色素と同等の耐久性を持っている。色素増感太陽電池の光吸収端は900nm程度であり，結晶Siの1,200nm程度に比べると，不十分である。これらの観点からすれば，赤外領域の光を大幅に効率的に吸収する色素の開発も望まれる。しかし，これらの赤外色素はHOMO-LUMOギャップが小さいのでTiO_2光電極の伝導帯の位置ならびにヨウ素レドックスの酸化還元電位とマッチングが厳しくなるという制約がある。

4.4 電解質

溶液系電解質，非揮発性溶液系電解質（イオン性液体），ゲル化電解質，ポリマー電解質，コンポジット電解質，固体系電解質（有機，無機のホールコンダクター）等多くの電解質が検討されている。しかし，色素増感太陽電池の性能は，電解質溶液系が一番優れている。この太陽電池の電解質中の電子移動はI^-/I_3^-レドックスの物理的拡散により行われるので，そのような結果となる。現在，アセトニトリルを電解質溶媒とした電解質で性能が一番優れているが，アセトニトリルは低沸点であり，色素増感太陽電池の耐高温試験では，セルの封止部分からこの溶媒が漏れるという問題を抱えている。一方，非揮発性のイオン性液体電解質は高温でも安定であるが，粘度が高くレドックスの伝導性が低くなる。一部のヨウ素レドックスの高密度系電解質やナノコンポジット系電解質では，ヨウ素のホッピング伝導で電荷が移動し，溶液系電解質に劣らない性能が発現するとされているが，安定性等に課題が残っているようである。完全固体型電解質では，その特性が正電荷移動物質であり，CuI，CuSCN等の無機物質やspiro-MeOTADやTPD等のアミン系の有機材料が検討されているが，性能は低い。性能は高いが耐久性の低い溶液系電解質と，性能は低いが耐久性の高い個体系電解質で，両者の弱点をどのように克服するかが今後の課題である。

4.5 対極

現在，Pt スパッタ FTO ガラス電極が研究用対極として多く使用されている。Pt はヨウ素レドックスに弱いとされているものの性能は一番優れている。実用化を考えた場合，高価な Pt を使用しない対極の使用が望まれる。Pt 代替対極としては，カーボン電極，酸化物系対極，有機系ポリマー系対極等が検討されているが，性能は Pt に比べ劣る。基本的には，燃料電池用対極と同様な材料で，耐ヨウ素腐食性の材料が使用できるものと考えられる。

4.6 セル，モジュール化技術

これからの色素増感太陽電池の技術開発では，高性能で耐久性の良いセルやモジュールの製作技術の確立が重要となる。特に耐久性の良いセルやモジュールの作製には，封止材料や封止技術の高性能化や高性能を発揮する微細構造モジュールのデザインや製造技術の確立が重要となる。

4.7 その他

色素増感太陽電池に関わるその他の研究開発動向として，いくつか挙げておこう。まずタンデム型色素増感太陽電池である。単一の色素を用いた色素増感太陽電池の性能が，11％程度の変換効率で停滞している状況から，複数の色素を組み合わせて性能向上を狙う試みがなされている。たとえば，光吸収領域の異なる色素を用いた色素増感太陽電池を重ね合わせて並列あるいは直列につないだセルである。トップセルに N719 色素，ボトムセルに Black dye 色素を用いて検討した例が報告されている[24, 25]。Durr らは N719 と Black dye 色素増感太陽電池を並列に組み合わせて変換効率 10.5 ％を報告している[25]。

色素増感太陽電池と蓄電機能を組み合わせた，色素増感キャパシタや色素増感光二次電池についても検討されている。応用編の第 2 章，第 3 章を参照されたい。

色素増感太陽電池と水分解酸素発生用酸化物半導体光電極を組み合わせた，水分解タンデムセルについても検討されている[26]。イギリスのベンチャー企業 Hydrogen Solar は WO_3 酸素発生光電極と色素増感太陽電池を組み合わせたタンデムセルを用いて太陽光エネルギー変換効率 7 ％で水から水素を製造できると報告しているが，不明な点が多い。筆者らの実験では，TiO_2 や WO_3 薄膜酸素発生光電極と色素増感太陽電池からなる水分解タンデムセルを用いて太陽光変換効率 2.5 ％で水分解水素製造が可能である[27, 28]。

5 おわりに

色素増感太陽電池の研究開発に関する現状とこれからの課題について概観した。地球温暖化問

第1章 研究開発の現状

題を背景に，今最も求められている再生可能エネルギー開発に貢献する新しい太陽電池として，また化学系の新産業創製の有望な候補として色素増感太陽電池の早期実用化を願うもののひとりである。

文　　献

1) 荒川裕則企画監修，色素増感太陽電池の最新技術，シーエムシー出版(2001)
2) 酒井幸雄，色素増感太陽電池の最近の特許動向，本書応用編第1章
3) M. Grätzel et al., *J. Am. Chem. Soc.*, **115**, 6382(1993)
4) M. Grätzel et al., *J. Am. Chem. Soc.*, **127**, 16835(2005)
5) L. Han et al., *Jap. J. Appl. Phys. Part2*, **45**, 638(2006)
6) Z. -S. Wang et al., *Cordination Chemistry reviews*, **248**, 1381(2004)
7) M. Wei et al., *J. Materials Chemistry*, **16**, 1287(2006)
8) Y.Chiba et al., *Proc. of PVSEC-15*, pp665, Shanghai,(2005)
9) Z. -S. Wang et al., *Langumuir*, **21**, 4272(2005)
10) M. K. Nazeeruddin et al., *J. Am. Chem. Soc.*, **123**, 1613(2001)
11) 荒川裕則，チタニア光電極の光り閉じ込め効果，本書基礎編第7章
12) 藤橋　岳ほか，日化第87春季年会予稿集，2B9-50，pp-81(2007)
13) 柴山直之ほか，電化第74回大会講演要旨集，PS06，pp-465(2007)
14) L. Han et al., *Proc. of WCPEC-4*, **1**, 179(2006)
15) 荒川裕則ほか，太陽/風力エネルギー講演論文集，pp71(2006)
16) 松井浩志ほか，太陽エネルギー，**31**, 25(2005)
17) H. Arakawa et al., *Proc. of WCPEC-4*, **1**, 36(2006)
18) M. Grätzel *Proc. of Renewable Energy 2006*, pp-9(2006)
19) O. Kohle et al., *Advanced Materials*, **9**, 904(1997)
20) 藤橋　岳ほか，グレッツェル・セルの耐久性・安定性の検討，色素増感太陽電池の最新研究，荒川裕則企画監修，pp66，シーエムシー出版(2001)
21) T. Toyoda, et al., *Proc. of Renewable Energy 2006*, pp-139(2006)
22) A. Islam ほか，ポリピリジル遷移金属錯体色素を用いた TiO_2 太陽電池の増感作用，色素増感太陽電池の最新研究，荒川裕則企画監修，pp120，シーエムシー出版(2001)
23) T. Horiuchi et al., *J. Am. Chem. Soc.*, **126**, 12218(2004)
24) W. Kubo et al., *J. Photochem. Photobio A*, **164**, 33(2004)
25) M. Durr et al., *Appl. Phys. Lett.*, **84**, 3397(2004)
26) M. Grätzel, "Photoelectrochemical cells", *Nature*, **414**, 338(2001)
27) H. Arakwa et al., *Proc. of SPIE*, **6340** 63400G, 1-12(2006)
28) 荒川裕則ほか，日化第87春季年会予稿集，1B8-32，pp-70(2007)

第2章 色素増感太陽電池の電子移動メカニズム

正木成彦[*1], 柳田祥三[*2]

1 はじめに

　色素増感太陽電池は，透明導電性基板上に多孔質酸化物半導体膜を形成し，その半導体粒子表面に増感色素分子を吸着させた多孔質電極，ヨウ素／ヨウ化物等のレドックス対をメディエータとして含む電解質溶液もしくはホール輸送材料からなるホール輸送層，メディエータの再還元を触媒する白金等をコーティングした対極からなっている。典型的な色素増感酸化チタン太陽電池では，図1に示すように，光吸収により励起した色素分子からナノサイズ酸化チタン粒子へカルボキシル基を通じて電子注入が起こり，その電子は多孔質酸化チタン膜中を透明導電膜へと移動し，最終的に集電体より外部に取り出され仕事を行う。それと同時に，電子注入により酸化状態となった色素分子(色素カチオン)は電解液中のI^-により再生されるとともに，生じるI_3^-が対極

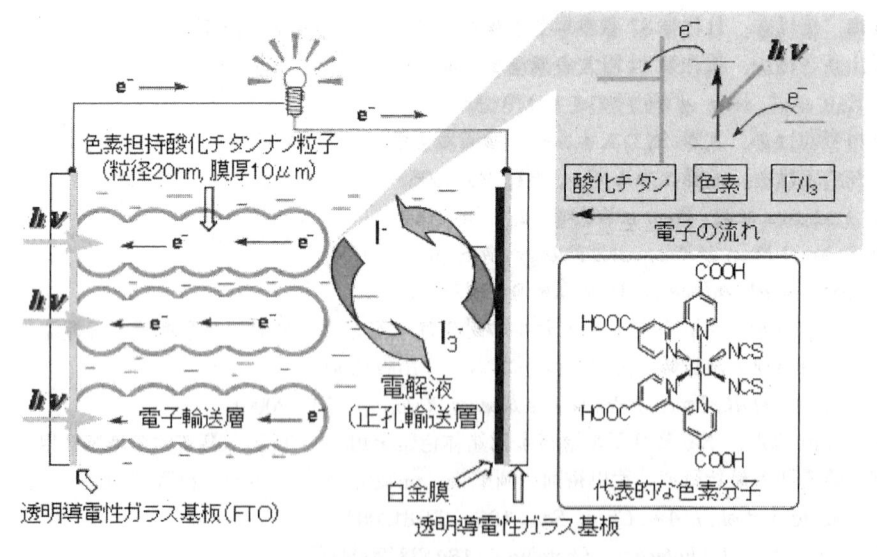

図1　典型的な色素増感太陽電池の素子内における電子

[*1] Naruhiko Masaki　大阪大学　先端科学イノベーションセンター　特任研究員
[*2] Shozo Yanagida　大阪大学　先端科学イノベーションセンター　特任教授；名誉教授

第2章 色素増感太陽電池の電子移動メカニズム

でI⁻へ再還元されることで連続的な光電変換が行われる[1~4]。

色素太陽電池において，光吸収効率の向上と共に，変換された光電子の再結合による損失を完全に抑制した状態で移動・収集することがエネルギー変換効率の向上をはかる上で重要となる。色素太陽電池内の電子移動過程のうち，増感色素から酸化チタンへの光電子注入過程，対極へのホール伝導過程に対応する電解液中のI_3^-の輸送過程，及び対極上でのI_3^-の再還元過程については各論に譲ることとし，本章では多孔質酸化チタン電極中での電子移動を中心に，光電変換効率の向上，すなわち開放電圧V_{OC}，短絡電流密度J_{SC}，形状因子FFの最適化を目指した電子移動メカニズムの研究成果を紹介する。

2 多孔質酸化チタン電極での電子移動機構

色素太陽電池では，光電流の発生を支えるために必要な多量のI⁻を含む電解質溶液が多孔質酸化チタン膜内の細孔を満たしており，それは同時に高濃度の対カチオンが膜中に浸透していることを意味している。それらカチオン種は膜中の電子に対して粒子表面で電場遮蔽効果を発揮するため，多孔質膜の内部に電場勾配は生じないと考えられている[5~7]。さらに，膜を構成する酸化チタン粒子の大きさが20nm前後と十分小さいため，バルクの半導体で起こるような電荷空乏層の形成や界面での局部的なバンド構造の変化は生じ得ないと考えられる。これらの考察から，酸化チタン膜中の電荷移動は拡散過程としてモデル化されている。

この酸化チタン膜中の電子の拡散過程に対応する拡散係数が，照射光強度に依存するだけでなく，電解液中のカチオン濃度に対しても依存性を示す[8,9]ことから，*ambipolar*拡散機構（電解質中のカチオン種とカップルした拡散）であると考えられている。即ち，ポジティブとネガティブのチャージが電場の無い空間を拡散するときの実効拡散で，その拡散係数D_{amb}は負電荷及び正電荷の電荷密度n, pとそれらの拡散係数D_n, D_pを用いて，$D_{amb} = (n + p)/(n/D_p + p/D_n)$と表される。酸化チタン電極の場合，nは光電子数であり照射光強度に依存するがpは電解液中のカチオン濃度に対応しており，p＞nが広範に成り立つので電極内のキャリアの実効拡散係数は電子の拡散係数に近似できる。この電子が酸化チタン膜中を拡散移動する電子輸送効率の評価には，電子拡散長(L)が重要な因子となる。Lは，電子の拡散係数(D)と電子寿命(τ)によって$L = (D\cdot\tau)^{1/2}$の関係より決定される。

電子拡散長とは，太陽電池系で電子が自由に動き回ることができる距離であり，太陽電池の膜厚を決定する因子である。シリコン系太陽電池では，シリコン基板を加工しやすい厚さの300μm程度にするために拡散長を向上させる技術が競われている。色素太陽電池の拡散長は一般に10～20μm程度であり，その膜厚の酸化チタン膜では酸化チタンに注入された光電子すべ

てが集電グリッドまで到達して集積されることを意味する。また，拡散長の向上に伴って酸化チタンの膜厚を厚くすると，表面増感色素分子数の増加と共に光捕集効率が向上することになる。その結果，各波長での入射光に対する光電変換量子収率である IPCE(incident photon to current conversion efficiency)が増加し，短絡光電流の向上につながる。加えて，色素太陽電池の最適な膜厚が数十ミクロン領域であることは，高真空プロセスによる精密な膜厚制御の必要がないことを意味し，製造上にも大きな利点である。即ち，電極作製時に印刷技術など製造プロセスの費用効果での優位性・高速化の可能性を有する製造法が選択可能である。

一方，酸化チタン電極中の電子寿命は色素太陽電池の開放電圧と相関している。色素太陽電池の開放電圧は，酸化チタン電極のフェルミ準位とレドックス対の酸化還元準位との差で決まり，フェルミ準位は電子密度及び電解質の影響を受ける伝導帯端準位に相関性がある。同じ電解液を用いる場合では，フェルミ準位は主に電子密度で決まっていると言える。ここで，$dn/dt = G - n/\tau$ (n：酸化チタン膜中の電子密度，G：光励起した色素分子より電子注入速度，τ：電子寿命)の関係から，開放状態($dn/dt = 0$)での酸化チタン膜中の電子密度はおおよそ電子寿命に比例すると考えられる。従って，電子寿命が長い多孔質酸化チタン電極では高い開放電圧を得ることが期待できる[10]。

上述のように，色素太陽電池において電子の拡散係数並びに寿命は重要なファクターであり，それらに影響するパラメータも多岐にわたる。電子拡散係数及び電子寿命のそれぞれに対し，色素太陽電池を構成する材料(酸化チタンや電解質等)の影響についての研究例を以下に詳述する。

3 多孔質酸化チタン電極中の電子拡散係数

多孔質酸化チタン電極中の電子の拡散係数は Cao らによって測定され，電子拡散係数 D が入射光量に依存すると共に，バルクの酸化チタンと比べて著しく小さいことが明らかにされた[6]。その後いくつかの研究者グループがそれぞれ異なる手法で D の測定を行っているが，同様の結果が報告されている[11~13]。この D の依存性を説明するため，トラップモデルが提唱されている[14~16]。即ち，酸化チタンのバンド間に存在するトラップ準位でのトラップと脱トラップを繰り返しながら拡散していくというもので，電子の移動にかかる時間はトラップされている時間と拡散移動している時間の和となる。電子拡散係数 D はまた，多数存在する酸化チタンナノ粒子間の粒界による影響も受けている。電子拡散係数 D の光強度依存性は，トラップ準位が対数分布しているとの仮定に基づくシミュレーションと良く一致する[16]。つまり，弱い光強度下では酸化チタンの電子密度が低いため，電子は深いトラップ準位にトラップされて熱活性化によって脱トラップするのに比較的長い時間を要するので，透明導電膜への到達時間もまた長くなる。一方，強い光強

第2章　色素増感太陽電池の電子移動メカニズム

度下では深いトラップ準位は電子で満たされるため電流に寄与する電子は比較的浅いトラップ準位だけを経由することになる。これらトラップ準位の直接的な観測例はまだ無いが，その密度やエネルギー分布に関しては赤外分光法[17]や電荷抽出法[18]によって測定が行われている。またトラップ準位形成の要因については，酸化チタンの酸素欠陥や不純物，表面の非晶質相などが考えられているが，どの要因が支配的であるかは今後の更なる検討が待たれる。

多孔質酸化チタン電極は，通常酸化チタンナノ粒子のコロイド分散液を透明導電性基板上に塗布し，450～550℃で焼成して作製する。現在，多くのナノサイズ酸化チタン粉末やペーストが市販され，様々な酸化チタンコロイド調製法が知られている。酸化チタンコロイドの種類によって異なってくるパラメータとして，結晶相組成，結晶性，結晶子径，表面構造，トラップ密度及びその分布が挙げられる。著者ら[19]は，多孔質酸化チタン電極に紫外光をパルス照射して，酸化チタンの直接励起による過渡電流応答から電子の拡散係数を測定し，酸化チタンナノ粒子の形状及び結晶系との関係を評価した。使用した酸化チタンナノ粒子は，チタンイソプロポキシドより合成したアナターゼ（A1）とルチル（R1）及び各種の市販酸化チタン粉末　A3，A4，R2（触媒化成工業製），P25（日本アエロジル製）である。

表1に各粒子の性状と電子拡散係数の測定結果を示す。市販の高結晶性粒子A2と表面にアモルファス層の残る合成品A1とを比較すると，焼成温度450℃ではA2が低いD値を示したが，

表1　異なる酸化チタンナノ粒子からなる多孔質膜電極中における電子の拡散係数（D）[19]

	Structure[a]	Shape	Size/nm[b]	$D(\times 10^{-5})/cm^2s^{-1}$
A1	A/Amor	Spherical	12	2.2
A1$_{TiCl4}$[c]	A/Amor	Spherical	12	2.2
A2	A	Cubic	12	0.3
A2$_{550}$[d]	A	Cubic	12	2.0
A3(CCI)	A	Rod-like	13/34	4.0
A4(CCI)	A	Cubic	11	4.1
A5(P25)	A/R	Spherical	21	4.0
A5$_{Large}$[e]	A/R	Spherical	21	4.0
R1	R	Spherical	27	0.1
R1$_{TiCl4}$[c]	R	Spherical	27	0.4
R2(CCI)	R	Rod-like	23/73	0.3

[a] A = anatase structure, Amor = amorphous phase, R = rutile structure. [b] Average size. [c] Treated with aq. TiCl$_4$ solution. [d] Annealed at 550℃. [e] With 20 wt% of large TiO$_2$(Fluka).

A2を550℃で焼成するとA1と同様のD値となった。この挙動の違いは、酸化チタン膜中の粒子間のネッキング形成に関係していると考えられ、アモルファス相を含まないA2では十分なネッキング形成には高い焼成温度が必要であることを示している。またルチル電極R1，R2はいずれもアナターゼ電極に比べて一桁低いD値を示した。この違いは、A1〜A5の比較からアナターゼ電極間での差が小さく、D値の酸化チタン粒子の形状や粒径への依存性は比較的小さいと考えられることから、結晶系の違いにより粒子間のネッキング状態が異なることに起因すると言える。パクら[12]も同様の現象を報告しており、ルチルの方が粒子間のネッキング形成に必要な焼結温度が高いためであると考察している。

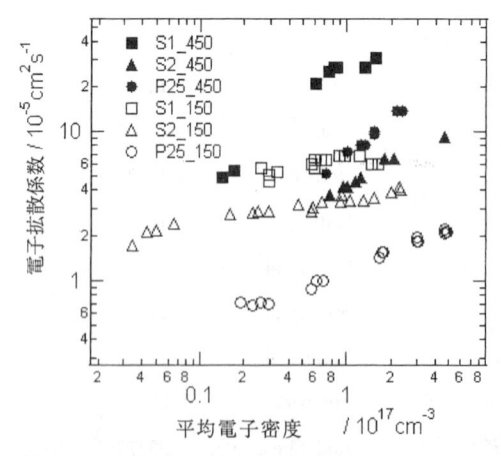

多孔質電極を構成する粒子間の十分なネッキングが光電変換効率には重要であり、焼結温度はそのパラメータの一つである。粒子間のネッキング形成に関しては、できるだけ高温での焼結が望ましいが、酸化チタンペーストの組成によっては基板と酸化チタン膜の熱膨張率の差の影響で焼結時に酸化チタン膜の剥離が起こるため、焼結温度と膜厚には制限がある。また、プラスチック基板を用いる場合には当然200℃以下での加熱処理しかできない。焼結温度の電子輸送に対する影響を、合成したアナターゼ酸化チタンS1，S2及び市販酸化チタンP25から成る電極で比較した[13]。焼結による比表面積の減少量は、P25では少ないのに対しS1，S2では大きな減少が見られ、S1，S2ではP25より大きな接触面積で粒子間のネッキングが形成されたためと解釈できる。これらの酸化チタン電極での電子拡散係数の電子密度依存性を図2に示す。焼結により比表面積が減少するS1を使用した電極が最も大きな電子拡散係数を与えた。また図2には、150℃で焼成した酸化チタン電極の電子拡散係数も示してある。150℃での焼成でも、比表面積

図2 3種類の酸化チタンを用いて異なる温度で焼成した多孔質酸化チタン電極における電子拡散係数の電子密度依存性[13]
（凡例　S1_450はS1を450℃で焼成）

第2章 色素増感太陽電池の電子移動メカニズム

が減少するような酸化チタンを用いた場合に大きい電子拡散係数を示すことがわかり，低い温度でもネッキング形成が進行する酸化チタンの利用が望ましいと考えられる。

　色素太陽電池では，主に粒径10〜20nmの酸化チタン粒子が用いられている。電子拡散係数については，粒径の増大と共に単位膜厚あたりの粒界の数が減少するために増加すると考えられる。また粒径の増大により表面積が減少することで，もしトラップ準位が粒子表面に存在する場合，トラップ準位の密度が減少する。図3は異なる粒径の酸化チタンから成る電極を用いた色素太陽電池の電子拡散係数と電子寿命を示す[20]。粒径の増大と共に電子拡散係数は増加するが，電子寿命は減少している。この電子拡散係数の増加は，粒径14nmと19nmの比較ではトラップ準位の数に，19nmと32nmの比較では表面積の減少に対応していると考えられる。Kopidakisら[21]も粒径20.5nmと41.5nmの酸化チタン粒子を用いた比較を行い，同様に電子拡散係数の増加を観測して表面積の減少によるものと報告している。即ち，粒径20nm以上になるとトラップ準位の多くは粒子表面に存在するようになり，それらが電子輸送に支配的な役割を果たすようになると考えられる。酸化チタン膜内の粒界の増加は，粒界における粒子間の接触面積にもよるが，電子輸送に対する抵抗を増加させる。また粒径の減少により粒界の数が増加する場合や，粒径の増大と共に粒子間の接触面積が相対的に減少することでも増加する。これらのことから，電子拡散係数は単調増加するのではなく，いずれかの粒径で電子拡散長に最大値を与えると考えられる。

　多孔質酸化チタン電極中での電子拡散係数には，電解液中のカチオン種は重要な役割を担っている。即ち，電極中の電子は，電解液より酸化チタン上に吸着するカチオン種により電荷補償されるためである。通常，酸化チタン表面では電気二重層の形成に伴い，バルクより高濃度でカチ

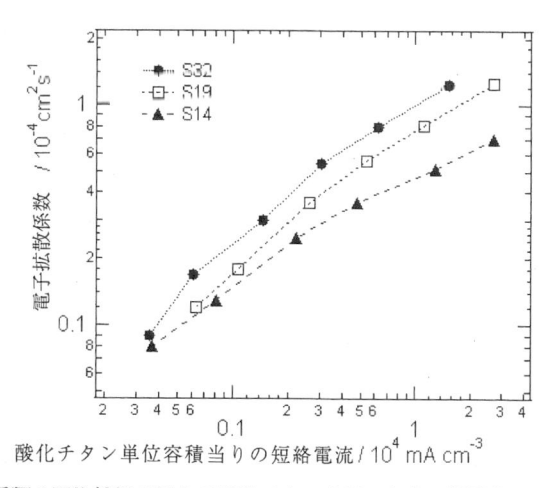

図3　3種類の平均粒径の異なる酸化チタンを用いた多孔質酸化チタン電極における電子拡散係数の短絡電流密度依存性[20]
（凡例　S32は平均粒径32nm）

オン種が存在するために電子拡散係数がカチオン量で制限される状況は起こり難い[22]。カチオン種の電子拡散係数への影響に関しては，Li^+や1,2-dimethyl-3-propylimidazolium カチオン（$DMPIm^+$）のような酸化チタン表面に強く吸着するカチオン種は電子拡散係数を増加させる[23]が，Li^+に関しては酸化チタン中へのインターカレーションが起こるとトラップ準位を形成するため，電子寿命は増大するが電子拡散係数は減少する[24]。

なお，特筆すべき点として，色素太陽電池セルの可視光励起による電子拡散係数Dの測定では，色素吸着により酸化チタン表面の電子トラップが埋められるため，色素無しの酸化チタン膜を紫外線で直接励起して測定した場合と比較すると大きなD値を示すことが知られている[25]。また実際の色素太陽電池セルで，より簡便に電子拡散係数や電子寿命の評価を行うため，著者ら[26]は安価な半導体レーザーを用いた過渡応答測定法（SLIM-PCV法）を開発しており，次節に示す電子寿命測定は主にこの測定法により評価している。

4 多孔質酸化チタン電極中の電子寿命

色素太陽電池の酸化チタン電極中の電子寿命τは，開回路条件下，定常光状態でシヌソイド状微弱光を照射した際の電圧応答を複素座標面にて解析することで求められる[27]ほか，上述のSLIM-PCV法において開放電圧の過渡応答を測定することでも評価できる。さまざまな研究グループの測定結果から，多孔質酸化チタン膜中のτはミリ秒以上あり，多結晶シリコンやアモルファスシリコンのμ秒と比較すると極めて長い電子寿命と，その光強度依存性を示すことが知られている[13, 27, 28]。酸化チタン電極の電子寿命は，酸化状態の増感色素への逆電子移動，あるいは電解質中のI_3^-や不純物との再結合によって決まると考えられている。電子輸送のモデル化とは対照的に，この長い電子寿命と光強度依存性に関しては複数のモデルが提案されている。即ち，バンド間トラップ準位を考慮したモデルであるが，そのトラップの役割が異なっている。一つのモデルでは，トラップ準位は酸化チタン表面に存在してトラップ準位からアクセプターへ直接再結合が起こるとしており，トラップ準位が満たされてその最高準位のエネルギーが増加すると再結合の駆動力が増して電子寿命が減少する[27]。もう一つのモデルでは，酸化チタンの伝導帯準位の電子からアクセプターへ再結合するとしており，その再結合速度は伝導帯準位に存在する電子数に依存する。この場合，トラップ準位が満たされてくると伝導帯準位へ励起する頻度が高くなるため電子数が多くなり，再結合が増加して電子寿命が減少する[15, 29]。両モデルの違いは，トラップ準位が再結合中心として働くか否かにあるが，さらにアクセプターである化学種の状態密度との関連も議論されており[30〜32]，再結合過程の完全な解明には今後の更なる研究が待たれる。

焼成温度の異なる酸化チタン電極を用いた色素太陽電池の酸化チタン膜中の電子寿命を図4に

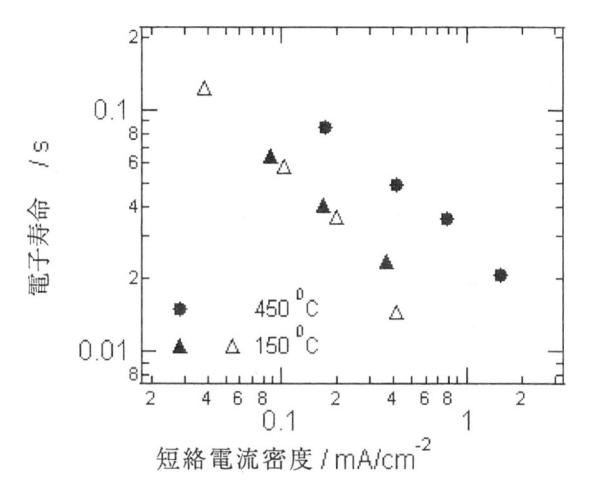

第2章　色素増感太陽電池の電子移動メカニズム

図4　異なる焼成温度で作製した酸化チタン電極を用いた色素太陽電池における酸化チタン膜中での電子寿命の短絡電流密度依存性[13]

示す[13]。他の酸化チタンを用いた例[33]と同じく，低い焼成温度で作成した電極では電子寿命が短い結果が得られている。トラップ準位の影響を考慮すると，低温焼成した酸化チタン膜では，トラップ準位の量が多いためトラップ準位からの再結合が多い[13]か，トラップ準位の電子密度が少ないため伝導帯準位の電子密度が大きくなり伝導帯準位からの再結合が多い[33]ためと考えられる。一方，低温焼成膜を用いたセルが比較的高い開放電圧を示し，低温焼成膜では電子寿命が短いので同じ光量下では相対的に電子密度が低くなるため，膜内のトラップ準位の数が少ないことが要因と考えられる。また低温焼成膜では，粒界での粒子間の電子伝達効率が悪いために電子拡散係数が小さく，拡散長が短いことから，短絡光電流は膜厚の増加に対し10μm以下で最大値を示した。

　色素太陽電池の電解液は酸化チタン電極中の電子寿命に関して最も重要な因子である。I^-/I_3^-をレドックス対とする電解液系においては，I^-の供給源として加える塩の対カチオンの影響が無視できない。典型的な電解液の組成では，0.1M程度のLiIと0.6M程度のDMPImIや1-butyl-3-methylimidazolium iodide(BMImI)等のヨウ化イミダゾリウム塩が用いられている。これは，Li^+色素からの電子注入を促進するが同時にフェルミ準位を低下させるため開放電圧が低下してしまうため，Li^+濃度は最小限に抑えながらも十分なI^-濃度を保障するためにイミダゾリウム塩を組み合わせて用いられる[34,35]。図5には異なる対カチオンを含むI^-/I_3^-電解液を用いた色素太陽電池の電子寿命を示す[36]。このN719色素を用いた場合では，Li^+とDMPIm$^+$がほぼ同じ電子寿命であり，アルキル鎖長の長い四級アンモニウムカチオン種では，より長い電子寿命を示した。このことは，酸化チタン表面に形成される電気二重層の配置から説明できる。即ち，カチオ

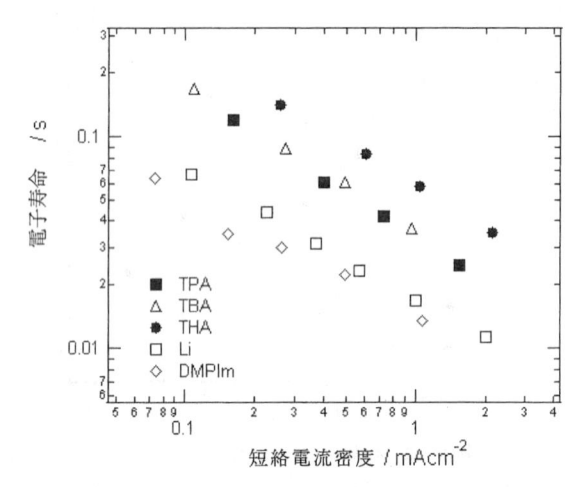

図5 異なる対カチオンを持つヨウ化物塩を電解質とした色素太陽電池における酸化チタン電極中での電子寿命の短絡電流密度依存性[36]
凡例　TPA：テトラプロピルアンモニウムヨウ化物，TBA：テトラブチルアンモニウムヨウ化物，THA：テトラヘキシルアンモニウムヨウ化物，Li：ヨウ化リチウム，DMPIm：1,2-ジメチル-3-プロピルイミダゾリウムヨウ化物；0.65M I$^-$，0.05M I$_2$アセトニトリル溶液

ン種の分子構造がある程度以上大きいと表面に吸着している色素分子に立体的に阻まれて酸化チタン表面近傍まで浸透できず，電気二重層が吸着色素分子層の外側に形成されると考えると，その電気二重層に含まれる I$_3^-$ は酸化チタン表面近傍に近づきにくくなるため再結合が減少して電子寿命が増大したと言える。この考察は，比較的大きな分子構造のカチオン種でも酸化チタン表面近傍に吸着可能なように，色素分子の吸着密度を少なくした電極を用いた場合ではカチオン種によらず同様の電子寿命を示した点からも支持される[36]。これらの成果より，酸化チタン表面の色素分子層との界面構造を考慮した電解質の選択が望ましいことがわかる。加えて，高い光電変換特性を目指すためには数種類のカチオン種を混合する必要がある。四級アンモニウムヨウ化物塩 Tetrahexylammonium iodide (THAI) を用いて最適化を検討した結果，従来組成の電解液に含まれる DMPImI のうち 0.1M を THAI と代えることで，電子注入効率を犠牲にすることなく電子寿命が向上した。この電解液を電子寿命が短い低温焼成した酸化チタン電極と組み合わせることで，電子寿命の向上に伴う電子拡散長の増加により，より厚い多孔質酸化チタン膜でも効率的に光電流を取り出すことが可能になり，前述の開放電圧の向上と相俟って光電変換特性が大幅に向上した[36]。

電解液には，その外にも様々な添加剤[37,38]が用いられている。中でも *tert*-Butylpyridine (*t*BP) は，短絡電流密度がやや減少するものの開放電圧が大きく向上するために多用されており，特に Li$^+$ を含む電解液では顕著な効果が得られる。この開放電圧を向上させるメカニズムとして，当

第2章 色素増感太陽電池の電子移動メカニズム

初は酸化チタン表面に tBP が吸着することで I_3^- との再結合が減少する[39]という考察があったが，tBP の添加の有無で電子寿命に差が見られなかった[22]ことから，酸化チタン伝導帯端の準位が表面吸着状態の変化によってシフトするためと考えられる。即ち，伝導帯準位をポジティブシフトさせて開放電圧の低下をもたらす Li^+ の吸着量が tBP との競合により減少することと，吸着した tBP が自身の電子供与性により酸化チタン伝導帯端の準位をネガティブシフトさせることが，開放電圧向上の要因であると考える[22, 27]。なお，Peter らの最近の研究では，固体型素子の例ではあるが，添加するイオン液体電解質中の tBP が FTO と多孔質 TiO_2 の界面に選択的に吸着され，その界面での電子の再結合（電子リーク）を抑制することで，開放電圧の向上に寄与することが示された[40]。これは，電子リークが，多孔質酸化チタン電極と透明導電性基板の界面でも起こりうることを明確に示す事例である。

酸化チタンの伝導帯電子の酸化チタン界面での再結合による損失を防ぐ手段として，酸化チタン表面に異種の金属酸化物イオン種，もしくは異種金属酸化物層を形成する方法が提案されている[41～45]。異種金属酸化物層としては，酸化チタンよりも高い伝導帯準位を持つ金属酸化物が，また異種金属酸化物イオン種としては，非晶質相を形成するイオン種による処理手法が，それぞれ用いられている。膜厚のある異種酸化物層は色素からの電子注入も同時に妨げるので，なるべく薄く形成しなければならない。一方，金属酸化物の種類によっては伝導帯準位をネガティブ側へシフトすることで再結合を減少させ，開放電圧の向上に繋がることが著者らの研究で明らかになっている。このような異種酸化物層を形成する手法として，著者らは泳動電着法を使用した場合に形成される各種の金属水酸化物薄膜の比較を行い，Ti^{4+} とイオン半径の最も近い Mg^{2+} から成る $Mg(OH)_2$ の薄膜を形成した系で，最も長い電子寿命と電子密度の増加による開放電圧の向上を確認している[45]。

また酸化チタンの代わりにナノ粒子酸化スズを用いた系では，酸化スズ単独の多孔質酸化物電極の場合に比べて，ZnO 種を加えた電極系において伝導帯準位のネガティブシフトが確認され，それは ZnO 種の酸化スズ表面への吸着による界面の化学キャパシタンスの減少と相関することが明らかにされた[46]。このことは，酸化物ナノ粒子表面への異種金属イオンの微量吸着が，その界面の双極子モーメントを増大させることと深く関連があることとして説明できる。

5 透明導電性電極の界面電子挙動

開放電圧 V_{oc} の向上と形状因子 FF の極限までの増大には，透明電極 FTO 上での電子の逆流，すなわち電子リークを抑制することが大きく寄与する。このことを著者らはイオン液体電解液を用いる色素太陽電池のブロッキング層を最適化する研究で明らかにしてきた。即ち，緻密な

TiO_2 層を～100nm 程度形成させる以外に，～20nm 程度の Nb_2O_5 層を形成することで，界面での電子リークを阻害（ブロック）する優れたブロッキング層としての寄与ばかりでなく，FTO の導電性向上にも寄与することを見出した。Z907 色素で増感した TiO_2 電極を用いたイオン液体系での光電変換特性において，Nb_2O_5 ブロッキング層の適用で V_{OC} が 100mV 程度向上して 711mV にまで達し，変換効率は 3.5％から 4.5％まで向上した[47]。なお，Nb_2O_5 をスパッタ法で FTO 上に形成することで，さらに V_{OC} を 719mV にまで増大でき，変換効率 5.5％を達成した[48]。

　なおまた，イオン液体系色素増感太陽電池では，TiO_2 粒子でブロッキング層を形成するよりも，O_2 存在下で Ti 金属をスパッタすることで，V_{OC} の著しい増大由来の変換効率向上に成功している[49]。

6　おわりに

　色素増感太陽電池の電子移動過程に関する研究は進展してきたとはいえ，構成する要素が互いに影響を及ぼし合うために独立したパラメータが少ないことと相俟って，全貌の解明には至っていない。しかし，太陽電池特性と電子輸送に関する各種パラメータとの相関の定量的な取り扱いは難しいながらも，一定の条件下で光電変換効率を改善する多孔質酸化チタン電極の設計指針が幾つか得られている。今後の研究の更なる蓄積と発展により，高性能なセル構造の設計に繋がるモデルの確立を期待している。

文　　献

1) A. Hagfeldt, M. Grätzel, *Chem. Rev.*, **95**, 49 (1995)
2) 色素増感太陽電池の最新技術，（監修）荒川裕則，シーエムシー出版 (2001)
3) A. Hagfeldt, M. Grätzel, *Acc. Chem. Res.*, **33**, 269 (2000)
4) 色素増感太陽電池（Grzetzel 型）の基礎と応用，（監修）柳田祥三，技術情報出版 (2001)
5) S. Södergren *et al.*, *J. Phys. Chem.*, **98**, 5552 (1994)
6) F. Cao *et al.*, *J. Phys. Chem.*, **100**, 17021 (2000)
7) J. van de Lagemaat, N. G. Park, A. J. Frank, *J. Phys. Chem. B*, **104**, 2044 (2000)
8) A. Solbrand *et al.*, *J. Phys. Chem. B*, **103**, 1078 (1999)
9) N. Kopidakis *et al.*, *J. Phys. Chem. B*, **104**, 3930 (2000)
10) S. Mori, S. Yanagida, "Nanostructured Materials for Solar Energy Conversion", Chapter 7, Elsevier Science, Amsterdam (2006) in press.
11) L. Dloczik *et al.*, *J. Phys. Chem. B*, **101**, 10281 (1997)

第2章　色素増感太陽電池の電子移動メカニズム

12) N. G. Park J. van de Lagemaat, A. J. Frank, *J. Phys. Chem. B*, **104**, 8989(2000)
13) S. Nakade *et al.*, *J. Phys. Chem. B*, **106**, 10004(2002)
14) J. Nelson, *Phys. Rev. B*, **59**, 15374(1999)
15) J. Bisquert *et al.*, *J. Phys. Chem. B*, **108**, 2323(2004)
16) J. van de Lagemaat, A. J. Frank, *J. Phys. Chem. B*, **105**, 11194(2001)
17) K. Takeshita *et al.*, *J. Phys. Chem. B*, **108**, 2963(2004)
18) M. Bailes *et al.*, *J. Phys. Chem. B*, **109**, 15429(2005)
19) S. Kambe *et al.*, *J. Mater. Chem.*, **12**, 723(2002)
20) S. Nakade *et al.*, *J. Phys. Chem. B*, **107**, 8607(2003)
21) N. Kopidakis *et al.*, *Appl. Phys. Lett.*, **87**, 202106(2005)
22) S. Nakade *et al.*, *J. Phys. Chem. B*, **109**, 3480(2005)
23) S. Kambe *et al.*, *J. Phys. Chem. B*, **106**, 2967(2002)
24) N. Kopidakis *et al.*, *J. Phys. Chem. B*, **107**, 11307(2003)
25) S. Nakade *et al.*, *J. Phys. Chem. B*, **107**, 14244(2003)
26) S. Nakade *et al.*, *Langmuir*, **21**, 10803(2005)
27) G. Schlichthörl *et al.*, *J. Phys. Chem. B*, **101**, 8141(1997)
28) A. C. Fisher *et al.*, *J. Phys. Chem. B*, **104**, 949(2000)
29) J. Nelson *et al.*, *Phys. Rev. B*, **63**, 205321(2001)
30) J. Bisquert *et al.*, *J. Am. Chem. Soc.*, **126**, 13550(2004)
31) D. Kuciauskas *et al.*, *J. Phys. Chem. B*, **105**, 392(2001)
32) J. N. Clifford *et al.*, *J. Am. Chem. Soc.*, **126**, 5225(2004)
33) N. G. Park *et al.*, *J. Phys. Chem. B*, **103**, 3308(1999)
34) C. A. Kelly *et al.*, *Langmuir*, **15**, 7074(1999)
35) Y. Liu *et al.*, *Sol. Energy Mater. Sol. Cells*, **55**, 267(1998)
36) T. Kanzaki *et al.*, *Photochem. Photobio. Sci.*, **5**, 389(2006)
37) M. K. Nazeeruddin *et al.*, *J. Am. Chem. Soc.*, **115**, 6382(1993)
38) H. Kusama *et al.*, *J. Photochem. Photobio. A*, **169**, 169(2005)
39) S. Y. Huang *et al.*, *J. Phys. Chem. B*, **101**, 2576(1997)
40) W. Howie *et al.*, "Characterization of Spiro-MeOTAD Solid State Dye-sensitizied Solar Cells", European Conference on Hybrid and Organic Solar cells(ECHOS'06), Paris, Abstract No30-O6-2(2006)
41) B. A. Gregg *et al.*, *J. Phys. Chem. B*, **105**, 1422(2001)
42) S. G. Chen *et al.*, *Chem. Mater.*, **13**, 4629(2001)
43) A. Kay *et al.*, *Chem. Mater.*, **14**, 2930(2002)
44) E. Palomares *et al.*, *J. Am. Chem. Soc.*, **125**, 475(2003)
45) J. H. Yum *et al.*, *J. Phys. Chem. B*, **110**, 3215(2006)
46) D. Niinobe *et al.*, *J. Phys. Chem. B*, **109**, 17892(2005)
47) J. Xia *et al.*, *J. Phtochem. Photobio. A*, in press.
48) J. Xia *et al.*, *Chem. Comm.*, DOI：10.1039/b610588b(2006)
49) J. Xia *et al.*, *J. Phys. Chem. B*, in DOI：10.1021/jp064327j

第3章　色素増感太陽電池の導電性基板(1)

岡田顕一[*]

1　はじめに

　透明導電ガラスは，絶縁体であるガラスの表面にスズドープ酸化インジウム(ITO：Indium Tin Oxide)や酸化スズ，酸化亜鉛等の透明導電性酸化物(TCO：Transparent Conductive Oxide)や金属の薄膜を形成することにより，透明性を損ねずに導電性を付与したもので，主にフラットパネルディスプレイ，太陽電池等の基板や，熱線反射ガラス等に用いられる。色素増感型太陽電池(DSC：Dye-sensitized Solar Cell)では，酸化チタン多孔質層からの集電のため，光入射側電極にこれら透明導電基板を用いる構造が一般的で，導電膜には，フッ素ドープ酸化スズ(FTO：Fluorine-doped Tin Oxide)，ITO[1～3]，酸化インジウム亜鉛(IZO：Indium Zinc Oxide)[4]，アンチモンドープ酸化スズ(ATO：Antimony-doped Tin Oxide)/ITO複合膜[5]などのTCO膜や，$TiO_2/Ag/TiO_2$複合膜[6]などの金属膜を使用した例が報告されている。このうち現在は，①光透過性，導電性が高い，②酸化チタン多孔膜作製時の400～600℃の加熱で特性変化がない，③酸化チタンペーストや電解液に侵されない，といったDSC用基板に要求される特性のバランスが良く，比較的入手しやすい透過率80％，シート抵抗10Ω/□前後のFTO導電ガラスが多く用いられている。

　太陽電池にとって，透明導電基板のシート抵抗は直列内部抵抗成分となり，セルのサイズが大きくなると発電特性への影響が極めて顕著となる。そのため，実用化を見込んだ大型DSCを開発するためには，高導電性透明基板の実現が非常に重要な開発要素となっている。一般に，太陽電池サイズが変化したときの抵抗による発電効率ロスは，最大出力動作電流とシート抵抗値の積に比例すると言われている。これはDSCでも同様であり[7]，例えば10cm角サイズのセルにおいて，内部抵抗による発電ロスを避けるためには，1cm角サイズのセルと比べて，シート抵抗が1/100と非常に小さい基板が必要となる。本編では，大型DSCに用いるために，フジクラで取り組んでいる耐熱低抵抗TCOと金属集電配線を併用した高導電性透明基板の開発について紹介する。

＊　Kenichi Okada　㈱フジクラ　材料技術研究所　化学機能材料開発部　係長

第3章　色素増感太陽電池の導電性基板(1)

2　低抵抗透明導電膜

フラットパネルディスプレイ用途を中心に工業的に広く用いられているITOは，FTOの3倍近い導電率を持ち，TCOの中でも可視光域における光透過性や導電性が特に優れた材料である。しかし，キャリアの一部が酸素空孔に起因しており，大気中で300〜400℃に加熱すると酸化によりキャリア密度が減少し，導電性が低下するため，酸化チタン膜の高温焼成を要するDSC用基板としては敬遠されている。我々は，このITO膜上に高耐熱性のFTOを連続成膜し，FTO/ITO複合膜とすることで導電性と耐熱性を両立する手法を開発した[8]。ITO層とFTO層を連続的に成膜する方法には，両TCOともに薬液の切り替えだけで連続製膜が出来る点，少量から経済性よく製造出来る点に注目し，スプレー熱分解法(SPD：Spray Pyrolysis Deposition)[9〜13]を用いた。このSPD法は，ホットプレート等で加熱した基板にスプレーで原料薬液を吹きかけ，熱分解反応により透明導電膜を成膜する方法で，極めて簡単な設備で成膜出来るため，透明導電膜が研究され始めた初期からよく用いられていた方法であるが，近年，スパッタ法やCVD法等，一般の透明導電膜作成法と遜色ない品質の低抵抗ITO，FTO膜が作製出来るようになり[14〜18]，低コストプロセスとして再び注目されるようになっている。

2.1　作製方法

成膜装置の概略を図1に示した。この装置は大気中でガラス基板を下部より加熱し，上部より

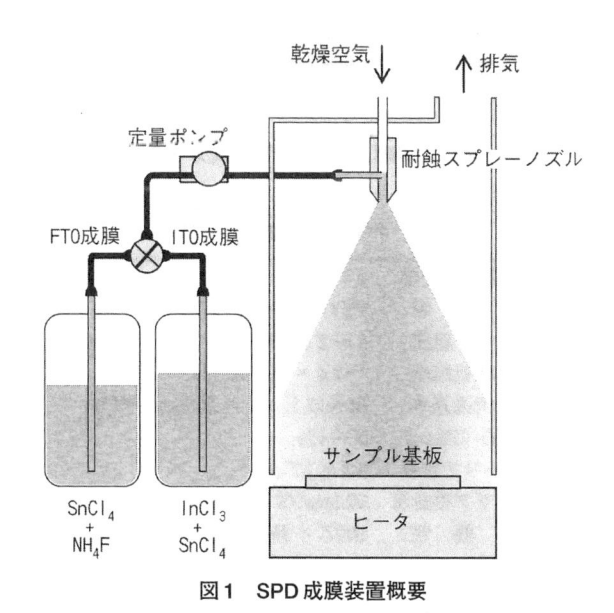

図1　SPD成膜装置概要

薬液を連続スプレーする構成である。基板には耐熱性の高い硼珪酸ガラス（SCHOTT，#8330）を用い，初めに基板温度を350℃として，塩化インジウム水和物と塩化スズ(II)水和物のエタノール溶液を噴霧しITOを成膜する。次に基板を400℃に昇温しながら，塩化スズ(IV)水和物エタノール溶液と，フッ化アンモニウム飽和水溶液の混合物を噴霧しFTOを成膜することで，複合膜を得ている。なお，成膜厚は大型DSC基板として望ましい光透過性，導電性のバランスが得られる，ITO：700 nm，FTO：100 nm前後の条件とした。

2.2 特性

SPD法により得られたFTO/ITO導電ガラスを図2に，各種特性を表1に示す。FTO層とITO層は図2(b)に見られるとおり，それぞれ独立した膜として，薬液切替前後で2層に成膜されており，膜の電気的特性，光学的特性はSPD法で同様に作製したITO導電ガラスとほぼ同じ

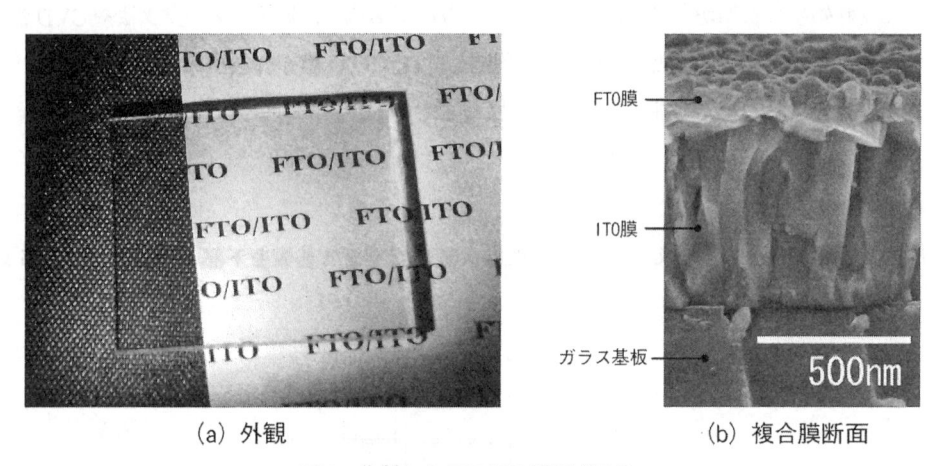

(a) 外観　　　　　　　　　　　　(b) 複合膜断面

図2　作製したFTO/ITO導電ガラス

表1　FTO/ITO複合膜の特性

導電膜の種類	FTO/ITO
膜厚	FTO：100nm，ITO：700nm
シート抵抗	1〜2 Ω/□
体積抵抗率	〜1.4×10^{-4} Ω・cm
分光透過率	80％以上（λ＝550nm・平行）
曇価（Haze）	3〜4%
キャリア密度	$1.3 \times 10^{21} cm^{-3}$
キャリア移動度	50.5 $cm^2/V・s$
耐熱性	600℃×1h熱処理後（大気中） →抵抗率変化：10％未満 →透過率変化：2％未満

第3章 色素増感太陽電池の導電性基板(1)

である。図3にITO膜とITO/FTO膜の分光透過率特性の対比を示す。

図4にITO, FTO, FTO/ITOの各導電ガラス基板を100～600℃の温度で1時間加熱した際の電気特性変化を示す。(a)は各基板の体積抵抗率変化を比較したもので、先述した通り、ITO膜は酸化により300～400℃の間で体積抵抗率が上昇し、熱処理前の3倍以上の値まで上昇するが、これに対してFTO/ITO膜ではFTO単独膜と同様に、体積抵抗率が変化していない。このときの各膜のキャリア密度、移動度は(b)に示すように変化しており、FTO層の積層によりITOの劣化が有効にバリアされ、ITO単独の膜でみられるような高温でのキャリア密度低下が解消していることが分かる。

開発したFTO/ITO導電ガラスは高い導電性から、そのまま光入射側の基板に使用しても、抵

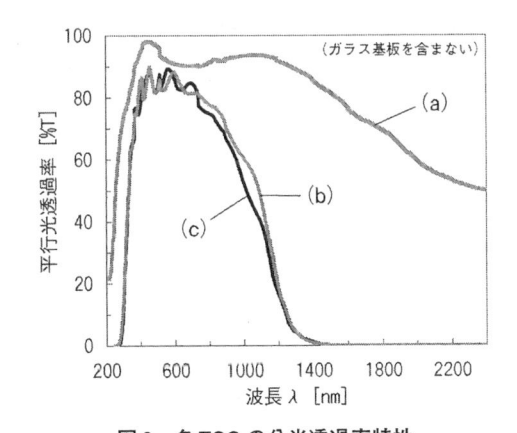

図3 各TCOの分光透過率特性
(a) FTO膜, (b) ITO膜, (c) FTO/ITO複合膜

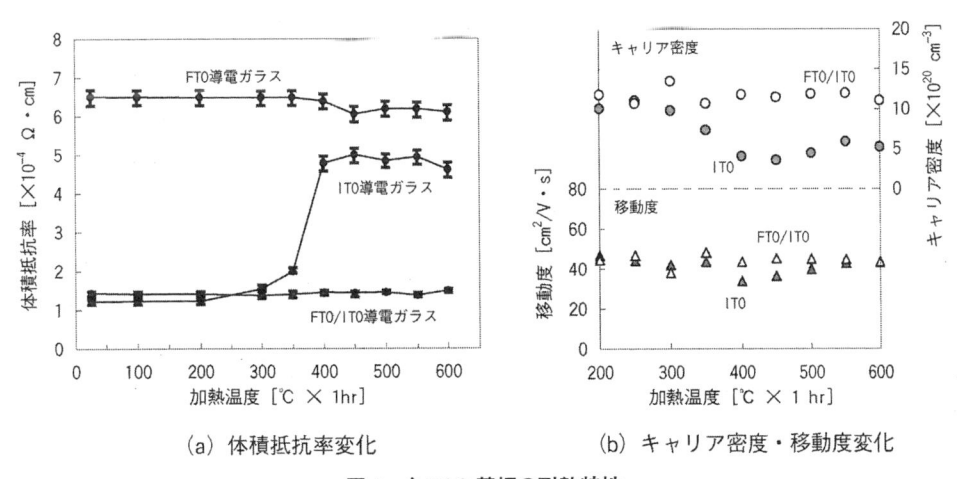

(a) 体積抵抗率変化　　(b) キャリア密度・移動度変化

図4 各TCO基板の耐熱特性

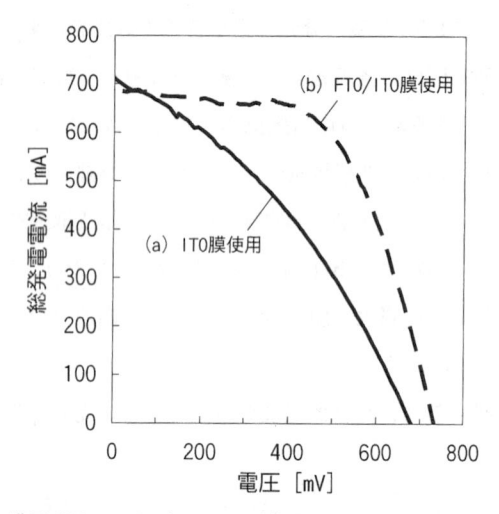

図5 ITO導電ガラスおよびFTO/ITO導電ガラスを用いたDSCのIV特性
AM-1.5, 1Sun, (a) $\eta = 2.1\%$ (P_m: 170mW, FF: 35%), (b) $\eta = 3.7\%$ (P_m: 300mW, FF: 59%)
何れも初期シート抵抗2Ω/□, 100mm角基板使用

抗による特性低下が無く700 mA, 300 mW程度の太陽電池を作製することが出来る。FTO/ITO導電ガラスと, ITO導電ガラスをそれぞれ光入射側の電極に用いたDSCの電流-電圧特性を図5に示す。FTO/ITO膜を用いたセルでは, 加熱工程によりシート抵抗が上昇するITO膜を使用したセルよりも高い形状因子, 変換効率が得られている。

3 金属格子配線

FTO/ITO膜による基板導電性の向上により, 700 mA, 300 mW程度の出力までセルを大型化することが出来たが, モジュール化コストやパネル開口率の面でより有利となるため, さらに低抵抗な基板を用いて, より大きなセルを実現出来ることが望ましい。FTO/ITO導電ガラスよりさらに低抵抗の光入射側基板は, 導電ガラス上にTCOより導電性の大きい金属をグリッド状配線することで作製することが出来る。ここで作製する配線には, ①抵抗が低く, ②電解液に侵されず, かつ③電解液への逆電子移動が十分に小さい, といった特性が求められるが, DSCの電解液には通常, 金属を非常に腐食させやすいI^-/I_3^-酸化還元対が使われることから, 特に②への要求がDSCへの金属配線適用を難しくしている。この解決には, これまで腐食しにくい金属を使用する構造[19]と, 金属を絶縁体で保護する構造[7, 20, 21]の2種類の方法が報告されており, フジクラでは現在, 簡単な工程で高導電性のパターン配線が得られることから, 銀ペーストをスクリーン印刷してグリッドを形成した後, 表面を保護コーティングする方法を主に用いている。

第3章　色素増感太陽電池の導電性基板(1)

3.1　配線材料

　銀ペーストの印刷で得られる回路は体積抵抗率が約 3×10^{-6} Ω·cm と ITO 膜より2桁小さいため，非常に低抵抗のグリッドを作製できる。しかし，今回の用途のように下地 TCO 基板からの集電を考えた場合，ペーストに使用される銀粒子の形状や，バインダー(低融点ガラスなど)が銀/TCO 界面に潜り込む[22]現象などにより基板と配線の接点が少なくなる問題がある。そのため，通常のペースト材では配線密度を高めても接触抵抗の影響で全体のシート抵抗が思うように低減できない。これを解決するためには，図6のように界面との接触面積が大きい，バインダレスタイプの銀ペーストを使用すると良い。表2は図7のようなサンプルを用い，銀/TCO 間の集電性を評価した結果であるが，通常のペーストを使う場合よりも小さい抵抗で基板と接続されている

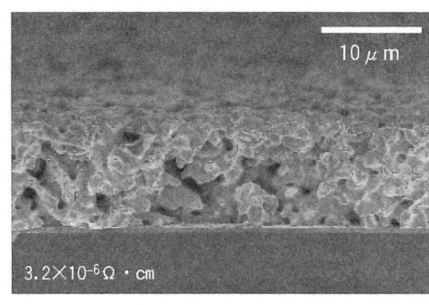

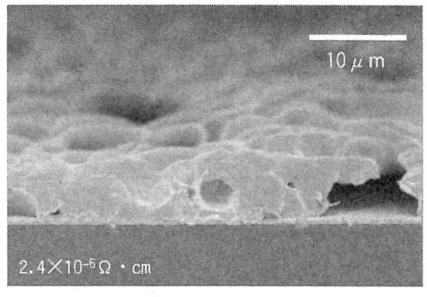

(a) 粒子焼結型銀ペースト　　　(b) バインダーレス高導電ペースト

図6　導電基板上に塗布・焼成した銀ペーストの断面 SEM 写真
何れも塗布後，450℃ × 1hr の熱処理にて成膜

表2　FTO 膜−銀印刷回路間の集電性試験結果

項　目	粒子焼結型 銀ペースト	バインダレス 銀ペースト
配線膜厚 [μm]	10	6
配線幅 [mm]	5	5
体積抵抗率 [Ω·cm]	3.2×10^{-6}	2.4×10^{-6}
A–B 間抵抗値 [Ω]	21	12
C–D 間抵抗値 [Ω]	0.05	0.05

FTO 膜上，450℃ × 1hr 焼結後の測定値

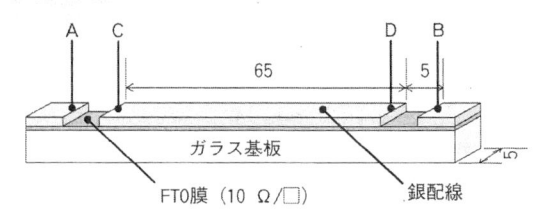

図7　集電性試験サンプル形状

ことが分かる[23]。

3.2 特性

　開発した高導電性窓側電極の構造は図8に示す通りで，FTO/ITO複合膜上に銀グリッドをスクリーン印刷により形成し，銀と電解液が接することによる腐食・逆電子移動を防止するため，グリッド上に絶縁樹脂または低融点ガラスからなる配線保護層を設けている。本基板はグリッド部分のシート抵抗値が2×10^{-3} Ω/□，開口率90％，TCO膜のシート抵抗値が2 Ω/□であるため，合成した基板シート抵抗値は0.02 Ω/□程度となる。電極基板のシート抵抗値をこのレベルまで低減させると，発電電流1700 mA，900mW程度のセルにおいても，ほぼ抵抗による発電特性低下のないセルを得ることが出来る。図9および表3は，従来の10 Ω/□のFTO導電ガラスを用いた未配線セルと，FTO/ITO複合膜およびグリッドによる高導電性基板を用いたセルの特性比較結果である。未配線のセルでは内部抵抗が大きく，極めて低い出力しか得られていないが，高導電性基板では，セルの内部抵抗が大幅に低減され，形状因子，光電変換効率を向上することができている。

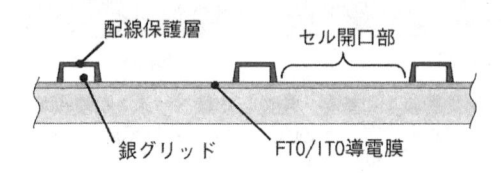

図8　高導電性光入射基板の構造
銀グリッド開口率90％（保護層を除く）

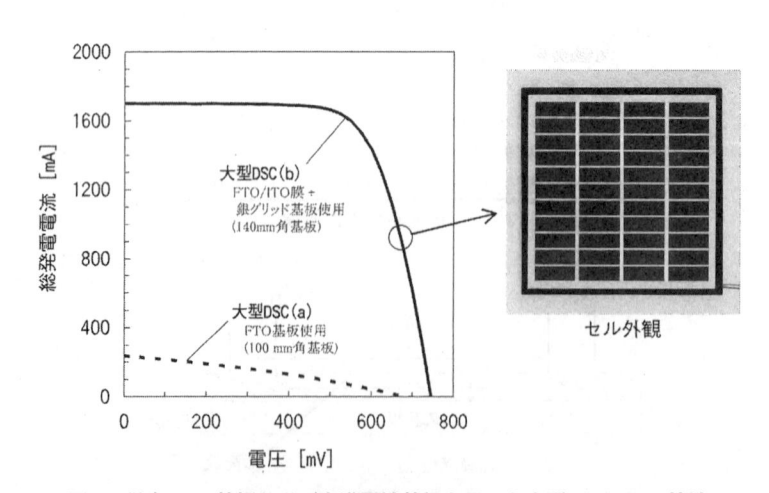

図9　従来FTO基板および高導電性基板を用いた大型DSCのIV特性

第3章　色素増感太陽電池の導電性基板(1)

表3　試作した大型DSCの発電特性

	ミニサイズDSC	大型DSC（a）	大型DSC（b）
光入射側基板	FTOガラス ($10\,\Omega/\square$)	FTOガラス ($10\,\Omega/\square$)	FTO/ITO$^+$ グリッド付ガラス
セル面積 [cm^2]	0.47	100	140
短絡電流密度 [mA/cm^2] （短絡電流 [mA]）	12.8 (6.02)	2.37 (237.4)	12.1 (1695)
開放電圧 [mV]	726	685	745
変換効率 [%]	6.4 (3.0mW)	0.52 (52mW)	6.3 (882mW)
形状因子 [%]	69	32	70

ミニサイズDSC，大型DSC(a)，(b)とも透明導電基板，セルサイズ以外は同構成

4　おわりに

フジクラの大型DSC用高導電性基板の技術として，SPD法を用いてFTO/ITOを複層成膜した耐熱高導電TCO膜と，バインダレスタイプのペーストを用いた銀グリッド配線の2つについて紹介した。この基板は，複合膜と集電配線の併用により合成抵抗$0.02\,\Omega/\square$以下と，1700 mA以上の大面積DSCにおいても抵抗による出力低下がないレベルを達成出来ているため，今後は製造コスト低減や開口率，長期耐久性向上などの課題を解決し，実用化を目指したい。また，今回紹介した技術以外にも，セルに合わせた光学特性の制御[24]や，資源供給の不安があるInを用いない，FTOの単独高導電膜[25]の作製なども最近可能になってきており，今後，DSC用基板の一層の高性能化が実現出来るものと期待している。

文　献

1) G. Boschloo *et al.*, *J. Photochem. Photobiol. A: Chem.*, **148**, 11 (2002)
2) 宮坂力，応用物理，**73**, 1531 (2004)
3) 箕浦秀樹ほか，応用物理，**73**, 549 (2004)
4) J. G. Doh *et al.*, *Chem. Mater.*, **16**, 493 (2004)
5) M. Adachi *et al.*, *J. Am. Chem. Soc.*, **126** (45), 14943 (2004)
6) S. Ito *et al.*, *Chem. Mater.*, **15**, 2824 (2003)
7) G. Phani *et al.*, *Proc. of Solar '97 ANZSES*, (1997) — http://www.sta.com.au/

8) T. Kawashima *et al.*, *Thin Solid Films*, **445**, 241(2003)
9) H. J. J. van Boort *et al.*, *Philips Tech. Rev.*, **29**, 17(1968)
10) K. L. Chopla *et al.*, *Phys. Thin Films*, **12**, 167(1982)
11) M. S. Tomar *et al.*, *Proc. Cry. Growth Char.*, **4**, 221(1981)
12) E. Shanthi *et al.*, *J. Appl. Phys.*, **53**, 1615(1982)
13) K. L. Chopra *et al.*, *Thin Solid Films*, **102**, 1(1983)
14) M. Fantini *et al.*, *Thin Solid Films*, **138**, 225(1986)
15) S. Kaneko *et al.*, *Solid State Ionics*, **141**, 463(2001)
16) M. Okuya *et al.*, *Ceram. Soc.*, **21**, 2099(2001)
17) C. Kobayashi *et al.*, *Trans. Mater. Res. Soc. Jpn.*, 26, 1227(2001)
18) Y. Sawada *et al.*, *Thin Solid Films*, **409**, 46(2002)
19) K. Okada *et al.*, *J. Photochem. Photobiol. A:Chem.*, **164**, 193(2004)
20) P. M. Sommeling *et al.*, *J. Photochem. Photobiol. A:Chem.*, **164**, 137(2004)
21) 松井浩志ほか，太陽エネルギー，**31**，1，25(2005)
22) R. Sastrawan *et al.*, *Sol. Ener. Mat. Sol. Cells*, **90**, 11, 1680(2006)
23) 小野朗伸ほか，フジクラ技報，**109**，41(2005)
24) 川島卓也，静岡大学薄膜基板研究懇話会第9回研究発表会講演要旨集，12(2004)
25) 川島卓也ほか，フジクラ技報，**110**，in press(2006)

第4章　色素増感太陽電池の導電性基板(2)

奥谷昌之[*]

1　はじめに

　色素増感太陽電池のための透明導電膜として要求される条件は，①低抵抗化による光電子の効率的な収集，②高い光透過性による透明導電膜自身の吸収損失の低減，および③反射防止や散乱効果の導入による入射光の有効利用，以上の3点が挙げられる。本章では，透明導電膜として酸化スズに焦点をあて，その色素増感太陽電池への応用について述べる。

2　透明導電膜

　デジタル放送の本格化を目前に，平面表示素子用に透明導電膜の需要が増加の一途にある。透明導電膜として使用されている材料の主な特性を表1に示す[1]。金属薄膜としては，金(Au)や銀(Ag)等の電気伝導性に優れる金属が用いられてきた。しかし金属膜はプラズマ波長が短いため

表1　各特性に優れる主な透明導電膜の例[1]

特　性	材　料
光透過性	$ZnO:F$, Cd_2SnO_4
電気伝導性	$In_2O_3:Sn$
低プラズマ周波数	$SnO_2:F$, $ZnO:F$
高プラズマ周波数	Ag, TiN, $In_2O_3:Sn$
高仕事関数	$SnO_2:F$, $ZnSnO_3$
低仕事関数	$ZnO:F$
耐熱性	$SnO_2:F$, TiN, Cd_2SnO_4
機械的強度	TiN, $SnO_2:F$
化学的安定性	$SnO_2:F$
エッチング	$ZnO:F$, TiN
水素プラズマ耐候性	$ZnO:F$
低堆積温度	$In_2O_3:Sn$, $ZnO:B$, Ag
無毒性	$ZnO:F$, $SnO_2:F$
コスト	$SnO_2:F$

---

[*]　Masayuki Okuya　静岡大学　工学部　物質工学科　助教授

に可視光吸収が大きく，また機械的強度や化学的安定性に劣る。このため，これらの金属を屈折率の高い酸化亜鉛(ZnO)，酸化スズ(SnO_2)または酸化チタン(TiO_2)等の透明な誘電体で挟むサンドイッチ構造の透明導電膜を形成するのが一般的である。この構造により，屈折率や膜厚を適切にコントロールして膜強度の劣る金属膜を保護すると同時に，反射を低減して可視光透過率を高めることができる。これに対し，金属酸化物膜は可視光透過率が高く，機械的強度や化学的安定性を十分備えた材料である。また，キャリアドーピングにより導電性を制御することができるため，実用性にも優れている。このため，一般に透明導電膜とは，金属酸化物を指すことが多い。代表的な酸化物として，酸化インジウム(In_2O_3)，酸化スズ，酸化亜鉛等が挙げられる。これらの酸化物以外にも，上記酸化物と酸化カドミウム(CdO)や酸化ガリウム(Ga_2O_3)を組み合わせた多元系金属酸化物の研究も進められている[2,3]。現在のエレクトロニクス業界において，電気電導性やパターニングに優れる酸化インジウムが透明導電膜として主流であるが，インジウム資源の枯渇にともなう原料の価格高騰があり，代替材料として酸化スズや酸化亜鉛が注目されている。特に酸化スズは，酸化インジウムに比べ電気伝導性で若干劣るが，可視光透過性はほぼ同程度である。また，機械的強度や化学的安定性に優れるうえ，天然資源としてスズ原料も豊富に存在するため，酸化インジウム透明導電膜に比べ低コストで市場に供給することができる。一般的な色素増感太陽電池では，酸化チタン層の焼結工程で500〜600℃の高温加熱を要するため，透明導電膜に酸化インジウムを利用すると，大気中の酸素と反応して膜の電気伝導性が著しく低下する。このため，色素増感太陽電池のための透明導電膜には，耐熱性に優れる酸化スズが従来から利用されている。

3 色素増感太陽電池のための透明導電膜

3.1 低抵抗透明導電膜の作製

色素増感太陽電池モジュールの製造コストのうち，約半分は透明導電性ガラス部分であると試算されており[4]，これをいかに低コスト化できるかが実用化の課題の1つである。この問題に対し，筆者の研究グループでは，スプレー熱分解(Spray Pyrolysis Deposition：SPD)法による酸化スズ透明導電膜の作製とその色素増感太陽電池への応用を試みてきた[5〜11]。SPD法はパイロゾル法と呼ばれる手法と本質的に同じであり，加熱基板上に大気中で噴霧された液相から固相が析出し，薄膜として堆積する簡便な製膜プロセスであるため，実用的な製膜法として期待されている。SPD法による酸化スズ薄膜の形成に関する詳細は参考文献5〜7)を参照されたい。

色素増感太陽電池に利用される透明導電性ガラスとしては，旭硝子㈱製や日本板硝子㈱製の透明導電性ガラスが一般に利用されている。表2に旭硝子㈱製の透明導電膜(Uガラス)と筆者の研

第4章　色素増感太陽電池の導電性基板(2)

表2　各透明導電膜の光学・電気特性および色素増感太陽電池のセルパラメータ

	U ガラス	SPD
膜厚(μm)	0.8	0.8
透過率*(%)	82.3	82.0
反射率*(%)	13.0	12.0
抵抗率($\times 10^{-4}\Omega\cdot$cm)	7.7	5.8
移動度(cm^2/V・s)	29.8	10.9
キャリア濃度($\times 10^{20}$/cm^3)	2.7	9.8
I_{sc}(mA/cm^2)	14.4	11.9
V_{oc}(V)	0.66	0.63
FF	0.72	0.70
η(%)	6.8	5.3

*可視域(400〜800 nm)の平均値

究グループがSPD法で作製した透明導電膜の電気・光学特性を示す。SPD法で作製された透明導電膜の抵抗率はUガラスのそれより優れており，色素増感太陽電池に最適な透明導電膜と考えられる。そこで，実際にそれぞれの透明導電膜を利用して色素増感太陽電池を作製した。この際，作用極はP25(日本エアロジル㈱)とTKC302(㈱テイカ)のTiO$_2$ゾル混合溶液をSPD法で透明導電膜上に積層した後，N719色素を吸着させた。これをLiI/I$_2$ベースの電解液と白金スパッタ対極とをサンドイッチしてセルを組み立てた。光電特性は，擬似太陽光(AM1.5，100mW/cm^2)を用いて評価した。その結果，SPD製の透明導電膜を利用した太陽電池の短絡電流は，Uガラスのそれに比べ低く，変換効率も低下した。透明導電膜以外は同じ条件であるため，透明導電膜の低抵抗化だけでは太陽電池の高効率に結びつかないことがわかる。

3.2　透明導電膜の光吸収

　旭硝子㈱製UガラスおよびSPD製の透明導電膜の表面形態を図1に示す。Uガラスは粒径が100〜300 nmで表面に凹凸をつけた，いわゆるテクスチャー構造であるのに対し，SPD製は数十nm程度の球形粒子から構成され，平滑であることが明らかである。色素増感太陽電池と類似点の多いアモルファスシリコン薄膜太陽電池の場合，透明導電膜表面のテクスチャー構造によりヘイズ率が向上し，入射光の散乱で光路長を増加させて短絡電流密度の向上に成功した報告例がある[12]。また，色素増感太陽電池においても，TiO$_2$層を含めたヘイズ率と電池特性の検討も行われており[13]，透明導電膜の表面形態と電池特性との相関を検討する必要がある。そこで，ここではSPD法の特徴を生かして作製された様々な表面形態の酸化スズ透明導電膜に対し，その光学特性の変化について述べる。

　図2に各透明導電膜の光吸収係数の波長依存性を示す。なお，ここに示す全ての光学パラメー

色素増感太陽電池の最新技術 II

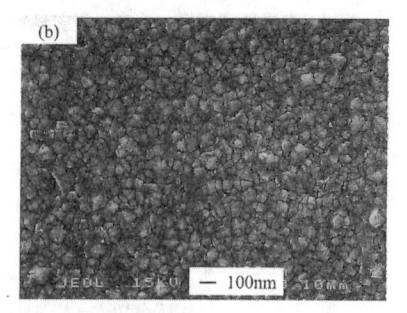

図1 各酸化スズ透明導電膜の表面形態
(a)旭硝子㈱Uガラス (b)SPD製

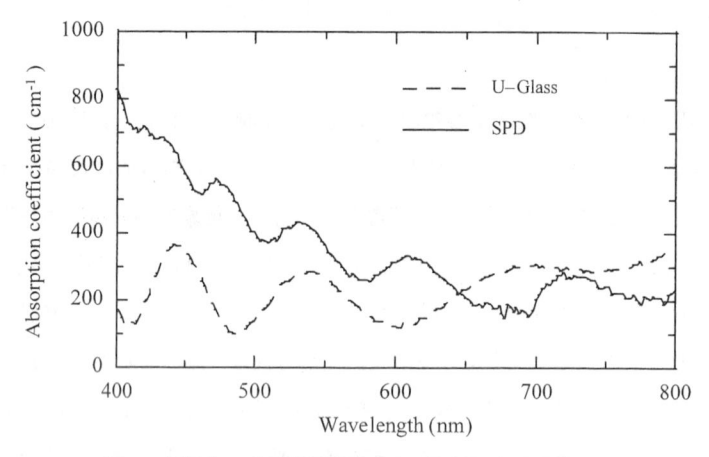

図2 各酸化スズ透明導電膜の光吸収係数の波長依存性
--- Uガラス ── SPD

タは,ガラス基板の影響を除去せず,実測値に基づくものである。UガラスとSPD製の透明導電膜で,可視平均透過率及び反射率に大差はなかったが,光吸収係数の波長依存性では異なる傾向が観測された。SPD製の透明導電膜の光吸収係数は400〜600 nmでUガラスのそれよりも大きく,この波長域で入射光の損失が発生していることがわかる。したがって,この波長域で光吸収を小さくすることが太陽電池特性の向上にもつながる。SPD製の透明導電膜の場合,粒径が小さいために粒界散乱の影響で移動度が小さく,Uガラスと同程度の電気伝導率を得るためにキャリア濃度を大きくしている。その一方,キャリアによる光吸収効果は大きくなり,これが太陽電池特性の低下につながっていると考えられる。このため,キャリア濃度を低下させて移動度を大きくする,つまり粒径の大きな酸化スズ膜を作製する必要がある。筆者の研究グループでは,これまでSPD法により様々な表面形態の薄膜形成を試みており[5〜11],今回は3.1で紹介したジ-n-ブチルスズジアセテート(DBTDA)を原料とした酸化スズ膜[5]をシード層とし,これにテト

第4章　色素増感太陽電池の導電性基板(2)

ラブチルスズ(TBT), 塩化スズ(Ⅱ)二水和物または塩化スズ(Ⅳ)五水和物を原料とした酸化スズ膜を積層することで表面形態制御を試みた。

図3に各原料から形成された透明導電膜の表面形態を示す。DBTDAから形成された平滑な膜に対し, 塩化スズ(Ⅱ)二水和物からの積層膜(SnCl$_2$·2H$_2$O/DBTDA)は100 nm程度の角張った粒子により構成されていることがわかる。さらに, 塩化スズ(Ⅳ)五水和物からの積層膜(SnCl$_4$·5H$_2$O/DBTDA)では粒径100〜300 nmの比較的平滑な粒子が, TBTからの積層膜(TBT/DBTDA)では200〜300 nmの角張ったロックアイス状の粒子から構成されている。

図4に各原料から形成された透明導電膜の光吸収係数の波長依存性を示す。いずれの膜もDBTDA単独で形成された膜に比べ移動度の向上と粒径の大型化には成功したが, 光吸収係数は異なる傾向を示した。塩化スズ(Ⅱ)や塩化スズ(Ⅳ)からの積層膜では, 積層以前よりもむしろ光吸収係数は増加しており, 粒径の大型化の効果が観測されなかった。一方, TBTからの積層膜の場合, 低波長での吸収係数をUガラス程度まで抑えることに成功した。光吸収係数を低下させるには, 粒径の大型化だけでなく, 粒子の形状や粒径分布まで細かな条件が要求されているようである。本研究では, 200〜300 nmの角張ったロックアイス状の粒子から構成される酸化ス

図3　各酸化スズ透明導電膜の表面形態
(a)塩化スズ(Ⅱ)/DBTDA, (b)塩化スズ(Ⅳ)/DBTDA, (c)TBT/DBTDA

図4 各酸化スズ透明導電膜の光吸収係数の波長依存性
--- Uガラス　――従来のSPD(DBTDA)　――塩化スズ(Ⅱ)/DBTDA
……塩化スズ(Ⅳ)/DBTDA　---- TBT/DBTDA

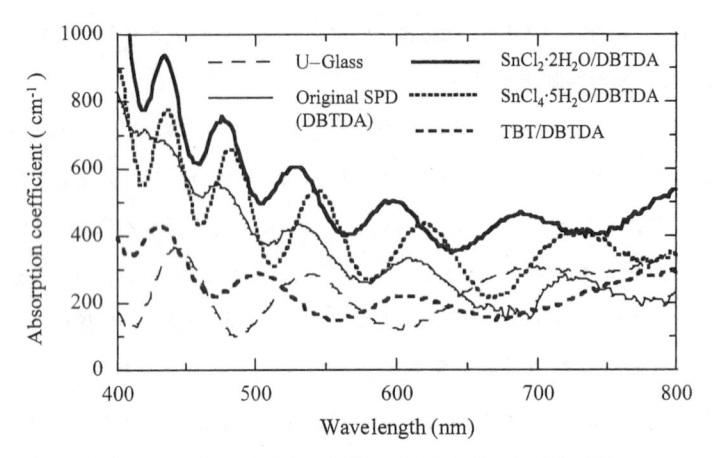

ズ透明導電膜がこの条件を満たしていると考えられるが，今後まだ検討の余地がある。

3.3 光散乱効果の導入

各透明導電膜を利用して作成した色素増感太陽電池のセルパラメータを表3に示す。開放電圧やフィルファクターは透明導電膜の種類にほとんど依存しなかったが，短絡電流密度には大きな差が観測された。特にTBTからの積層膜(TBT/DBTDA)の場合，短絡電流密は15.8mA/cm^2に達し，変換効率は7.6％まで上昇した。変換効率の大小は酸化スズ透明導電膜のヘイズ率にも関係し，ヘイズ率が大きいものほど短絡電流密度が大きくなり，その結果，変換効率が上昇する傾向がある。実際，透明導電膜の表面形態のテクスチャー化により可視域での量子効率も上昇しており，入射光の散乱による光路長の増加と光閉じ込め効果，それにともなう作用極での光吸収率の増加が短絡電流密度の向上につながったと考えてよい。従来，色素増感太陽電池における光散

表3 各透明導電膜を利用した色素増感太陽電池の電池パラメータ

	Uガラス	DBTDA	$SnCl_2 \cdot 2H_2O$/DBTDA	$SnCl_4 \cdot 5H_2O$/DBTDA	TBT/DBTDA
ヘイズ率*(%)	10.4	5.1	6.2	5.1	14.3
I_{SC}(mA/cm^2)	14.4	11.9	12.5	12.3	15.8
V_{OC}(V)	0.66	0.63	0.69	0.66	0.71
FF	0.72	0.70	0.67	0.68	0.68
η (%)	6.8	5.3	5.8	5.5	7.6

*550nmにおける値

乱効果は，多孔質アナターゼ TiO$_2$ 層の上にルチル型の大型粒子を積層させることで報告されているが，透明導電膜側のテクスチャー化によっても効果があることが確認された。今後は両者の併用による電池特性の向上が期待される。

4 おわりに

本節では酸化スズ透明導電膜の表面形態を制御することで，その光学・電気特性および色素増感太陽電池の特性に与える影響を述べた。特に透明導電膜のテクスチャー構造にともなうヘイズ率の変化が，色素増感太陽電池の特性に大きな影響を及ぼすことが明らかになった。理想的な透明導電膜としては，粒径の大型化だけでなく，粒子の形状や粒径分布まで細かな条件が要求されており，今後詳細な検討が行われるべきである。

文　献

1) R. G. Gordon, *MRS Bulletin*, **25**, 52(2000)
2) T. Minami, *MRS Bulletin*, **25**, 38(2000)
3) A. J. Freeman *et al.*, *MRS Bulletin*, **25**, 14(2000)
4) G. Smestad *et al.*, *Sol. Ener. Mater. Sol. Cells*, **32**, 259 (1994)
5) K. Murakami *et al.*, *J. Am. Ceram. Soc.*, **79**, 2557(1996)
6) S. Kaneko *et al.*, *Ceram. Trans.*, **100**, 165(1999)
7) M. Okuya *et al.*, *J. Euro. Ceram. Soc.*, **21**, 2099(2001)
8) 奥谷昌之ほか, 色材協会誌, **74**, 612(2001)
9) M. Okuya *et al.*, *Sol. Ener. Mater. Sol. Cells*, **70**, 415(2002)
10) M. Okuya *et al.*, *J. Photochem. Photobiol., A Chem.*, **164**, 167(2004)
11) M. Okuya *et al.*, *Solid State Ionics*, **172**, 527(2004)
12) 佐藤一夫ほか, 最新透明導電膜動向, ㈱情報機構, p.293(2005)
13) 韓礼元ほか, 応用物理, **75**, 982(2006)

第5章　チタニア光電極用のナノチタニアと色素増感太陽電池

小柳嗣雄*

1　はじめに

　太陽電池の全世界の製造量は，2005年度で1788mW，前年比30％増加した。この製造量の半分を日本が製造している。この太陽電池産業は，日本が自動車産業と同様な技術開発力と生産マネジメントシステムを構築して世界をリードできる分野であるとの期待感がある。現在製造されている太陽電池の90％がシリコン結晶系で占められている。しかし，太陽電池の更なる普及には，シリコンに替わる安価な太陽電池の出現に期待がかかっている。この安価次世代太陽電池の1つの候補が色素増感太陽電池といわれるものである。
　この色素増感太陽電池は，ナノ微粒子によって形成される多孔質膜の表面に色素を吸着させ，電解質を電極間ではさむシンプルな構造である。このため，シリコン結晶やアモルファスシリコンのような超高純度な材料や半導体製造に使用する高価な設備投資を必要とせず，1/5～1/10のコストで製造できることが示唆されている。しかし，この太陽電池の問題点として，寿命と耐熱性などまだ不十分である。現状は，液体電解質に替われる技術とプラスチック化技術もかなり進んでいる。スポンジ状の多孔質のチタニア半導体膜の特性は，セルの光変換効率，耐久性に影響する。本章では，単分散性ナノチタニアコロイドを用いた半導体膜の作製とその特長を述べる。また結晶性チタニアコロイドの製造法及び粒子成長理論についても述べる。さらに，光変換効率アップと耐久性向上の結晶性チタニアについても述べる。

2　色素増感太陽電池の発電原理について

　色素増感太陽電池の場合は，図1に示すような液晶表示装置に似た構造を有している[1]。2枚の透明導電ガラスの中に液体が封入されている構造である。液晶表示装置の場合は液晶であるが，この場合は電解液が封入されている。また，小型大容量バッテリーとして急速なマーケットを形成したリチウムバッテリーの構造とも似ており，液晶表示装置とリチウムバッテリーの折衷構造を保有している。光電子電極としては導電硝子の導電層の表面へチタニアコロイドをコートして，

---

*　Tuguo Koyanagi　触媒化成工業㈱　新規事業研究所

第5章　チタニア光電極用のナノチタニアと色素増感太陽電池

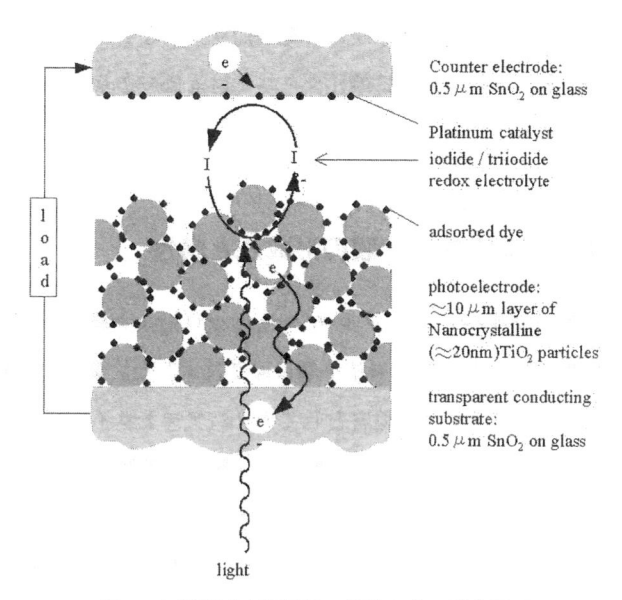

図1　色素増感太陽電池の構造とその動作原理

約 10〜20 μm のチタニアスポンジ多孔質が形成されている。このチタニア膜の表面に Ru 錯体が化学的吸着で担持されている。対電極として，導電硝子の上に白金微粒子がコートされた還元電極であり，この二枚の電極の間に電解液が封入されている。

入射された光で Ru 錯体が励起され，電荷分離励起状態で容易に電子移動を起こし，この電子注入がチタニア表面に起こる。この電子注入された電子がチタニア膜を拡散して，焦電電極で集められる仕組みである。一方，電子を失った Ru 錯体は，電解質に溶解している I^- より電子を受け取る。このため，I^- は I_3^- となり，さらに Pt 電極で電子を受け取る仕組みである[2]。

このチタニア膜はメソスコピック酸化物半導体膜の一種であり，モフォロジーとナノ結晶性物質はアカデミックな観点からも注目を集めている。なぜならばメソスコピック膜は普通でない物理化学性質を有しているからである。これらの物質は 50nm サイズ以下の微細構造からなる。ナノ結晶の電気的結合構造はナソスコピック酸化物のネットワークまたはカルコゲナイト粒子のネットワークによって形成される。例えば TiO_2，ZnO，Fe_2O_3，Nb_2O_3，WO_3，と Ta_2O_5 と CdS と $CdSe$ が挙げられる。そしてそれらの材料は，透明性の高いメソポーラスフィルムを形成し，主に数 μm の厚さで使用される。電子はインターコネクトした粒子間を非常に高速にフィルムの内を拡散することができる。吸着分子を含む電荷移動現象はナノ結晶界面を通じて移動し，高い電流値が得られる。15 年間にわたり酸化チタンが半導体として非常に多く使用されている。なぜならこのチタニアは色素増感光電気化学において多くの優位性を有している。広いバンドギャップをもつ酸化物であり，化学的安定で液体中でも電極として腐食がない。表面のルイス酸

は色素分子の吸着に対して有利に働く，すなわち電子的リッチなアンカーリング効果をもち，容易に分子を結合することができる。さらに酸化チタニアは安価であり，広く入手可能であり，毒性がなくバイオアフィニティーである。

3 ゾル-ゲル法によるチタニア膜の形成法と特性

メソポーラス酸化物膜は実験的には，ゾル-ゲル法のプロセスを経て形成される方法がある。このプロセスは水熱処理工程が含まれる製法手順は図2に示した。最初の沈殿はTi化合物の加水分解をコントロールして生成させる。原料としてチタニアテトライソプロピキシドのようなアルコキシド化合物や四塩化チタンを用い加水分解する。続いて解膠を行う。水熱処理によってゾルを形成することができる。水熱条件をコントロールすることで任意の粒子と結晶性を含むことができる。溶媒を一部除いて，バインダーを添加してゾルは基材の上へ容易に印刷できるペーストにする。ドクターブレード法で膜を形成することができ，そして空気中で焼成される。この焼成によってバインダーと有機溶媒が燃焼してなくなる故に純粋な酸化物表面が形成される。膜厚は典型的には10〜15μmで重量は2〜3mg/cm^{2}である。粒子間の電子的接合は450℃の燃焼の間で結合が起こる。非常に高い機能をもったメソポーラス構造が形成され，60％のポロシティーと，平均ポアーサイズが15nmである。粒子の多くがバイピラミダルな形を有している。これは典型的なアナタース結晶の形である。外部にある結晶面はほぼ(101)の方向性を有している。粒子径や膜のモフォロジーはチタニア膜形成に用いられるゾル-ゲル法の条件によって変化することによって最適化が可能である。ロッド状粒子の膜は第4級アンモニウムハイドロオキサイドの存在下で190〜230℃のオートクレーブ処理で生成した粒子で得られる。ロッド状粒子は(100)面をもつことが観察され，(001)面で切れている。

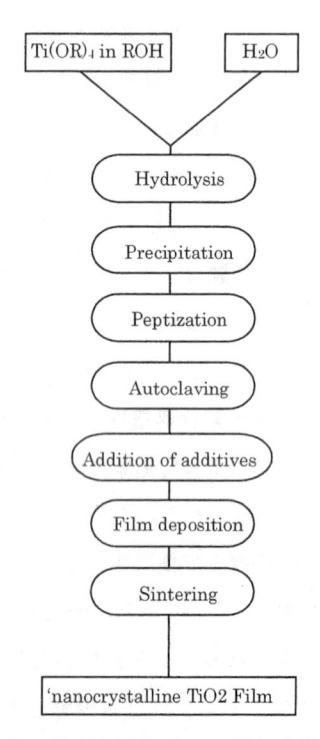

```
Ti(OR)4 in ROH    H2O
        \         /
         Hydrolysis
             |
         Precipitation
             |
         Peptization
             |
         Autoclaving
             |
     Addition of additives
             |
         Film deposition
             |
          Sintering
             |
    'nanocrystalline TiO2 Film
```

図2 ゾル-ゲル法を用いたTiO$_2$膜の作製の手順

第 5 章　チタニア光電極用のナノチタニアと色素増感太陽電池

4　固体／電解質の界面での光誘起電荷分離の詳細

　高い光変換効率と長期安定性の両方の光変換機能をもつものはルテニュウムとオスニュウムのポリピリジュウム錯体である。増感剤は一般的に ML_2X_2 の構造をもっている。ここでLはポリピリジュウム配位子(dcbpy)，MはRu(Ⅱ)またはOS(Ⅱ)であり，Xはハイドロ，サイアミド，チオサイアミド。カルボキシグループは酸性のチタニア表面とリンクする。表面の色素の固定化は50/50のアセトニトリル/*tert*-ブタノールの混合溶剤に溶解させて溶液にディップすることで行われる。色素増感剤の単分子層は自発的に形成される。吸着はラングミュアーの式に従う。アナタース表面の1分子が占有する面積は $1.65nm^2$ であるカルボキシルグループと酸化物の間の相互作用は吸着された色素のジオメトリックな構造の決定に重要である。カルボキシルエステル結合は2配位がチタンイオンとブリッジを形成する場合と表面の水酸基とH結合を通じて，結合する場合がある。2つの残されたカルボキシルグループの1つはイオン化，一方もう1つのものは水素化されて残っている。モデルの研究として単結晶 TiO_2(101)上に吸着した dcbpy を用いて X-ray photoelectron spectroscopy, X-ray absoption スペクトロスコピーと量子化学的計算が行われた。図3に示したような二配位のブリッジ構造が好ましいことが判明した。

5　単分散性チタニアの特長と光マネジメント特性

　実験的には，前章で述べたアルコキシド化合物を原料としてゾル-ゲル法を用いてチタニア膜

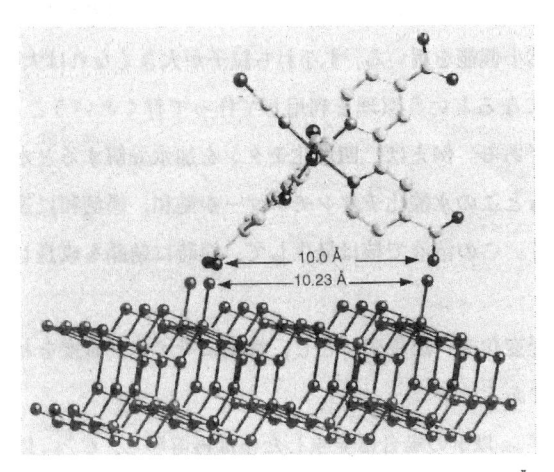

図3　TiO_2の(101)結晶面に2つのカルボキシル基が化学吸着した $Ru^{Ⅱ}(dcbpy)_2(NCS)_2$ 分子の配位構造図

を形成する場合もある。しかし，工業化レベルの検討の場合は様々な平均粒子径が作成でき，さらにその粒子径分布もシャープである結晶の出来るだけ高い単分散性コロイドを用いることが，再現性およびコストの上から重要である。

単分散性(Homo dispersion)として下記4項目を特長とする。

① 均一粒子径，形状（exp：C.V. 1%以下）
　・真球状
　・アスペクト化
② すべての粒子が同一の物理定数を有する
　・結晶構造(exp：Anatase, Rutile)
　・結晶性(単結晶，多結晶)
　・電気伝導度，誘電率，屈折率
　・ハンドキャップ均一性
③ すべての粒子が同一の化学的特性を有する
　・表面(官能基数，解離定数)
　・結晶面の同一性
④ すべての粒子が同一の表面特性を有する

単分散性の意味は均一粒子径で同一形状を持っている。それから，全ての粒子は同一結晶質のもの，例えばチタニアでいえばアナタースまたはルチルの単一結晶性を意味する。粒子径，粒子形状，及び結晶性を同一にすることにより結晶面が同一となる。このような一個一個の粒子が単分散性粒子であると表面状態も一定になる。このような表面はOH基数，OH解離定数も一定となり，この結晶に吸着する色素も一定になると考えられる。単分散性粒子を作るには，特に粒子成長に伴う粒子径分布縮小機能を用いる，すなわち粒子が大きくなれば大きくなるほど単分散性，粒子径分布がシャープになるという原理を利用して作って行くということが非常に重要になる。図4はラメールの法則である。例えば，四塩化チタンを加水分解すると水酸化チタンモノマーができる。時間が経過するとこの水酸化チタンモノマーが飽和，過飽和に達すると，核が生成してこの溶解度が落ちていく。この溶液で核は発生して，同時に結晶も成長してゆくということになる。

図5は，縦軸に粒子径変化率（成長率）とし，横軸にモノマー濃度をとり，図4の La Mer モデルを書き直したものである。

C^*_{min} を境にして，C^*_{min} 以下の場合は発生した核は再溶解し，C^*_{min} 以上のモノマー濃度が高くなると核が常時発生し，更に核の粒子成長も速い。すなわち，この過飽和溶液では，核発生とその核の粒子成長が常時同時に起きるため，非常に粒子径分布がブロードな粒子しか合成できな

第5章　チタニア光電極用のナノチタニアと色素増感太陽電池

図4　La Mer モデル

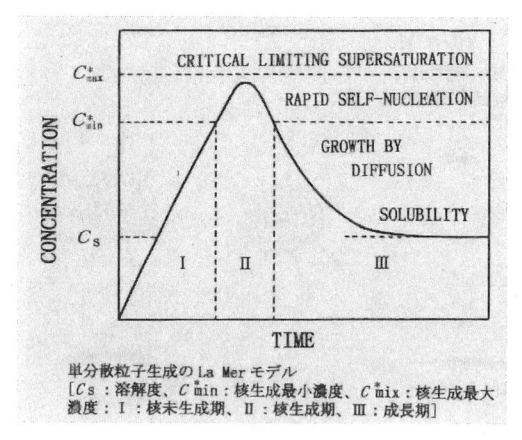

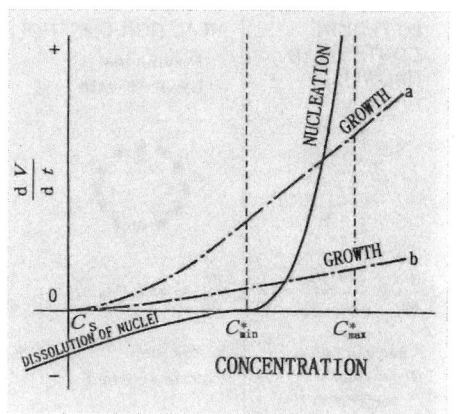

単分散粒子生成の La Mer モデル
[C_S：溶解度, C^*_{min}：核生成最小濃度, C^*_{max}：核生成最大濃度；Ⅰ：核未生成期、Ⅱ：核生成期、Ⅲ：成長期]

図5　溶質濃度に対する核生成速度と成長速度

い。このため C^*_{min} 付近では，粒子成長速度をある程度抑えて，新しく核発生をさせない条件が好ましい。すなわち，核生成と粒子成長を別のモノマー濃度領域で別々に行うことが重要である。更に均一な微小粒子径の核生成と成長していく過程で粒子径分布が狭くなる。すなわち，粒子径が揃ってくる機構をとることが重要である。粒子径が揃う最も良い反応機構が拡散律速成長というものである。反応モノマーが核粒子に遂時供給されて遂時粒子成長が起こる機構であり，図6に成長式を示す。拡散律速成長は，粒子成長が $1/R$ に比例するため，小さな粒子ほど成長が速くなるため粒子径分布が非常にシャープになる。一方，多核層成長は表面に多核が発生して粒子成長していく機構であるため粒子径 R が成長式に入っていない，ほとんど同一の粒子径分布で平均粒子径が大きくなっていく。単核層成長は粒子の上に単核が発生して成長するため比表面積に比例し，粒子径の2乗に比例することになる。このため，粒子径分布は広くなる。有名なオストワルド熟成も粒子径分布がブロードになる。

結晶性が高くて，粒度分布のシャープな単分散性ナノ粒子を合成しようとする場合は，拡散反応律速を用いた粒子成長機構が重要になる（図7）。

6　当社のチタニアコロイドラインアップ

触媒化成工業㈱は，様々なナノ粒子を生産している。結晶性ナノ粒子の単分散性コロイドは，水熱処理のような液相を用いて合成される。図8は，単分散性 TiO_2 コロイド調製法の概念を示す。最初に特殊な二酸化チタン酸オリゴマーを合成する。その後，粒子成長プロセスになる。そのプロセスは核形成プロセスおよび縮重合プロセスに分離される。核形成と重合のプロセスの分離によって粒子サイズをコントロールすることができ，単分散を達成することができる。

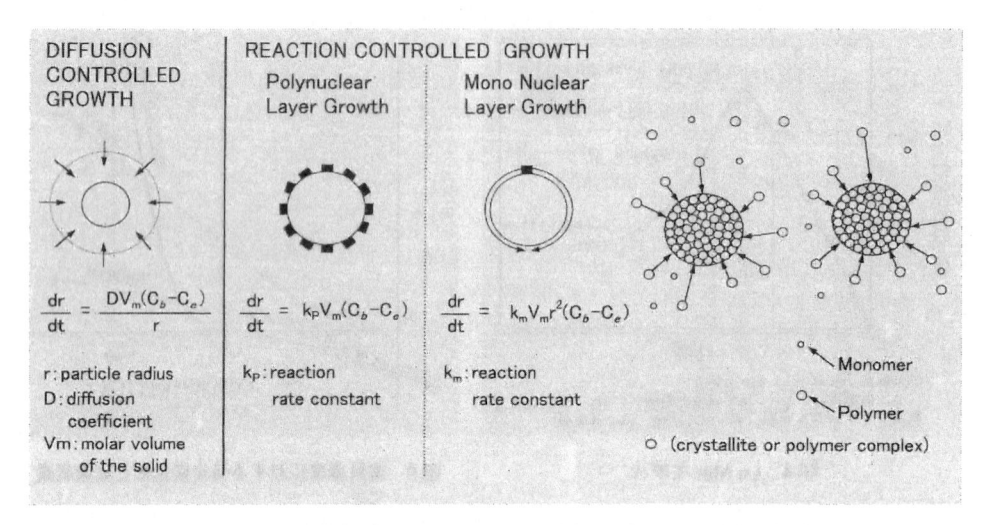

図6 拡散律速成長,反応律速成長(多核層成長,単核層成長)の模式図および核成長様式の線成長速度式

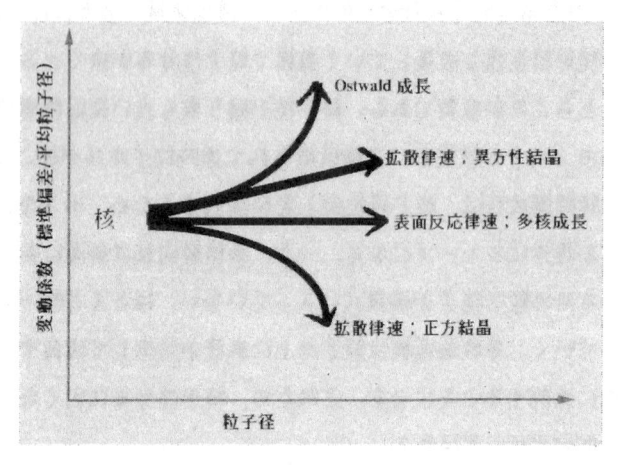

図7 粒子径成長と粒子径分布の変動係数の関係

　表1は当社の製品ラインナップを示す。最も小さな粒子サイズは10nmである。また,最大の粒子サイズは400nmである。さらに,棒形の粒子およびバイピラミダル形状を有する粒子の異なる形を製造することもできる。TEMイメージで見られた粒子サイズとX線回折によって測定される結晶のサイズが一致している(図9)。当社のチタニアゾルは,熱処理の後に比表面積がわずかに低下する。低下率は二酸化チタンのサイズに依存するが,10nmの粒子の場合は表面積の減少率が約25％である。しかし,25nmの粒子については減少率は約15％である。したがって高温熱処理で生成したような安定性を有する。製品はすべて単結晶のような高い屈折率有している。

第5章　チタニア光電極用のナノチタニアと色素増感太陽電池

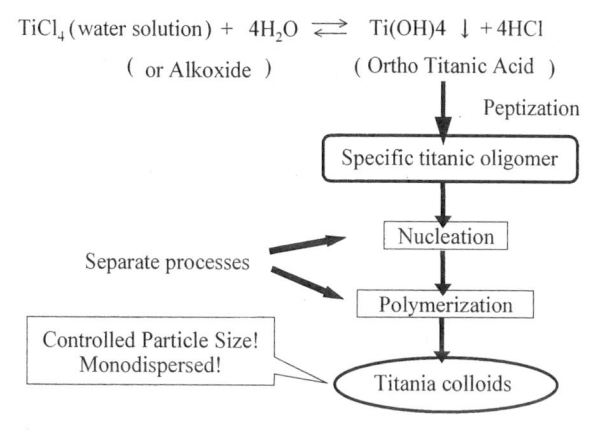

$$TiCl_4\,(water\ solution) + 4H_2O \rightleftarrows Ti(OH)4 \downarrow +4HCl$$
(or Alkoxide)　　　　　　　(Ortho Titanic Acid)

Peptization → Specific titanic oligomer → Nucleation → Polymerization → Titania colloids

Separate processes

Controlled Particle Size! Monodispersed!

図8　単分性 TiO_2 コロイド調製法の概念

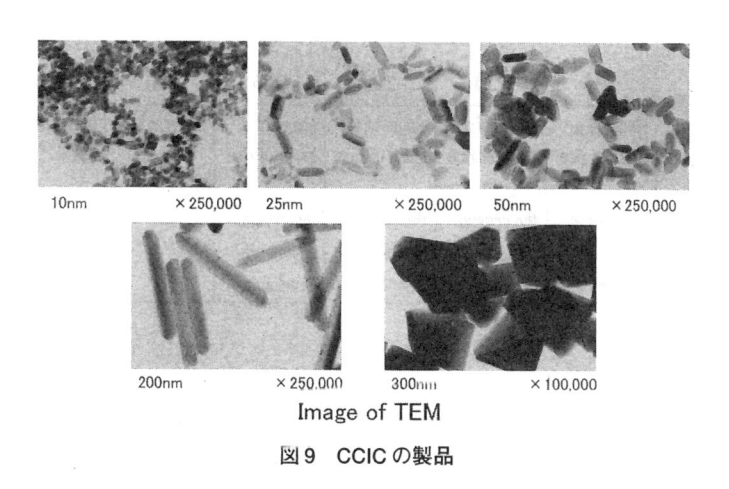

10nm ×250,000　25nm ×250,000　50nm ×250,000
200nm ×250,000　300nm ×100,000
Image of TEM

図9　CCIC の製品

6.1　チタニア半導体膜(二層構造)の製造法

バイピラミッド形状を有する200nmおよび400nmの大きな結晶性チタニアを散乱層形成用に選んだ。重要なことは，両方の大きな粒子が結晶平面を多く有しており，単結晶ライクであるということである。結晶面は HRTEM 測定法で結晶格子フリンジ間隔の測定を行い帰属した。バイピラミッド粒子は(101)結晶面のみを持っていることをが判明した。粒子径分布は狭く変動係数は10%未満である。

2層構造チタニア電極作製の手順を示す。最初に，20%の PEO をチタニアゾルに加えて TiO_2 含有コーティング液体に作る。ドクターブレード方法を使用して，NESA ガラスの表面にコーティング液体をコートし，乾燥，焼成を行う。2層目については，大きな200あるいは400nmの粒子が入ったコーティング液体を，上述のチタニアコート膜上へコートし，乾燥，焼成を行った。その後色素が溶解したエタノール液へ二層構造チタニア半導体形成 NESA ガラスを浸漬し，

表1　触媒化成㈱製ナノチタニアラインアップ

	HPW-10R	HPW-15R	HPW-18NR	HPW-25R	HPW-200C	HPW-400C	HPA-15R
Crystal structure	Anatase	Anatase	Anatase	Anatase	Anatase	Anatase	Anatase
Crystal size from XRD (nm)	11	12	15	17	35	440	13
Particle size from TEM (nm)	8〜13	10〜16	15〜25	20〜25	200	400	10〜18
Surface Area (m²/g)	140	120	95	69	13	7	100
Surface Area after sintering at 450℃	107	90	—	59	—	—	—
% Surface Area Reduction after sintering	24	25		15			
Crystal size (nm) after sintering at 450℃	11	13	—	17	—	—	—
Refractive index	—	2.26	2.28	2.35	2.61	2.61	—
Image of TEM	shape of a grain of rice the crystal planes are developed	shape of a grain of rice the crystal planes are developed	shape of a grain of rice the crystal planes are developed	shape of a grain of rice the crystal planes are developed	bi-pyramidal	bi-pyramida	chain structure

60℃で加温し，冷却を行った。引き上げて純粋なエタノールで洗った。太陽電池のチタニア電極を2重構造することにより，近赤外領域のIPCEを改善することが図10よりわかった。

　図11に異なる粒子サイズの二酸化チタン膜の反射分光スペクトルの結果を示す。入射光の角度は45度である。18nmの二酸化チタンフィルムは正反射が起こる。200nmの二酸化チタン膜の場合は光散乱性が向上するが，45度の正反射もかなりあることがわかる。しかし，400nmで構造される二酸化チタン膜は，入射光の角度に関係なく四方八方に等しく散乱することがわかる。IPCEが改善し始めるポイントは約550nm，ここより赤外線は色素の吸収が少なくなる。従って多重層を用いた二酸化チタン層の光散乱技術は，色素の小さな吸収係数である近赤外領域で多重散乱によるみかけの吸収計数をアップして光変換効率を改善するのに非常に役立つものと結論される。

7　コアーシェルチタニア粒子を使用したチタニア電極の特性

　次の主題は，コア—シェル型二酸化チタン電極である。Al_2O_3とY_2O_3の薄い絶縁層を有するチ

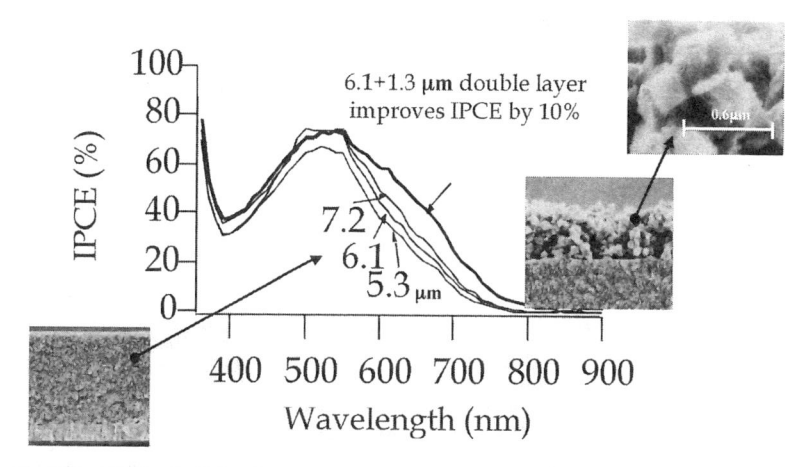

第 5 章　チタニア光電極用のナノチタニアと色素増感太陽電池

図10　二層構造チタニア膜の IPCE 特性

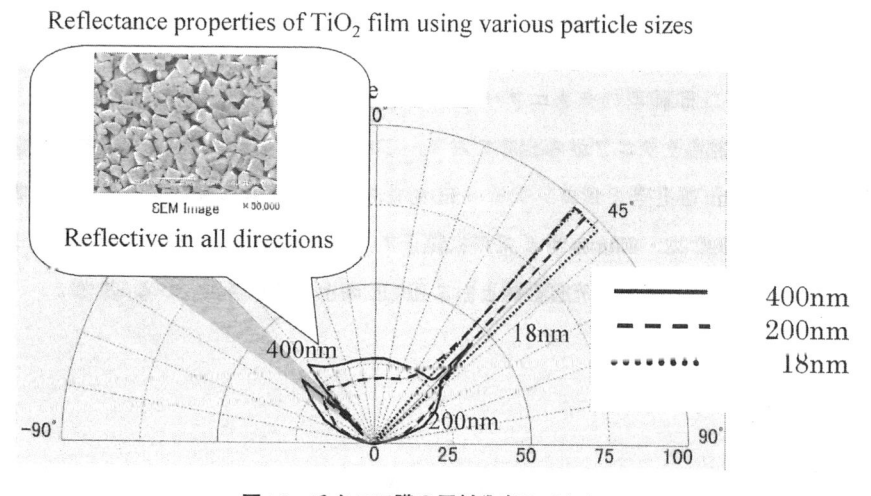

図11　チタニア膜の反射分光スペクトル

タニアで半導体膜を形成した電極は UV 照射下における耐久性が改善される。Y_2O_3 と Al_2O_3 で TiO_2 を覆うことによって，バンド・ギャップは広がる。すなわち酸化物コーティングをすることで TiO_2 の紫外線吸収端がブルーシフトする。UV による光電流発生の抑制が起き，UV 放射の下の色素増感太陽電池の長期耐久性を改善するのに役立つ。セルの特長としてアルミナ，イットリアをコートすることにより開放電圧が上がる。しかし，光電流値は低下する傾向である。アルミナの方がイットリアより電流特性に優れていることが判明した。

表2 チタニアペーストの特性

Characteristics	PST-18NR	PST-400C
TiO$_2$ Content (% remaining after curing)	～17	～15
Coefficint of Viscosity (mPa.s)	～170,000	～350,000
Particle Size (nm) Pore Dia nm	～20	～400
Porosity (%)	50	

8 チタニアペーストの特長

2種類のスクリーン印刷用のチタニアペーストを販売している。PST-18NRTは，粒子径18nmのアナタース結晶チタニアから出来ており，このペーストでスクリーン印刷を行い，乾燥—焼成を行うと17nm細孔径でポロシティー50％を有する光変換効率が高いチタニア膜が得られる。一方PST-400Cは，400nmサイズの大粒子アナタースチタニア粒子からペーストが出来ており，18nmチタニア膜の上へ光拡散膜としてIPCE向上に使用されている（表2）。

文　献

1) B. O' Regan and M. Gratzel, *Nature*, 353, **24**, 737 (1991)
2) A. Hagfeldt and M. Gratzel, *Chen Rev.*, **95**, 49-68 (1995)

第6章 酸化チタンナノワイヤーによる高効率色素増感太陽電池の作製

実平義隆[*1], 内田　聡[*2], 瀬川浩司[*3]

1 はじめに[1～9]

　色素増感太陽電池は対向する酸化チタン電極と対極，およびこれらの電極間を満たす電解液から成るシンプルな電気化学セル構造を持つが，実質的な太陽光の吸収は酸化チタン電極上に担持された色素分子により担われている。これは半導体である酸化チタンの光吸収がバンドギャップエネルギーに対応した波長を持つ紫外領域光に限られるためであり，増感色素は酸化チタンが利用できない可視領域の光を受けて励起される。このとき電荷分離により発生した電子は，色素から酸化チタンの伝導帯準位へ注入されることで利用可能な電気エネルギーとして外部へ取り出すことが可能となる。太陽光のスペクトル中，400nm以下の紫外線成分が持つエネルギー量はわずか5％しか含まれず，色素を組み合わせた光エネルギーの吸収は本電池に欠かせない重要なポイントとなっている。

　こうした構造上および機構上の特徴から，より多くの光電流を得る方法として，吸収帯をより広波長域に拡大する，吸光度を高めるなど色素自身の分子設計を根本から見直すか，あるいはより簡便な方法として酸化チタン電極上の吸着色素量を増やすことが課題となる。グレッツェル型の色素増感太陽電池では酸化チタンの電極材料としてナノサイズの粒子や単分散コロイドを使用しており，これらをガラス板電極上に焼成して多孔質膜化することで表面積を稼いでいる。これにより，光照射面積に対して1,000倍程度の実効面積を獲得することに成功している。

　このとき，酸化チタンの粒子径を小さくするほど得られる総面積は大きくなるが，極端に粒子径が小さな試料では十分な結晶性を確保できなくなる，あるいは製膜・加熱時にひび割れが生じ易くなるなど操作上の困難が生じる。そのため機械的強度を高めることと，散乱光を利用してより長波長の光吸収を高めるという2つの目的から，大きめの酸化チタン粒子を膜中に導入して二層化したり傾斜組成化するといった工夫がなされている。

[*1] Yoshitaka Sanehira　東京大学　先端科学技術研究センター　特別研究生；
　　　　　東北大学　大学院環境科学研究科
[*2] Satoshi Uchida　東京大学　先端科学技術研究センター　特任助教授
[*3] Hiroshi Segawa　東京大学　先端科学技術研究センター　教授

2　酸化チタンナノワイヤー

こうした背景の下に，近年，単純な酸化チタン粒子に代えて酸化チタンナノチューブや酸化チタンナノワイヤーを適用する試みが注目されるようになってきた。酸化チタンナノチューブ／ナノワイヤーに具体的な定義はないが，ここではその名の通りに直径が nm オーダーで長い管状，あるいは繊維状の構造を持つ酸化チタンを指すものとする。これらは通常，球状粒子に比べてより広大な表面を持つことや，特徴的な形状を生かした機能発現といった観点から電子伝達の媒体として期待されている。一例として，より微細な粒子が連結してワイヤー状となった酸化チタンを用いることで9％以上の高い変換効率を得た報告がなされている[10]。

このような形状の酸化チタンの表面積に関して，ワイヤー状と粒子状のものの二者を幾何学的に見積もって比較した結果を図1に示す。直径が同一であれば，計算上は無数の粒子が直線的に連結した構造と見なすことのできるワイヤーよりも，個々の粒子が単独に存在している球状粒子の方が比表面積は大きくなる。一般に市販される誘電体原料や光触媒用途の酸化チタン粉末では，先述のように結晶性や量産性との兼ね合いで直径は大凡10nm以上であり，理論上の比表面積は$150m^2/g$程度，実際には表面粗さ等を加味して$300m^2/g$が最大となっている。一方，ナノワイヤーは比較的安定して細く小さな直径をとることができるため，更なる表面積の増大が見込まれる。即ち，図1中に示される通り直径が10nm以下になると表面積は指数関数的に増加するため，この領域の微細ナノ化技術は非常に重要となってくる。

酸化チタンナノワイヤーを電極に使用するもう一つの利点として，異方性を有する一次元構造物であるという点がある。カーボンナノチューブに代表されるように，導電性を持つ導体や半導体においては，ナノサイズという非常に限定された空間内において一定方向に電子が流れることで量子効果が発現し，バリスティック伝導（弾道伝導）という現象が起きることが知られている[11]。

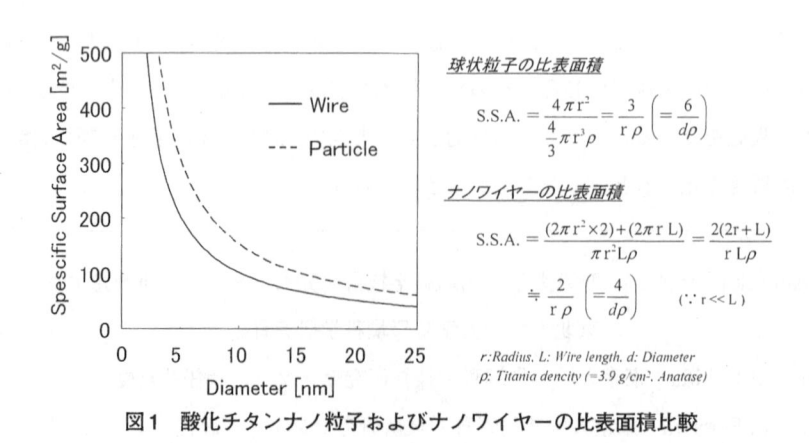

球状粒子の比表面積

$$S.S.A. = \frac{4\pi r^2}{\frac{4}{3}\pi r^3 \rho} = \frac{3}{r\rho} \left(= \frac{6}{d\rho}\right)$$

ナノワイヤーの比表面積

$$S.S.A. = \frac{(2\pi r^2 \times 2)+(2\pi r L)}{\pi r^2 L \rho} = \frac{2(2r+L)}{rL\rho}$$

$$\fallingdotseq \frac{2}{r\rho} \left(= \frac{4}{d\rho}\right) \quad (\because r \ll L)$$

r: Radius, L: Wire length, d: Diameter
ρ: Titania dencity (=3.9 g/cm³, Anatase)

図1　酸化チタンナノ粒子およびナノワイヤーの比表面積比較

第6章　酸化チタンナノワイヤーによる高効率色素増感太陽電池の作製

半導体性を持つ酸化チタンのナノワイヤーでは，伝導帯における電子の横断運動が制限され，量子化されることでミニバンドが形成される。これにより電子が散乱されることなく輸送される電気伝導移動が可能となると考えられる。また，非常に多くの粒子を焼結して多孔質膜を構成する酸化チタン電極膜内においては，粒界そのものが減少することにより，電子が粒子から粒子へと移る際に生じる電荷損失を減少させる効果も期待できる。

3　酸化チタンナノワイヤーの合成

酸化チタンナノチューブの合成法としては，酸化チタン-シリカ混合ゲルを高濃度の水酸化ナトリウム水溶液中へ浸漬するアルカリ水熱合成が既に知られている[12]。一方，我々は酸化チタンナノ粉末を出発原料として高濃度の水酸化カリウム水溶液中で反応させることで，形状がワイヤー化することを新たに見出した[13,14]。図2に市販の酸化チタンナノ粉末(日本アエロジル，P25)を20Mの水酸化カリウム水溶液中に浸漬し，110℃，20h反応させた時の試料のSEMおよびTEM写真を示す。

得られた生成物は比表面積が380m^2/gと非常に高く，原料粉末(P25，50m^2/g)の約8倍であった。また形状も独特で5〜10nmの直径に対して長さが数百nm，あるいは数μmにも及ぶ特殊な長繊維状構造となっていた。粉末X線回折では結晶ピークが観察されず非晶質であることを示唆しているが，制限視野の電子回折像ではリング状の反射が観察され，$K_2Ti_2O_5$と同型のチタン酸$H_2Ti_2O_5$ (= $2TiO_2 \cdot H_2O$)であることが分かっている。即ち，繊維状に見られるワイヤーは内部に層構造を有し，シート状のチタン酸$H_2Ti_2O_5$が積み重なって1本の繊維を形成していると考えられる(本章では二酸化チタンTiO_2に限らず，こうした一種の含水酸化チタン，あるいはチタン酸等全てを含めて広義の意味で「酸化チタン」と称する)。なお，低倍率のSEM観察ではこれらのナノワイヤーは互いに凝集して巨大な二次粒子を形成していた。水溶液中の金属酸化物は表面

図2　酸化チタンナノワイヤーのSEM，TEM像

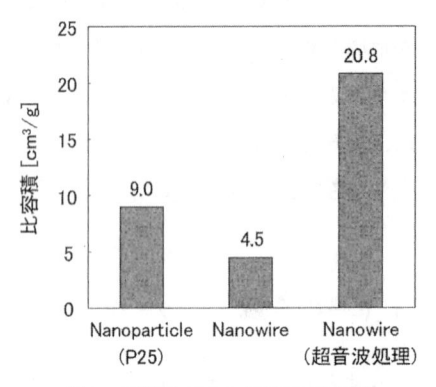

図3 各酸化チタン粉末の比容積

に界面電位が存在するが，本生成物は体積当たりの表面積の割合が高いために繊維が成長する過程でこうした現象が起きたものと解釈される。しかしながら，こうしたアスペクト比が極端に高い繊維が複雑に絡み合っているにもかかわらず，高倍率の TEM 観察ではナノワイヤー同士が交差する部分では互いに連結している様子は見られなかった。また，繊維の延長線上に分岐している部分も存在しなかったことから，個々のワイヤーは独立した単繊維であると考えられる。

ワイヤーの生成・成長メカニズムに関しては，出発原料が平均粒径 21nm の球形粒子で，最終的には原型を留めず全て直径 5〜10nm のワイヤー状に変化していることから，本反応は溶解−再析出を繰り返しながら結晶成長するオストワルト機構に従ったものと考えられる。このため，ワイヤーの分散状態は温度や溶液濃度だけでなく固液比にも影響を受ける。そこで反応場を広げ，より分散状態を高める目的で加熱前の試料，酸化チタン粉末をアルカリ溶液に投入した状態に 10W，1h の超音波照射を試みた。図3に酸化チタン原料としたナノ粒子粉末 P25 と生成物のナノワイヤー，および超音波処理を行ってから合成したナノワイヤー各試料の比容積を比較したグラフを示す。

加熱前の原料粒子に超音波処理を施すことで，非常に嵩高い試料を得ることができた。超音波処理の有無によって，比容積は $4.5cm^3/g$ から $20.8cm^3/g$ まで実に 4.6 倍も増加した。この値は原料粉末 P25（$9.0cm^3/g$）の 2.3 倍である。一方，両酸化チタンナノワイヤーの比表面積にほとんど差が見られなかったことから，生成物の凝集自体はそれほど強固ではないと予想される。

4 酸化チタンナノワイヤーによる電池電極の作製

通常，酸化チタンを電極として使用するためにはナノ粒子を分散したペーストを導電性ガラス基板上に塗布した後，加熱・焼成プロセスが不可欠となる。従って，酸化チタンの熱安定性は重

第6章　酸化チタンナノワイヤーによる高効率色素増感太陽電池の作製

要なファクターとなる。図4並びに表1に，本法で得られた酸化チタンナノワイヤーと酸化チタン粉末 P25 について，焼成温度と比表面積の変化を比較した結果を示す。気相法で合成される P25 粒子は TiO_2 含量が 99.5％以上と結晶化度が高いため，酸化チタン電極膜の焼成温度である 500℃で加熱した後も比表面積に変化はない。しかしながら，酸化チタンナノワイヤーでは 500℃での焼成後においても P25 粒子よりは比表面積が大きいものの，加熱温度の上昇に伴ってその値が徐々に低下した。TG-DTA 分析では，合成条件によらず約 20wt％程度の重量減少が観察された。このことから，本法で得られるナノワイヤーは結晶性が低く，加熱時には結晶構造の再配列(→アナターゼ化)に伴い形状に変化を来しているものと考えられる。

　最後に，本酸化チタンナノワイヤーを色素増感太陽電池の半導体電極として使用することを検討した。酸化チタンナノワイヤーの粉末試料を硝酸酸性水溶液に加え，所定量の面活性剤(Triton X-100)，安定化剤(Acetyl Acetone)，増粘剤(Polyethylene Glycol #500K)と共に振とう処理を行いペーストとした。これを電性ガラス基板に塗布して 500℃で 30min 焼成した。このとき，酸化チタンナノワイヤーのみにより作製した電極膜では，著しいひび割れを発生してガラス基板から剥離した。これは酸化チタンナノワイヤーの焼成時，脱水に伴う体積収縮が主な原因と考えられる。酸化チタンナノワイヤーの単独使用が困難であるため，結晶化度が高く安定した薄膜の作成が可能な市販のナノ粒子酸化チタンペースト Ti-Nanoxide T/SP(Solaronix SA)と混合することで電極材料としての性能を検討した。図5に Ti-Nanoxide T/SP のみ，およびこれ

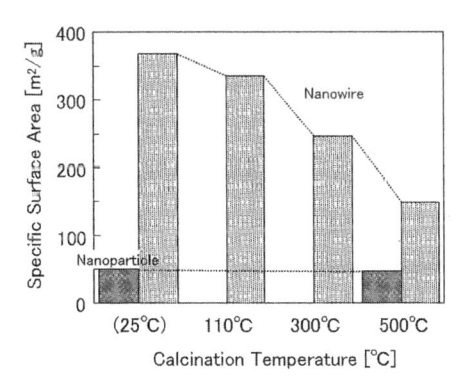

図4　酸化チタンナノワイヤーの焼成温度と比表面積の変化

表1　各酸化チタンの焼成温度と比表面積

焼成温度 /℃	(25)	110	300	500	650
P25	50.0	—	—	47.3	—
ナノワイヤー	368.3	336.3	247.4	148.4	64.2

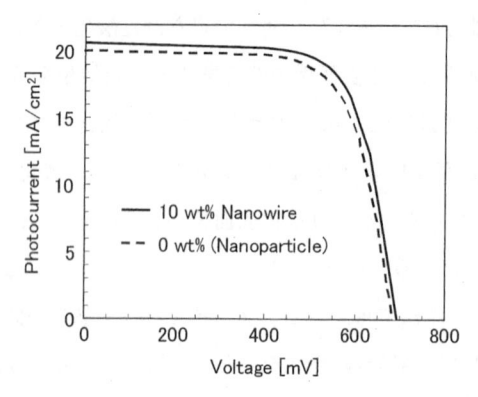

図5 酸化チタンナノワイヤーを添加した色素増感太陽電池のI-V曲線

表2 酸化チタンナノワイヤーを添加した色素増感太陽電池の電池特性

TNW/TiO$_2$ [wt%]	Area [mm^2]	Thickness [μm]	V_{OC} [mV]	J_{SC} [mA/cm^2]	FF [—]	Eff. [%]
10	15.2	12.42	688	20.57	0.719	10.18
0	15.2	11.87	685	20.00	0.706	9.68

に酸化チタンナノワイヤーを微量(10wt％)添加したペーストにより作製した電極のI-V曲線の測定結果を，また表2にはこれらの測定結果より得られた各種の光電極特性（短絡電流密度，開放起電圧，フィルファクター，光電変換効率）を示す。

ナノワイヤーのみでは成膜が困難であったものの，Ti-Nanoxide T/SPペーストと混合することで安定した成膜が可能となった。電極の光電池特性も酸化チタンナノワイヤーを添加することで高い値を示し，短絡電流密度は20.57mA/cm^2，また，光電変換効率も10.18％となり，無添加の場合より相対値で5.2％も増加していた。本電極はいずれも大径粒子を用いた反射層を導入しているため，ナノワイヤーによる光の散乱効果に関しては考慮する必要が無いと思われる。従って光電流が増加した理由は吸着色素量が増えたことに対応し，その結果として効率も上がったと解釈される。酸化チタンナノワイヤーの添加量には最適値が存在し，10wt％以下という非常に限定された僅かな添加量で効果を示した。またナノワイヤー添加量をそれ以上上げると効率は単調に減少し，最終的には十分な膜の強度が確保できなくなるという結果となった。

5 おわりに

本稿では酸化チタン粉末を高温のアルカリ水中に浸漬するだけ，という非常に簡便な方法で酸化チタンのナノワイヤーが得られることを紹介した。またこうして得られたナノワイヤーを色素

第6章　酸化チタンナノワイヤーによる高効率色素増感太陽電池の作製

増感太陽電池の電極材料にうまく利用することで，変換効率が最大で 10.18 ％ となる高効率化に寄与できることを示した。色素増感太陽電池の特性向上には，できるだけ有効に酸化チタン膜内で光エネルギーを吸収する仕組みが不可欠で，より感度領域が広く量子効率の高い色素の開発と共に，酸化チタン多孔膜の実効面積を大きく取る工夫が必要である。ナノワイヤーの比表面積拡大の試みは現在も進行中で，現在，調製時の各種パラメーターの操作による酸化チタンナノワイヤーの形態制御により比表面積が最大で 500m^2/g を超える非常に高い値を示す試料も作成が可能となっている。今後，結晶化度を高めることで更なる変換効率を目指したい。

文　献

1) B. O' Regan and M. Grätzel, *Nature*, **353**, 737(1991)
2) 内田　聡，"色素増感太陽電池の量産化に向けた課題と基礎技術"，エコインダストリー，**6**(7)，5-16(2001)
3) 内田　聡，"色素増感太陽電池の縁"，テクノニュースちば，7月号，8-9(2001)
4) 内田　聡，"色素増感太陽電池に向けた酸化チタンペーストの調製と界面化学"，ニュースレター／日本化学会コロイド界面科学部会，**27**(1)，2-5(2002)
5) 内田　聡，"粉末試料での電極作製"，*Electrochemistry*，**71**(4)，292-294(2003)
6) 内田　聡，冨羽美帆，正木成彦，"色素増感太陽電池に向けたナノ酸化チタンコロイドの水熱合成"，機能材料，**23**(6)，51-57(2003)
7) 内田　聡，"酸化チタンナノチューブの水熱合成"，色素増感太陽電池の最新技術と普及への課題(NTS出版)，第7稿，168-193(2003)
8) 内田　聡，"酸化チタン電極の最適化"，*Electrochemistry*，**72**(1)，891-895(2004)
9) 冨羽美帆，内田　聡，滝沢博胤，"マイクロ波焼結による酸化チタン多孔質膜の接合"，セラミックス，**39**(6)，435-438(2004)
10) 足立基齊，"チタニアナノワイヤーから構成される半導体薄膜を用いた色素増感太陽電池"，月刊エコインダストリー，**96**(6)，42-46(2004)
11) K.Tennakone, P.V.V. Jayaweera, *Superlattice and Microstructure*, **33**, 23(2003)
12) T. Kasuga, M. Hanabusa, A. Hoson, *Langmuir*, **14**, 3160(1999)
13) S. Uchida, R. Chiba, M. Tomiha, N. Masaki, M. Shirai, "Hydrothermal Synthesis of Titania Nanotube/Nanowool and their Application for Dye-Sensitized Solar Cell", Proceeding of Joint 19th airapt, 41st ehprg, International conference, July 7-11, Bordeaux, France, T4, p324(2003)
14) S. Uchida, Y. Sanehira, R. Chiba, M. Tomiha, N. Masaki, M. Shirai, "Hydrothermal synthesis of TiO$_2$ nanotube/nanowires and their application for dye-sensitized solar cell", Hydrothermal Reaction and Techniques, World Scientific, pp. 513-516(2003)

第7章　チタニア光電極の光閉じ込め効果

荒川裕則[*]

1　はじめに

　色素増感太陽電池の開発研究は，EPFLのGrätzel教授が1991年のNature[1]に発表して以来15年が経過している。Grätzel教授らは，1993年にN3色素で10.2％[2]，1997年にBlack dye色素で10.4％[3]，2005年にN719色素で11.2％[4]を報告した。この間，多くの研究機関で追試がなされたが性能を再現できたと報告する研究機関は無かった。しかし，最近光閉じ込め効果等の詳細な検討により10〜11％程度の性能が報告されるようになってきた。論文誌上で10％以上の変換効率を報告している研究機関としては，現在EPFLの他に，産総研[5,6]，シャープ㈱[7]，東京理科大[8]等が挙げられる。本章では，筆者らが，過去数ヵ年にわたり行ってきた色素増感太陽電池での高性能化の研究の中核を占めるチタニア光電極の光閉じ込め効果について紹介する。この光閉じ込め効果は，光散乱粒子を導電性ガラス表面から，TiO_2光電極内部へと，TiO_2散乱粒子を階層的に増加させてゆく方法であり，Grätzel教授らが採用している20nm程度のナノ粒子層の上に400nm程度の巨大TiO_2散乱粒子を載せることにより形成される2層積層構造とは異なり，我々が開発したオリジナルな方法である。

2　TiO_2光電極の光閉じ込め効果による性能の向上

　太陽電池の性能ηは短絡電流(J_{SC})と開放電圧(V_{OC})，フィルファクター(ff)の積によって表わされる。従って，J_{SC}，V_{OC}，ffを最高に取得できるような材料設計およびプロセス設計が重要となる。図1にJ_{SC}，V_{OC}，ff向上の方法についての例を示す。J_{SC}の向上には，TiO_2光電極に入ってくる光の量を最大限にすると共に，入射光の光電極からの透過を散乱等により抑制し，光が色素に吸収される確率を高くすることが必要である。このためには，ガラス基板の外部に反射防止膜をつけることや，入射光をTiO_2光電極内に閉じ込め，光路長を長くすることにより，色素による光吸収効率を高めることができる。特にTiO_2ナノ粒子で構成されている光電極では長波長の光が透過しやすく，高性能化には光閉じ込め効果を検討することが重要となる。筆者らの検討結果によ

---

[*]　Hironori Arakawa　東京理科大学　工学部　工業化学科　教授

第7章 チタニア光電極の光閉じ込め効果

```
太陽電池性能：Jsc(電流) x Voc (電圧) x ff (フィルファクター) ＝ η (変換効率)
理論 効率： Jsc (21.3mA/cm2) x Voc(0.9V) x ff(0.8) ＝ η (15.3%)
目   標： Jsc (20.0mA/cm²) x Voc (0.75V) x ff (0.75) ＝ η (11.25%)
```

1．光吸収効率の向上（Jscの向上）
(a)チタニア光電極の最適化・・光閉じこめ効果（異なる粒子の混合・積層）
(b)吸光係数の高い新色素の開発

2．光吸収領域の拡大（Jscの向上）
(a)高性能色素の開発（Ru色素、有機色素）

3．光電圧の向上（Vocの向上）
(a)半導体表面修飾
(b)新半導体光電極の開発
(c)高い光電圧を得る電解質の開発

4．ffの向上
(a)薄膜化、高吸光係数色素の開発
(b)抵抗の減少

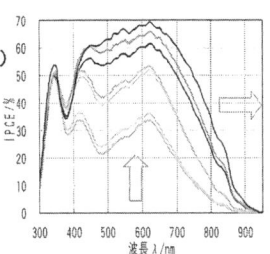

図1　色素増感太陽電池の高性能化の指針

る光閉じ込め効果を説明する。

2.1 チタニア粒子と，それから構成されるペースト

光電極に用いた TiO_2 粒子は，チタンテトラプロピルアルコキシドの加水分解，オートクレービングにより調製した。TiO_2 粒子の制御は，TiO_2 コロイドの熟成過程における酸性，塩基性添加物により制御した。これにより平均粒子径が，20nm，50nm，100nm の3種類の粒子径の異なる TiO_2 粒子を作製した。図2にその SEM 写真を示す。これらの TiO_2 粒子を用いて，光電極作製用のペーストを作製した。ペースト N は平均粒子径が 20nm の TiO_2 ナノ粒子で構成されている。またペースト M は 20nm の TiO_2 ナノ粒子が 60，平均粒子径が 100nm の TiO_2 粒子が 40 の割合で混合されたものである。ペースト M′ は平均粒子径が 20nm の TiO_2 ナノ粒子が 60，平均粒子径が 50nm の TiO_2 粒子が 40 の割合で混合されたものである。ペースト S は平均粒子径が 100nm の TiO_2 粒子で構成されている。これらのペーストを用いて種々の光電極を作製した。用

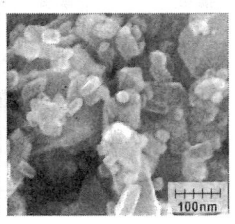

平均粒子径　20nm　　　50 nm　　　100 nm

図2　チタニア光電極の作製に使用された，チタニア粒子の SEM 写真

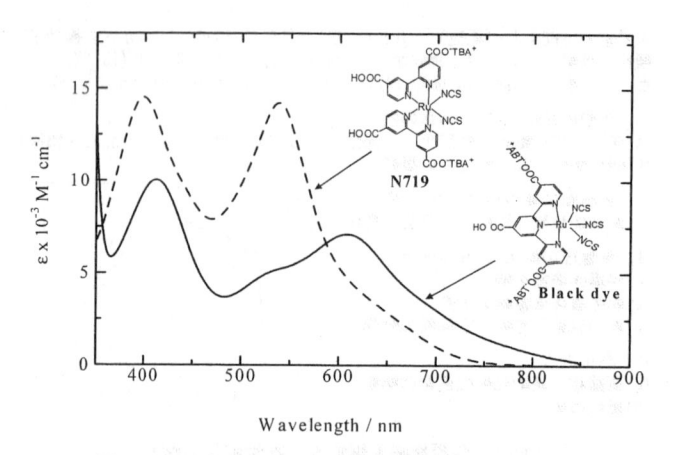

図3 N719色素とBlack dye色素の構造と光吸収特性

いた色素は図3に示すN719である。電解質溶液はアセトニトリル溶媒に0.1MのLiI，0.05MのI$_2$，0.6Mのジメチルプロピルイミダゾリウムアイオダイド(DMPImI)，それにターシャローブチルピリジン(TBP)を加えたものである。対極はPtを蒸着した導電性ガラスを用いた。ソーラーシミュレーターを用いAM1.5，100mW/cm^{2}の条件で太陽電池性能を評価した。また，TiO$_2$光電極の面積は5mm角で，その面積はコンピュータ処理ができるデジタルカメラで正確に評価した。また，電池測定の際は，セルに外部からの散乱光が入らないように黒色マスクをセル上にセットした。

2.2 Nペーストで構成される光電極を用いた色素増感太陽電池の性能

TiO$_2$ナノ粒子(粒子径約20nm程度)のみで構成されているNペーストを用いて作製されたTiO$_2$多孔質膜光電極では，その膜厚の増加とともに光電流(J_{SC})は増加する。TiO$_2$表面上に固定された色素の量が増加して，光吸収効率が増加するためである。しかし，太陽電池としての性能は頭打ちになる。膜厚の増加によるV_{OC}やffの低下が顕著になるからである。図4に電池性能とTiO$_2$ナノ粒子で構成された光電極の膜厚の関係を示す[9]。

2.3 Mペーストで構成される光電極を用いた色素増感太陽電池の性能

そこで，20nmのTiO$_2$ナノ粒子が60，平均粒子径が100nmのTiO$_2$粒子が40の割合で混合されたMペーストを用いて色素増感太陽電池を作製して性能を評価した。太陽電池の評価はオープンセルで行った。長波長光を散乱できる粒子径の大きなTiO$_2$粒子を均一に混合して，光路長を増大させ，色素による長波長の光の吸収を向上させる試みである。その概念を図5に示す。その結果，表1にように，Nペーストの光電極を用いた色素増感太陽電池の性能に比べ性能が

第 7 章 チタニア光電極の光閉じ込め効果

7.6 ％から 8.4 ％まで向上した。これにより TiO_2 ナノ粒子のみで構成される TiO_2 光電極より性能を向上させることに成功したが，やはり性能は頭打ちとなった。その原因として，ガラス基板近傍に存在する光散乱 TiO_2 粒子が光を外に散乱してしまうこと，大きな散乱粒子の影にかくれたナノ粒子上の色素が光を吸収できないこと等が原因と考えられた。

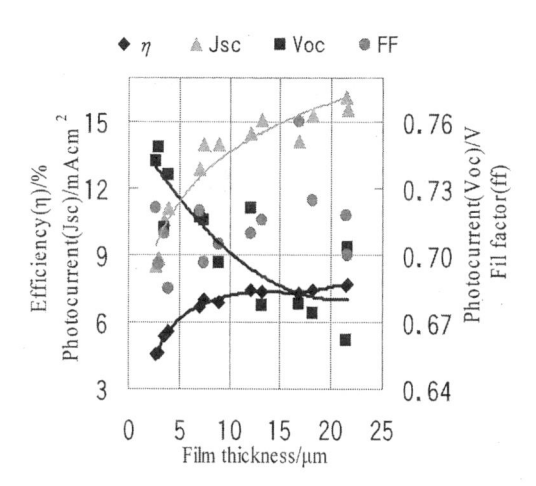

図 4　N719 色素を用いた色素増感太陽電池の光電極の膜圧と J_{sc}, V_{oc}, *ff*, η の関係

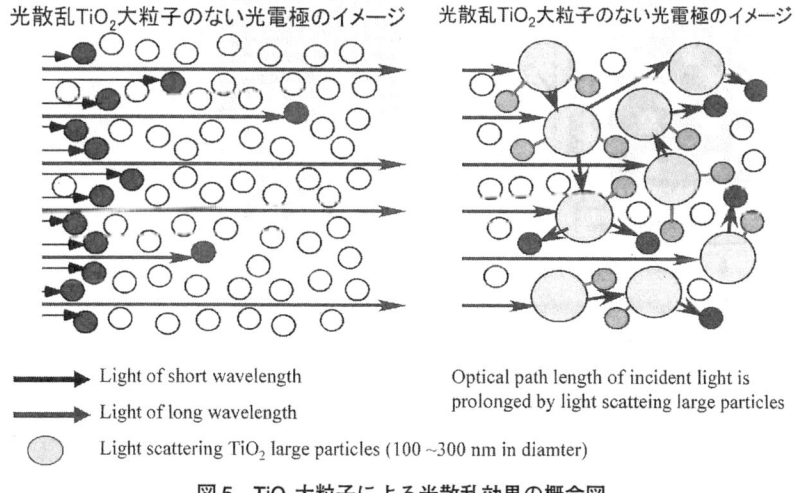

図 5　TiO_2 大粒子による光散乱効果の概念図

表1 NペーストとMペーストを用いた色素増感太陽電池の性能

光電極の種類	N719色素吸着量($\times 10^7$ mol cm^{-2})	J_{SC}(A/cm^2)	V_{OC}(V)	ff	η (%)
N	2.2	14.9	0.73		7.6
M	1.6	15.7	0.74		8.4

2.4 積層構造の光電極を用いた色素増感太陽電池の性能

そこで，次に異なるペーストを積層させて光電極を作製し，その色素増感太陽電池の性能を見た。すなわち光が入射する第1層はNペーストで構成し，第2層を長波長に対する散乱効果をもつ大粒子 TiO_2 とナノ粒子 TiO_2 粒子の混合されたMペーストと100nmの大粒子 TiO_2 で構成されるSペーストを用いた。ガラス基板近傍にはナノ粒子だけ配置し，光散乱 TiO_2 粒子による光のガラス基板外への反射を防ぐことと，短波長をナノ粒子についた色素で効率よく吸収させるためである。概念を図6に，結果を表2に示す。N光電極やM光電極に比べ性能が向上し，NS光電極では変換効率が8.9％，NM光電極では9.2％となった。

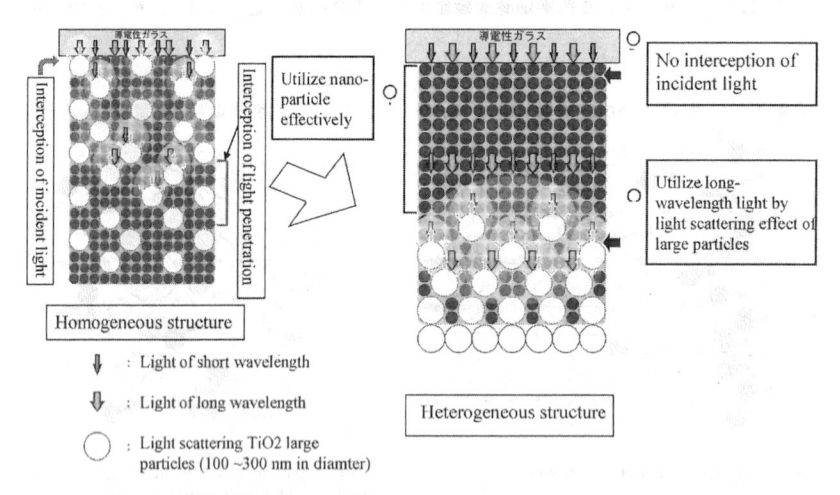

図6 積層構造を持つ TiO_2 光電極の効率的な光閉じ込め効果の概念図

表2 積層光電極(NSとNM)を用いた色素増感太陽電池の性能

光電極の種類	N719色素吸着量($\times 10^7$ mol cm^{-2})	J_{SC}(A/cm^2)	V_{OC}(V)	ff	η (%)
NS	1.5	15.7	0.77	0.74	9.0
NM	1.7	15.9	0.78	0.74	9.2

第7章 チタニア光電極の光閉じ込め効果

2.5 多層積層構造の光電極を用いた色素増感太陽電池の性能

さらに，光閉じ込め効果をさらに効率的に発揮させるため，3層ならびに4層の積層構造の光電極を作製し，その性能を評価した。すなわち，光散乱 TiO_2 粒子の大きさと，その量を，ガラス基板から膜内部に向かって，徐々に増加させた積層膜で構成される TiO_2 光電極を作製し，その効果を検討した。表3から明らかなように，NM′MS 構造の光電極を用いた色素増感太陽電池で最高の性能が発揮でき，変換効率約9.8％となった。図7に積層構造光電極の構造を示す。

積層構造 NS は導電性ガラス基板上に最初 N 層を形成し，その後，光散乱 TiO_2 粒子（粒子径約100nm）層 S を積層した構造を持つ。積層構造 NM は，N 層，M 層の順に積層した構造を持つ。積層構造 NMS は N 層，M 層，S 層を順次，積層した構造を持つ。構造 NM′MS は N 層，M′層，M 層，S 層を順次積層した構造を持つ。M′層は TiO_2 ナノ粒子（粒子径約20nm）と光散乱 TiO_2 粒子（粒子径約50nm）を6：4で均一混合した層である。

最高性能を示した NM′MS 積層構造を持つ光電極を用いて5mm角の封止セルを作製した。そして，そのセルの上に反射防止膜を載せて性能を評価した。その結果，$J_{SC} = 18.2 mA/cm^2$，$V_{OC} = 0.764 mV$，$ff = 0.737$，$\eta = 10.23$％となった[5]。図8に，このセルの電流電圧曲線を示す。封止セルは安定で室温では1ヵ月以上性能が変化しない。このように，TiO_2 光電極の光閉じ込

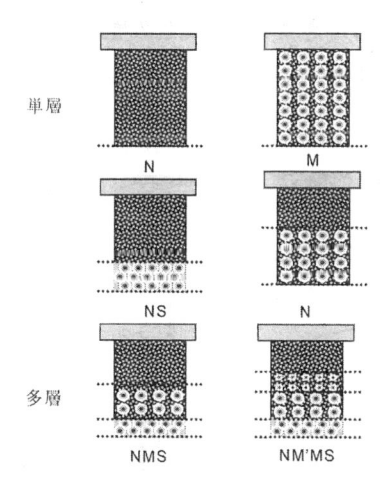

図7 多層積層構造を持つ光電極の構造光閉じ込め効果の役割

表3 多層積層光電極（NMS と NM′MS）を用いた色素増感太陽電池の性能

光電極の種類	N719色素吸着量（×10^7 mol cm^{-2}）	J_{SC} (A/cm^2)	V_{OC} (V)	ff	η (%)
NMS	1.5	16.7	0.77	0.74	9.6
NM′MS	1.7	17.2	0.76	0.74	9.8

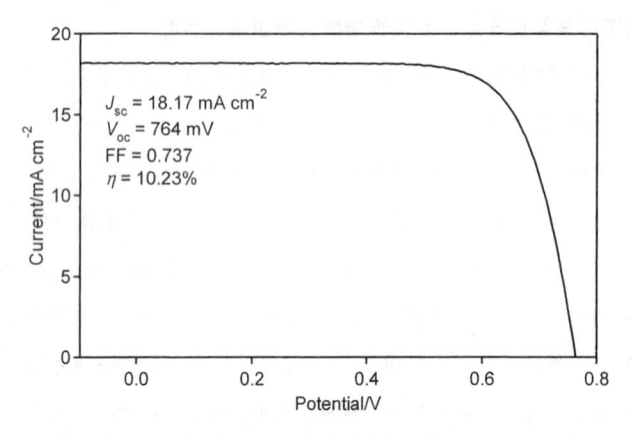

図8　N719色素を用いた色素増感太陽電池の電流電圧曲線

め効果を最適にすることにより，色素増感太陽電池の性能が著しく向上することが明らかになった。セルのTiO₂光電極の周囲から入り込む光を遮蔽するための光遮蔽マスク（5mm角）をつけないで測定すると変換効率は11.2％まで向上した[10]。

2.6　Black dye色素増感太陽電池によるチタニア光電極の光閉じ込め効果

同様な手法を用いて，Black dye色素を用いた色素増感太陽電池においてもTiO₂光電極の閉じ込め効果を行ったところ変換効率10.5％を達成した[6]。この場合，光遮蔽マスクなしでは，変

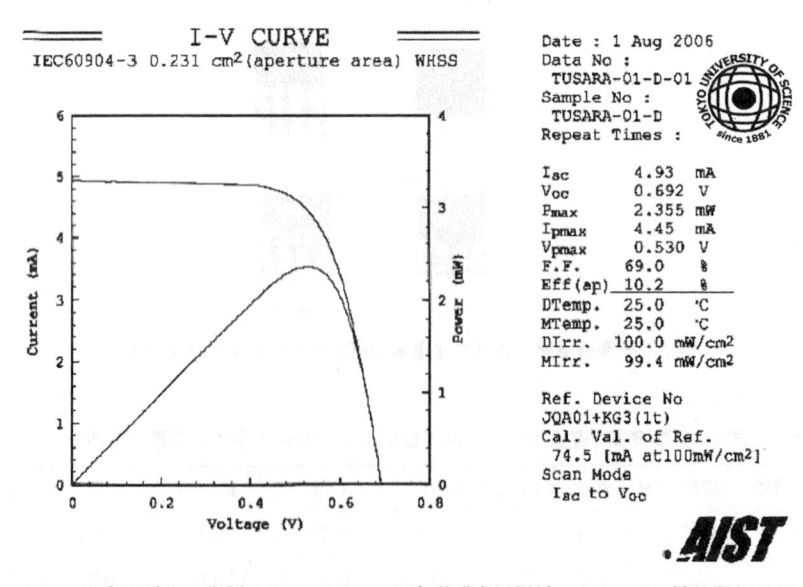

図9　東京理科大で作製したBlack dye色素増感太陽電池のAISTでの性能評価結果

換効率が 11.6％まで向上する[10]。東京理科大学においても，この光閉じ込め効果により変換効率 10.2％を達成している[8]。また，このセルを太陽電池の日本の標準機関である産総研(AIST)で測定していただいたところ，公式性能として 10.2％の性能が保証された。図9に，その電流電圧曲線を示す。シャープ㈱においても，ヘイズ率向上効果という表現で，同様の光閉じ込め効果の成果を公表している。これにより，約 4mm 角(面積 0.219cm^2)という小さなセルであるが 11.1％を達成したと報告している[7]。

3　おわりに

本章では，色素増感太陽電池の性能を向上させるための必須技術の一つである，チタニア光電極の光閉じ込め効果について紹介した。光散乱 TiO_2 粒子の最適な配置により，性能はさらに向上するものと考えられる。本技術のさらなる発展を期待したい。

謝辞

本章で紹介した研究成果は，独立行政法人新エネルギー・産業技術総合開発機構(NEDO)から委託され実施した研究の成果であり，関係各位に感謝する。

文　　献

1) B. O'Regan and M. Grätzel, *Nature*, **353**, 737(1991)
2) M. Grätzel *et al.*, *J. Am. Chem. Soc.*, **115**, 6382(1993)
3) M. Grätzel *et al.*, *Chem. Comm.*, 1705(1997)
4) M. Grätzel *et al.*, *J. Am. Chem. Soc.*, **127**, 16835(2005)
5) Z. S. Wang, H. Arakawa *et al.*, *Cordination Chemistry reviews*, **248**, 1381(2004)
6) Z. S. Wang, H. Arakawa *et al.*, *langumuir*, **21**, 4272(2005)
7) L. Han *et al.*, *Jap. J. Appl. Phys. Part2*, **45**, 638(2006)
8) H. Arakawa *et al.*, *Proc. of WCPEC-4*, **1**, 36(2006)
9) H. Arakawa *et al.*, *Proc. of WCPEC-3*, 1OB7-03(2003)
10) 荒川裕則, エネルギー, **37**, 80(2004)

第8章　電析法により作製される酸化亜鉛光電極を用いた色素増感太陽電池

箕浦秀樹[*1], 吉田　司[*2]

1　はじめに

　多孔質酸化チタン電極とルテニウムのポリピリジン錯体増感色素の絶妙な組み合わせに基づくGrätzelらの色素増感太陽電池の提案以後[1]，これが次世代太陽電池のホープとされてはいるが，その将来に対する楽観は決して許されない。新規有機色素の開発など注目すべき成果はあるものの，性能向上への歩みは遅々としたものであり，今までの成果の単なる延長上に，NEDOの「太陽光発電未来技術研究開発」において目指すべき目標とされる変換効率15％の達成があるようには思えない。

　グレッツェルセルの基礎的事項については，1970年代の活発な湿式太陽電池研究の流れの中で，すでに阪大の坪村研究室における検討によりほぼ確立されていた[2]。当時，これが太陽電池としてさほどの注目を浴びなかったのは，その変換効率が太陽電池としてのレベルでは到底なかったからである。Grätzelらが太陽電池としてのレベルにまで引き上げたのは，ルテニウム錯体色素を用いたことに加えて，酸化チタン層を多孔質化することによって比表面積の増大に成功した点にあった[1]。言い換えれば，電極材料における工夫及びその製法の確立がポイントであった。性能向上に関するその後の研究は，必然的に彼等のやり方を踏襲する手法で調製された多孔質酸化チタン電極とルテニウム錯体色素との組み合わせを中心に推進されてきた。

　我々は，電極材料における改良がブレークスルーをもたらしたこのような経緯を踏まえて，現状を打破するためには，電極材料及びその調製法を再考すべきと考え，検討を進めてきた。もともとプラスチック化に狙いを絞り，低温製膜法の確立を目指した我々にとっては，そのことは必然的であった。

　その結果，自己組織化電析法と名付けた新規低温製膜法を開発して，熱処理なしでナノポーラス酸化亜鉛薄膜を調製することに成功した[3]。その初期の成果については前書に記した[4]。これは，亜鉛イオンを含む水溶液中での酸素還元反応により酸化亜鉛薄膜を形成させる際，ある種の有機物を共存させるとそれがテンプレート材として作用し，酸化亜鉛がナノポーラス化するとい

[*1]　Hideki Minoura　岐阜大学　大学院工学研究科　環境エネルギーシステム専攻　教授
[*2]　Tukasa Yoshida　岐阜大学　大学院工学研究科　環境エネルギーシステム専攻　助教授

第8章　電析法により作製される酸化亜鉛光電極を用いた色素増感太陽電池

うものである。基板表面からボトムアップでナノポーラス薄膜が成長するこの手法は、酸化チタン粒子を出発原料として、それらをつなぎ合わせて作製する従来法とは根本的に手法を異にするものである。微細構造の制御とその最適化に関するその後の我々の系統的な研究結果は、本手法により得られる膜の構造が当初の我々の予想を超えた"優れもの"であることを明らかにするものであった。

本項では、このような電析法によるナノポーラス酸化亜鉛薄膜の作製法及び色素増感太陽電池への適用に関する最近の研究結果を概説する。

2　なぜ酸化亜鉛か

我々の研究成果を述べるにあたって、電極材料としてなぜ酸化チタンではなくて酸化亜鉛を用いるのかという点を押さえておく必要がある[5]。

半導体層が、多孔質構造を有しながらも良好な電子輸送媒体であるためには、結晶性の半導体微粒子を適当な温度にて焼成して粒子間に適当なネッキングを形成する従来法は確かに合理的であろう。基板のプラスチック化を可能にするための低温製膜には、焼成過程を避ける必要があるが、その場合にはネッキングの不十分さのため電子収集効率の低下が避けられない。高効率化を図ろうとすれば、高圧プレスなどいささか"ハード"な処理を必要とする。これは酸化チタンの高い化学的安定性に基づく本質的な問題であると考えられる。我々の考えは、それを克服するために、酸化チタンに代わって"ソフト"な酸化亜鉛を用いるものと言える。酸化亜鉛の禁制帯幅やエネルギー準位は酸化チタンのそれとほとんど変わらないが、化学的安定性には際立った違いが見られる。すなわち、酸化亜鉛は酸性溶液にもアルカリ溶液にも溶解し得るもので、化学的安定性は乏しい。このような化学的不安定さは、グレッツェルセル用ルテニウム錯体色素の吸着によって酸化亜鉛表面が溶解することにも現れており、これが酸化亜鉛を電極材料として酸化チタンより劣るとみなされる要因となっているのであろう。

酸化亜鉛の化学的不安定性は、プロセッシングに際して化学反応を利用しうる可能性を示唆している。例えば、酸化亜鉛を十分溶解させた溶液を調製することは比較的容易であることになり、条件の制御次第でその溶液から酸化亜鉛を析出させることが理論的には可能である。

さらに、発電用デバイスであることを考えると、電子移動度が酸化チタンに比してはるかに高い酸化亜鉛はこの点での優位性もあるはずである。

このように考えると、酸化亜鉛は確かに興味ある電極材料と言えるが、開発されてきた高効率色素のほとんど全てが酸化チタン用であり、両者の性能の違いを同一条件にて比較できないのが現状である。したがって酸化亜鉛用にはこれにふさわしい増感色素の開発が不可欠であり、それ

が開発されて初めて，色素増感太陽電池用材料としての酸化亜鉛の有効性が実証されるものと考えてよい。

3　ナノポーラス酸化亜鉛／色素ハイブリッド薄膜の調製法

酸化亜鉛の電析浴中に様々な色素を添加して電解を行うと，それらの色素分子が担持されて着色された酸化亜鉛薄膜が得られるが[6~9]，特にエオシンY，クマリン343を添加した場合には理想的な微細構造を有する薄膜が得られる。その作製法については，前書などに記してあるため[10~12]，ここではごく簡単に触れるにとどめよう。

添加色素の種類は同じであっても，それの濃度や電解電位などの条件により，得られる薄膜の構造にバリエーションが見られる。光電極として好ましい性状を示す酸化亜鉛／エオシンYナノハイブリッド薄膜を得るための典型的な条件は，塩化亜鉛5 mMと塩化カリウム支持電解質0.1 Mを含む水溶液中にエオシンYのNa塩を50 μM程度添加し，酸素ガスで飽和した70℃の浴中，透明導電性膜をコートしたガラス又はプラスチックフィルム基板を作用極，亜鉛線を対極として，10から30分間，-1.0V(vs. SCE)で定電位電解するというものである。エオシンY添加浴における電極反応を詳細に調べたところ，薄膜の形成に伴ってエオシンY分子も電解還元を受け，求核性の増したそのアニオン種が亜鉛イオンと安定な錯体を形成することが分かった[11]。従来法においては，色素は製膜後に単に吸着させるだけのものであるが，この場合には，それ自身も電極反応に関与してその性質が変化することで能動的に複合体の形成が起こり，その結果，酸化亜鉛とエオシンYとが一体となって，後述するような見事な微細構造を有したハイブリッド薄膜の形成に至るのである。この機構の詳細は本書の主題から外れるため，詳しい記述は省略するが，電気化学的自己組織化と呼ぶにふさわしい過程が進行しているものと考えている[12]。

エオシンY分子はこのas-deposited薄膜中の多孔質酸化亜鉛粒子の内部表面上に化学吸着しており，希アルカリ水溶液中への浸漬処理によって脱着させることが可能である[13]。脱着処理後の薄膜はまさにナノポーラス酸化亜鉛薄膜であり，従来法の焼成処理後の多孔質電極に相当するが，本法においては基板からボトムアップ方式にて多孔性が付与されながら結晶の成長が進む点に際立った特徴を有するのである。こうして得られたナノポーラス酸化亜鉛薄膜に種々の色素を改めて吸着(電析時の吸着と区別するために再吸着と呼ぶ)させることにより光電極が作製される。電析したままの薄膜中においては，エオシンY分子が多層吸着しているために，それが増感効率の低下を引き起こすが，再吸着では単分子吸着が可能であり，as-depositedの膜に対して大幅な増感光電流値の改善が見られる。

第8章 電析法により作製される酸化亜鉛光電極を用いた色素増感太陽電池

4 電析法により得られるナノポーラス酸化亜鉛薄膜の微細構造

浴中へのエオシンY色素の添加によって，ナノポーラス構造が付与されながらも，高結晶性が保持されていることはすでに報告した。しかも驚くべきは，これらの酸化亜鉛薄膜が無添加浴から得られる膜に比してさらに結晶配向性を増大させている点である。これらの薄膜のX線回折パターンを図1に示す。エオシンY添加浴から得られる薄膜は(c)に見られるように，(002)面の回折による鋭いピークのみが顕著に見られ，無添加浴から得られる薄膜(a)に比して，配向性の著しい変化が見てとれる。これに対して，クマリン343添加浴から得られる薄膜は，(002)面による回折ピークは見られず，その面と垂直な面による回折ピークが強く現れている。すなわち，酸化亜鉛／エオシンY薄膜はc軸が基板面に垂直になった配向性を示すのに対して，酸化亜鉛／クマリン343薄膜においてはc軸が基板に平行となる配向性を有する。このように，テンプレート材によって容易に結晶配向性を制御できる点は，水溶液プロセスによる機能性材料創製の視点からも興味深い。なお，これらの薄膜はいずれの場合にも，希アルカリ水溶液処理により，色素のみの脱着が可能であるが，脱着後の酸化亜鉛薄膜のX線回折パターンに変化は見られない。

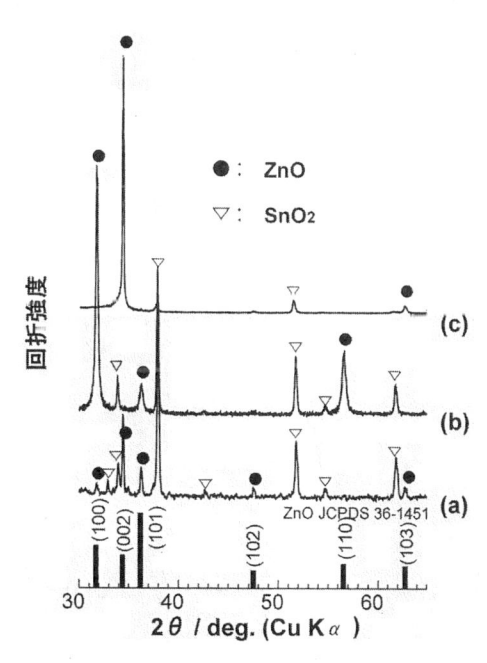

図1 電析により得られた酸化亜鉛薄膜のX線回折図
(a) 色素無添加浴から得られた薄膜
(b) クマリン343添加浴から得られた薄膜
(c) エオシンY添加浴から得られた薄膜

図2にはその薄膜のSEM写真を示す。断面写真からは結晶がカラム状に成長しており，その表面は球状となっている様子がうかがわれる。その高倍写真からは，太さが10ナノメートル程度のワイヤー状結晶が束ねられた形状となっていることが分かる。それらナノワイヤー結晶間には溝状の空隙が存在し，電解液の浸透を可能にする構造となっている。

透過電子顕微鏡観察によると，その微細構造がいっそう明らかとなる。図3(a)の低倍写真にはSEMで観察されるナノワイヤー構造が観察されている。高倍像を見ると，驚くべきことに，一様な格子像が現れ，それらの間隔は酸化亜鉛の(002)面の間隔とほぼ一致する0.264 nmであることが分かる。しかもこの格子像は，画像コントラストとして現れている個々の粒子を横切って，全面的にしかも連続的に見られる。これらのことから，このカラム状結晶はナノワイヤー状結晶から構成されているが，それらのナノワイヤーがお互いに同一の結晶配向性を保った言わば多孔性単結晶構造を有することが明らかになった。なお，クマリン343をテンプレート材として得ら

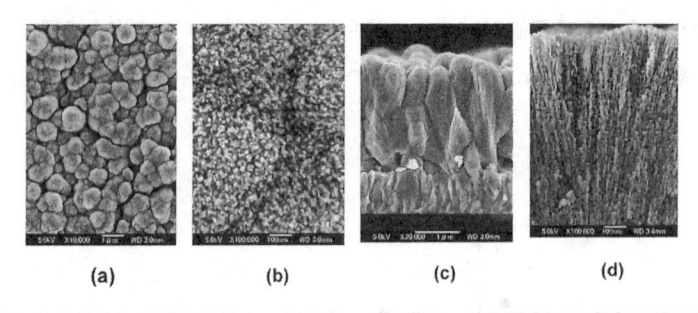

図2 電析により得られた酸化亜鉛/エオシンYハイブリッド薄膜表面の走査型電子顕微鏡写真
いずれも希KOH水溶液中に浸してエオシンYを脱着させた後のもの
(a), (b)は表面，(c)と(d)は断面で，(b)は(a)の，(d)は(c)の高倍像

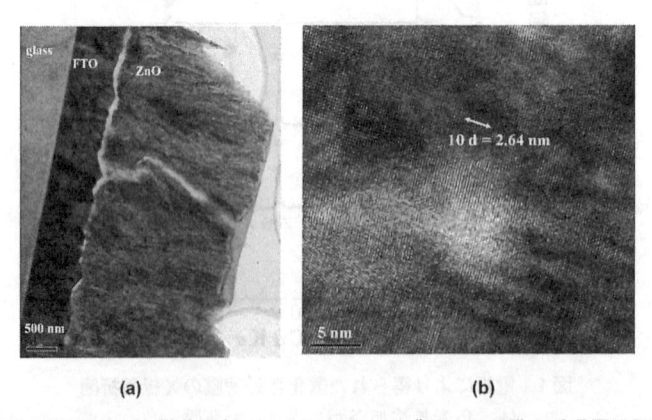

図3 電析により得られた酸化亜鉛/エオシンYハイブリッド薄膜の透過電子顕微鏡写真
希KOH水溶液中に浸してエオシンYを脱着させた後のもの
(b)は(a)の丸印部の高倍像

第8章　電析法により作製される酸化亜鉛光電極を用いた色素増感太陽電池

れる酸化亜鉛薄膜は，エオシンYの場合の配向性とは90度傾いた点が異なるものの，基本的には同様の構造を有する。このようにテンプレート材として用いた分子の種類を変えるだけで，高い比表面積と結晶性とを兼ね備えた色素増感太陽電池用光電極としては非常に望ましい性質を有する薄膜が形成される。

　さらに三次元透過電子顕微鏡観察をおこなうことによって立体的な映像を得る試みを行っているが，その観察により，希アルカリ処理に伴って，ナノワイヤーサイズのわずかな増大が認められ，その処理が単に吸着エオシンY分子を除去することのみにとどまらず，微小な酸化亜鉛結晶の溶解・再結晶過程なども同時に進行し，このことが光電極としての特性向上に繋がっているという感触を得ている。

　なお，電析浴中のエオシンY濃度によりナノワイヤーサイズを制御することも可能である。浴中のエオシンY濃度が5μm程度では赤く着色した酸化亜鉛が得られるものの，無添加時とさほど違いのない緻密な構造であり，実際に希アルカリ処理によっても20数％程度しか脱着できないが，濃度を増加させるに連れて次第に多孔質化する。45μmになると，空隙率は50％に達し，ナノワイヤーサイズも平均13nm程度になることが分かった。なお，それ以上高い濃度の場合にも興味がもたれるが，そのような場合には，空隙率が高くなりすぎて膜としての機械的強度を保てなくなるためか，析出後の乾燥過程において，基板から脱落しやすくなる。しかし，この問題は，多孔質酸化亜鉛薄膜の下に無添加浴を用いて緻密な酸化亜鉛層を形成させた2層構造とすることにより克服することが可能である。このような2層膜は，無添加浴からの電析の後に，その浴中にエオシンYを添加して引き続き電析を継続するという手法により得られるが，電解途中における電解条件の変化によるこのような多層構造膜の形成も，本法の特長を有効に生かしたものと言えよう。

5　光電極としての特性

　上記のように，本法により得られるナノポーラス酸化亜鉛薄膜は色素の多量吸着を可能とする高比表面積と高い電子捕集効率を可能とする高結晶性とを兼ね備えた構造を有しているため，高い出力特性が期待される。上述したように，酸化チタンで最高の性能を示すルテニウム錯体色素を用いることができないため，同一条件で最高性能を比較することはできない。

　そこでまず，エオシンYを再吸着した膜の特性を測定したところ，515 nm付近でのIPCE (Incident Photon to Current Conversion Efficiency，照射フォトン数当たりの光電流電子数変換効率) 値が約90％に達し，吸収されたフォトンはほぼ完全に電流に変化されることが分かった。AM1.5の擬似太陽光照射下でのエネルギー変換効率は，狭い吸収波長領域ではあるものの容易に

2.3％に達する。これは酸化チタン／エオシンYについての報告値の約2倍であり[14]，色素の選択次第では高性能化できることを暗示する。クマリン343，スチリル色素などを再吸着させた酸化亜鉛薄膜についても，最大吸収波長域においては同程度のIPCE値を示す。これらのことはこの薄膜が高い光捕集効率，電子捕集効率を有することを意味している。後者については，IMVS (Intensity Modulated Photovoltage Spectroscopy)やIMPS (Intensity Modulated Photocurrent Spectroscopy)測定結果から，電子寿命と電子拡散時間との差が常法により得られるメソポーラス酸化亜鉛膜に比して非常に大きいという結果が得られており，本膜が粒界のないナノワイヤー状結晶から成る高性能電子輸送媒体であることを裏付けている[15]。

　エネルギー変換効率の点では，今まで扱った色素の中では㈱ケミクレアから提供を受けたD149色素(図4)が，上記の色素に比して広い波長域に吸収を示すため，最も良好な特性を示す。この色素は酸化亜鉛表面には室温においてもすばやく吸着し，ほぼ10分程度の浸漬時間で十分な量の吸着が完了する。図5にはその光電流の作用スペクトルを色素溶液の吸収スペクトルと共に示す。酸化チタンに吸着させた場合には，吸着色素のJ会合体形成によって750 nm付近までの波長に応答することが知られているのに対して，この場合には650 nm付近までであり，そのような会合体形成は認められない。

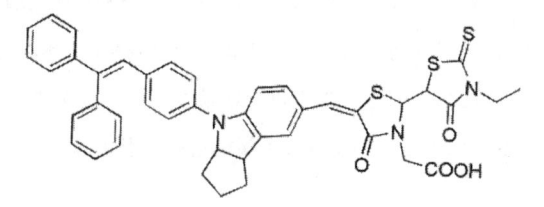

図4　D149色素の構造式

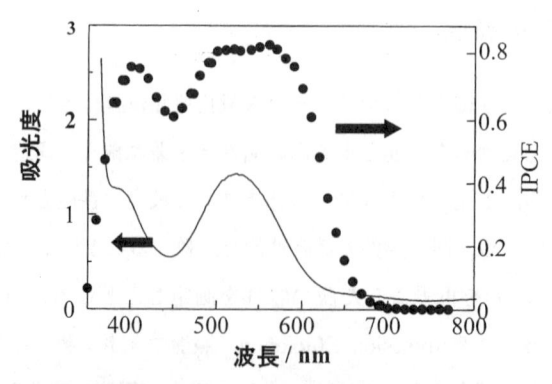

図5　D149色素溶液の吸収スペクトルと酸化亜鉛／D149ハイブリッド薄膜の光電流作用スペクトル

第8章　電析法により作製される酸化亜鉛光電極を用いた色素増感太陽電池

出力特性の改善には特に開放電圧の増大が欠かせないが，そのためには透明導電性基板や多孔質半導体から逆電子移動を抑制することが有効であるとされる。酸化チタンで試みられてきたように，本酸化亜鉛についてもその表面上への酸化マグネシウム，酸化アルミニウムといった絶縁物皮膜のコーティング処理を行ったところ，開放電圧の向上が認められた。さらに酸化亜鉛表面が容易に硫化されることを利用した処理も電圧改善には一定の効果がある。また，前節でも記したように，緻密な酸化亜鉛層との2層構造とすることによって透明導電性基板上における逆電子移動を抑制することが期待されるが，開放電圧の向上は認められなかった。ただし，このような緻密層をアンダーコートすることによって，高濃度のエオシンY浴中からいっそう多孔質化された酸化亜鉛膜を作製できるため，特性改善に繋がる可能性がある。

こうして得られた酸化亜鉛／D149ハイブリッド薄膜を用いると，AM1.5（100mW cm^{-2}）光照射下では5％を優に超すエネルギー変換効率が得られる。常法による酸化チタンを用いた場合に比して応答波長域がやや狭いこともあって十分満足できる値とは言えないものの，従来法とは全く異なる手法で，しかも熱処理フリーで達成できるこの変換効率は，いっそう高性能な酸化亜鉛用色素の開発による期待を抱かせるには十分であろう。

さらに，本酸化亜鉛薄膜の有する高いポテンシャルを示すのが図6に示す光電流の光強度依存性に関する実験データである。これによると，少なくとも2.6 SUNに相当する高い光強度に至るまで，光電流は光強度に対して直線的に増大することが分かる。このことは，図2に示されるポアサイズであっても，電解液中の電荷担体の拡散を抑制することなく優れた電解液輸送特性を有するものであることが分かる。微粒子から調製される従来の電極の場合，特に熱焼成フリーをねらって高圧プレス処理を行った場合などは，高い光強度になると光電流の直線性が保たれなくなることが知られている。これらの電極は，粒子のランダムな集合体から成るため，ポアサイズが小さくなりすぎると電解液中の電荷担体イオンの拡散が律速となるのに対して，本電極ではナノ

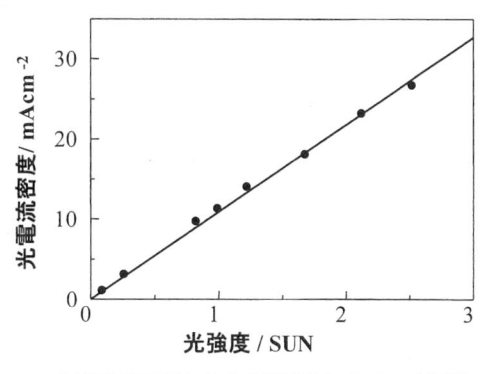

図6　酸化亜鉛／D149色素を光電極とする太陽電池における光電流の照射光強度依存性

ワイヤー間に存在する空隙が膜の厚さ方向に直線的に配列した構造異方性がスムーズな電荷輸送に効いているものと推測される。したがって本膜は，広い感光波長領域を有し，高い光電流を可能とする色素に対しても十分対応できる微細構造を有しているものと言える。

6 おわりに

　本稿では，色素増感太陽電池用光電極の微細構造制御の視点から，電析酸化亜鉛薄膜を眺めることに重点を置いたため，出力特性の詳細などについてはその多くを割愛した。重要な事実は，電析法という"ソフト"な手法により色素増感太陽電池用光電極としての理想的な微細構造を有する酸化亜鉛薄膜を容易に形成できることである。これについては今までに出版された成書においても述べてきたが，その後，膜の評価を進めるに連れて，その驚くべき高いポテンシャルが明らかになってきた。もともと電気化学的手法は浴組成，電解電位，電解電流など比較的単純なパラメーターで容易に膜構造，膜質を制御できる特徴を有する。このような高い制御性こそが，従来のコロイド法に比した場合の利点の一つと言えよう。本稿ではエオシンYの場合に絞って記述したが，形成原理の基礎を確立することにより，他のテンプレート材を用いた場合も含めてさらに高度なナノ構造制御が可能となろう。70℃での製膜と熱処理フリーなため，プラスチック化に対してもなんら障害がないことは言うまでもない。実際にITOコートPETフィルム上に透明導電性ガラス基板上に得られる膜とほぼ同じ膜が析出される。

　これらの特長を生かして，我々はすでに"レインボーセル"と名付けたフィルム状太陽電池を作製して，ウェアラブル太陽電池の試作品など新たな応用分野に対する具体的な提案を行ってきた[16,17]。色素増感太陽電池の実用化を展望する際，発電モジュールとしての高効率化は言うまでもないが，従来にはない新たな用途開発と結びついた検討も必要であると考えている。その意味では，産学連携して本腰を入れた研究開発がますます必要とされている。

文　献

1) B. O' Regan and M. Grätzel, *Nature*, **353**, 737 (1991)
2) H. Tsubomura *et al.*, *Nature*, **261**, 402 (1976)
3) T. Yoshida and H. Minoura, *Adv. Mater.*, **12**, 1219 (2000)
4) 吉田 司，箕浦秀樹，色素増感太陽電池の最新技術，シーエムシー出版，p.195 (2001)
5) 箕浦秀樹，吉田 司，*MATERIAL STAGE*, **5**, 39 (2006)

第 8 章　電析法により作製される酸化亜鉛光電極を用いた色素増感太陽電池

6) T. Yoshida *et al.*, *Chem. Mater.*, **11**, 2657 (1999)
7) S. Karuppuchamy *et al.*, *Thin Solid Films*, **397**, 63 (2001)
8) K. Nonomura *et al.*, *Electrochim. Acta*, **48**, 3071 (2003)
9) T. Oekermann *et al.*, *J. Electrochem. Soc.*, **151**, C62 (2004)
10) T. Yoshida *et al.*, Adv. Mater., **12**, 1214 (2000)
11) T. Yoshida *et al.*, *Electrochemistry*, **70**, 470 (2002) ; T. Oekermann *et al.*, *J. Phys. Chem. B.*, **109**, 1250 (2005)
12) T. Pauporté *et al.*, *Electrochem. Solid-State Lett.*, **9**, H16 (2006) ; T. Yoshida and H. Minoura, *Adv. Mater.*, **12**, 1219 (2000)
13) T. Yoshida *et al.*, *Chem. Commun.*, 400 (2004)
14) K. Sayama *et al.*, *Chem. Lett.*, 753 (1998)
15) T. Oekermann *et al.*, *J. Phys. Chem. B*, **108**, 8364 (2004)
16) 日本経済新聞「衣服に太陽電池」(平成 17 年 3 月 18 日)
17) NHK 総合「地球セイバー」(平成 17 年 5 月 3 日放映)

第9章　Ru錯体系増感色素

山口岳志[*1]，荒川裕則[*2]

1　はじめに

　本章では色素増感太陽電池における増感色素として，Ru系増感色素についての紹介を行う。Ru錯体は1970年代の光触媒による水分解研究の中で，$Ru(bpy)_3$（bpy = 2,2′-bipyridine）が光触媒分子として有用である事が見出され[1]，その発展系が現在の太陽電池用増感色素に繋がっている。1979年にはビピリジン配位子にカルボン酸基を導入したdcbpy = 4,4′-dicarboxy-2,2′-bipyridineを用いる事でTiO_2にRu錯体色素を固定する方法が報告され[2]，1985年にはGrätzelらによって表面積を増加させたチタニア電極において，同じ錯体を用いる事で高い光電変換率が報告されている[3]。それまでのトリスビピリジルRu錯体の系では，光吸収領域は最大でも600 nm付近であったが，Grätzelらの1991年の報告ではRu三核錯体$Ru(H_2dcbpy)_2\{(NC)_2Ru(bpy)_2\}_2$が用いられており，光吸収域は700 nm以上まで拡大された[4]。1993年には800nm付近までの光が利用でき，現在も広く用いられている色素であるN3色素（$Ru(H_2dcbpy)_2(NCS)_2$）が報告され[5]，1999年にそのプロトン2つをTBA^+ = tetrabutylammoniumで置換したN719色素が報告された[6]。このN719色素は現在最も高効率を示す色素の一つと言え，2005年にはGrätzelらによって11.2％の光電変換効率が報告されている[7]。一方，より広い光吸収を示すRu錯体として，カルボン酸基を持つターピリジンを配位子としたBlack dye[$Ru(Htctpy)(NCS)_3$][TBA^+]$_3$（tctpy = 4,4′,4″-tricarboxy-2,2′,6,2″-terpyridine）が1997年に報告され[8]，2001年には10.4％の光電変換効率が報告された[9]。Black dyeは900 nm付近までの光利用が可能であり，その分大きい電流が得られる事が特徴である。2006年にはBlack dyeを用いた太陽電池において，シャープのHanらによって11.1％の効率が標準機関での測定結果として報告されており[10]，N719色素とともに現在最高の効率を示す色素の一つとして認識されている。
　11％を超える効率を示す色素としては，上記のN719色素及びBlack dyeの2種類のRu錯体しか報告例はないが，近年それに匹敵する効率を示すRu色素錯体もいくつか報告されてきている。また，配位子に長鎖置換基などを導入する事によって耐久性を高めた色素も報告されている。

＊1　Takeshi Yamaguchi　東京理科大学　工学部　工業化学科　助手
＊2　Hironori Arakawa　東京理科大学　工学部　工業化学科　教授

第9章　Ru錯体系増感色素

本章では，まずN719色素及びBlack dyeを用いて，Ru増感色素の特性について述べた後，新たに報告されたRu系増感色素について紹介を行う。

2　N719色素とBlack dye色素

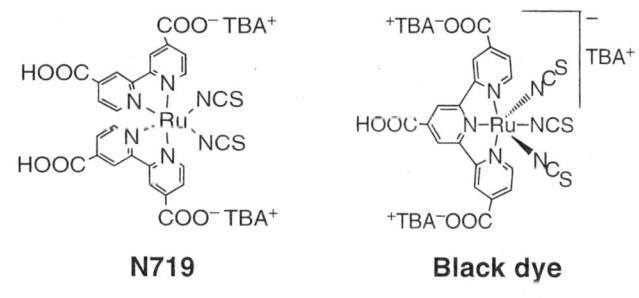

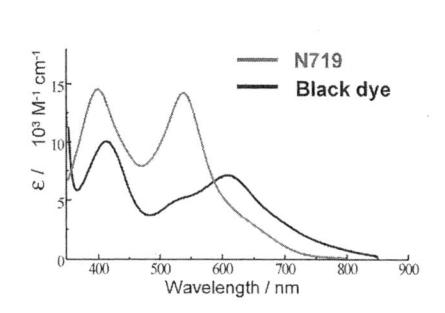

まず，N719色素とBlack dyeの構造を図1に示す。

色素増感太陽電池における増感色素として必要な性質には，以下のものが挙げられる[11]。①太陽光スペクトルの広い波長範囲を吸収可能である事，②励起状態から半導体への電子注入が効率的に起こる事，③電子を注入して酸化型となった色素が，電解液中の還元剤により速やかに還元され元に戻る事，④光照射下で分解せず長期間安定である事。N719色素とBlack dyeはこの条件を良く満たした色素である。

N719とBlack dyeのエタノール中での吸収スペクトルを図2に，また筆者らがそれぞれの増感色素を用いて作製した太陽電池のIPCEスペクトルを図3にそれぞれ示す。図からも分かる様に，N719とBlack dyeは400〜800nmの可視光域の光を非常に効率的に利用する事ができ，特

図1　N719色素とBlack dyeの構造

図2　N719色素とBlack dyeの吸収スペクトル

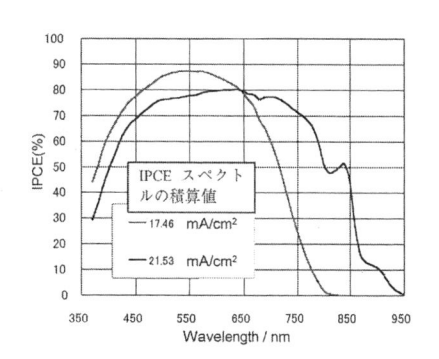

図3　N719色素とBlack dyeを用いた太陽電池のIPCEスペクトル

にBlack dyeはN719よりも約100nmほど長波長光の利用が可能となっている。また，電池として得る事ができる電流密度は入射光のエネルギーがAM-1.5, 100mW/cm^{2}であるならばIPCEスペクトルより算出する事ができ，図3の場合，N719で17.5mA/cm^2，Black dyeで21.5mA/cm^{2}となる。この値は$I-V$測定から得られる値とも良く一致し，長波長まで吸収できるBlack dyeの方が大きい電流が得られる事が確認できる。ただし，図2からわかる様にモル吸光係数としてはN719の方がBlack dyeよりも大きい値である。このため最大電流を得る為の多孔質チタニア電極の厚みについては，概してBlack dyeを用いる場合の方がN719を用いる場合よりも厚くする必要がある。

また，図4にはN3色素[3]とBlack dye[9,12]のHOMO-LUMO準位[13]とTiO$_2$のコンダクションバンド準位及びヨウ素の酸化還元準位との相関[14]を示す。N3色素とBlack dyeのHOMO-LUMOがTiO$_2$及びヨウ素の準位を挟み込むような形になっている事が確認できる。ここで，色素のHOMOはヨウ素からの電子注入に，LUMOはTiO$_2$への電子注入にそれぞれ十分なエネルギーギャップ(0.2～0.3V程度)を有している為，効率的な電子移動が可能となっている。なお，N719のHOMO-LUMO準位に関しては信頼できる値が見つけられなかった為，ここではN3色素の値としているが，N3色素の4つのHを全てTBAで置換したN712色素において，HOMOが0.29V上昇したという報告があるので，N719の場合はその中間程度の値と推測される。

耐久性については，色素増感太陽電池における現在の検討課題の一つでもあるが，N719，Black dyeともに電池として使用しても年オーダーでの耐久性は有しているようである。この点については今後より詳細な評価が進むものと思われる。

N719及びBlack dyeはこれまで述べてきた理由の他にも，LUMOの電子軌道がカルボキシル基側に分布している点やNCS配位子が電子を受け取り易いなどの特長があり，比較的単純な構造ながら最高性能を示す色素として長く扱われている。しかし，近年この性能を超える事を目指した，いくつかのRu錯体が報告されてきている。そのRu錯体らについて次節以降で紹介する。

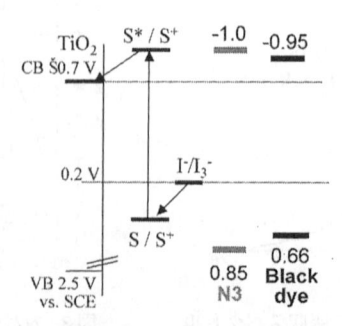

図4 N3色素とBlack dyeのHOMO-LUMO準位とTiO$_2$及びヨウ素との相関

第 9 章 Ru 錯体系増感色素

3　クォーターピリジン Ru 錯体色素

ビピリジン環を持つ N719，ターピリジン環を持つ Black dye の流れに引き続き，Grätzel らは 2002 年に，ピリジン環 4 つからなるクォーターピリジンを配位させた Ru 錯体を報告した（図 5）[15]。図 5 の錯体のうち右下に示した Ru(4',4'''-Diethoxycarbonyl-2,2':6',2'':6'',2'''-quaterpyridine)(NCS)$_2$ のみエステルの加水分解処理が行なわれ，カルボン酸基を持つ錯体として太陽電池用増感色素の性能評価が行なわれた。この際の IPCE スペクトルは 900nm までは光電変換していたものの，最大値でも 75％程度まであり，結果としては Black dye の方が長波長

図 5　クォーターピリジン錯体の構造[15]

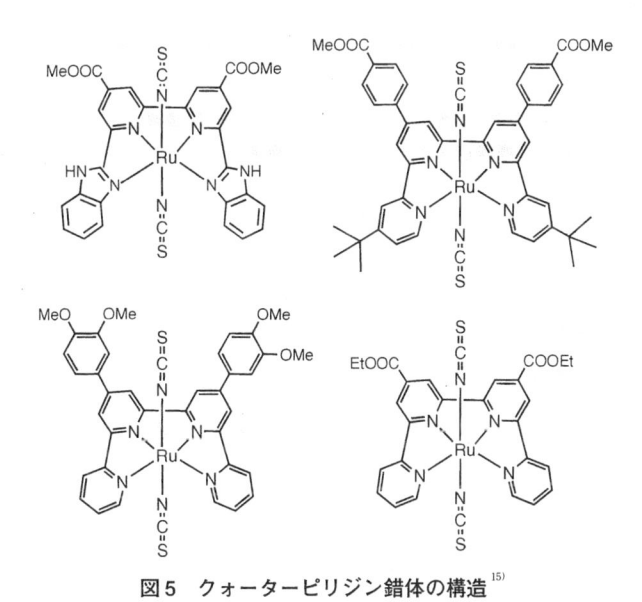

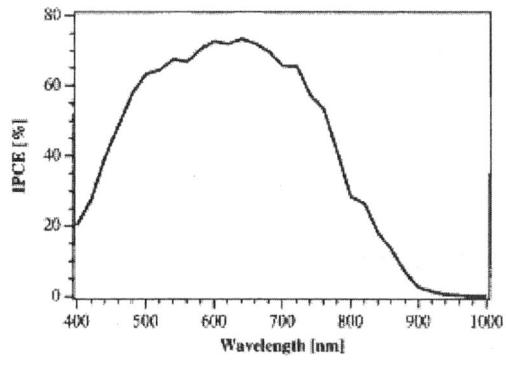

図 6　加水分解処理をした Ru(4',4'''-Diethoxycarbonyl-2,2':6',2'':6'',2'''-quaterpyridine)(NCS)$_2$ を用いた太陽電池の IPCE スペクトル[15]

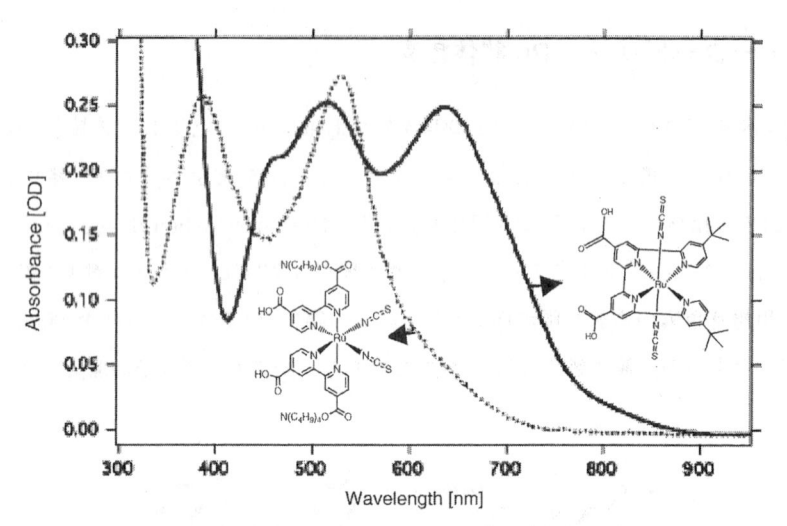

図7 N886色素(濃度 3.5×10^{-5})と N719色素(濃度 2.0×10^{-5})の紫外可視吸収スペクトルとその構造[16]

域までを高効率に利用できる形であった。また，この電池の性能としては，AM-1.5の擬似太陽光における IPCE の積算値として J_{SC} = 18 ± 0.5mA/cm^2 が報告されているが，I-V 測定の結果としての光電変換効率は報告されていない。

2006年には，クォーターピリジン環の構造を多少修飾した N886 と呼ばれる Ru 錯体が報告された[16]。その構造と紫外可視吸収スペクトルを N719 と比較したものを図7に示す。ここで，N886 色素の濃度は N719 の濃度の 1.75 倍になっている点には注意いただきたい。吸収極大は 637nm と Black dye の 610nm[9]に比べ長波長化には成功している。その電池性能は 8μm の透明膜に 4μm の光散乱膜を重ねたチタニア電極を用いて，J_{SC} = 11.8 ± 0.2mA/cm^2，V_{OC} = 0.68 ± 0.03V，ff = 0.73 ± 0.03 であり，光電変換効率として 5.85 ％という値が報告されている。この際 IPCE スペクトルは約 40 ％で極大であったとされ，電流の少ない原因としては色素の会合が論文中では提案されているが，実際には N886 の吸光係数に対してチタニア膜が薄過ぎた事が原因と考えられる。

4 βジケトナート Ru 錯体色素

別のアプローチからの吸収領域の長波長化として，配位子に β ジケトナートを利用した Ru 錯体が挙げられる。ターピリジン配位子を持つ Black dye における単座配位子である NCS 基 2 つを，β ジケトナート基に置換した Ru(H$_3$tctpy)(tfac)NCS(tfac = 1,1,1-trifluoropentane-2,4-

第9章 Ru錯体系増感色素

dionate)およびRu(H₃tctpy)(tfaed)NCS(tfed = 1,1,1-trifluoroeicosane-2,4-dionate)が2002年に報告された[17,18]。このうち，Ru(H₃tctpy)(tfac)NCSの構造と溶液状態での紫外可視吸収スペクトルならびにIPCEスペクトルを図8に合わせて示す。

図の通り吸収領域がBlack dyeよりも50nm程度長波長化していることが確認できる。また，この色素を用いて作製した電池のIPCEスペクトルからもBlack dyeより長波長光の光の利用が可能となっている事が分かる。この際のIPCEは最大で70％程度であり，その積分値としては18mA/cm²との値が報告されている。なお，Ru(H₃tctpy)(tfac)NCSは筆者らの最近の研究において80％を超えるIPCEを得る事に成功しており，その電流密度は最大25.4mA/cm²，光電変換効率として8.6％の値を報告している[19]。

このβジケトナートRu錯体はジケトナート上の置換基を変える事によって，色素のHOMO-LUMO準位などをより精密に変化させ得る事を特長としている。2002年の報告ではRu(H₃tctpy)(tfac)のβジケトナート配位子上のメチル基をn-$C_{16}H_{33}$の長鎖炭化水素とする事で，色素間の会合を防ぎコール酸などの共吸着質を不要とできる事が合わせて報告されている[17]。図9に示した，

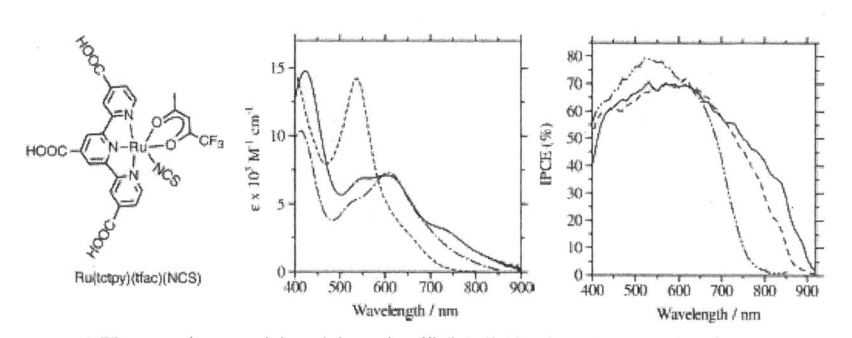

図8 Ru(H₃tctpy)(tfac)(NCS)の構造と紫外可視吸収スペクトル及びIPCEスペクトル(実線)(点線：N3，長鎖線：Black dye)[18]

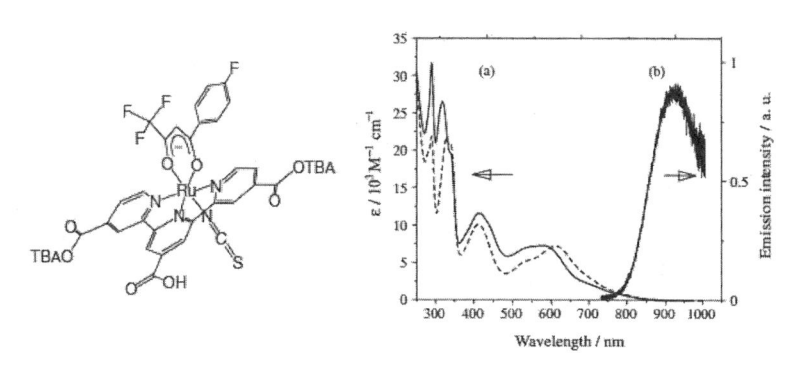

図9 フッ素置換フェニル基を導入したβジケトナート(tctpy)Ru錯体の構造と紫外可視吸収および発光スペクトル(実線)(点線：Black dye)[20]

βジケトナート配位子上の置換基としてフッ素置換フェニル基を導入したβジケトナート(tctpy) Ru錯体は2005年に報告された[20]。しかし，その吸収領域はBlack dyeよりも短波長化したものであった。この色素を用いた電池性能としては，最大IPCEが78％，J_{SC} = 20.4mA/cm^2，V_{OC} = 0.65V，ff = 0.67，光電変換効率として8.9％の値が報告されている。また，筆者らはβジケトナート配位子上のフッ素数を2つとしたRu(Htctpy)(dfac)(NCS)[TBA$^+$]$_2$ (dfac = 1,1-difluoropentane-2,4-dionate)を合成し，その電池性能を報告している。この場合，光吸収領域は前述のRu(H$_3$tctpy)(tfac)(NCS)よりも長波長化し，電池性能としても光電変換効率9.6％とかなり高い値を得ることができた[21]。

なお，N3色素の構造において2つのNCS配位子をβジケトナート配位子で置換したビス(ビピリジル)-βジケトナートRu錯体もN3色素よりも吸収領域が長波長化する色素として報告されているが[22]，詳細については前号[1]で既に述べられているので，本号では割愛する。

5 長鎖置換基などを有するビピリジンRu錯体色素

これまで，光吸収領域の拡大による電池性能の向上をねらった錯体について紹介してきたが，本節ではN3色素を基本とするビピリジンRu錯体において，長鎖置換基や電子供与性置換基などを導入する事で，色素に新たな特性を加えた例について紹介する。

まず，2002年にN3色素の一つのdcbpy配位子のカルボキシル基を飽和炭化水素で置換したRu錯体3種 Ru(H$_2$dcbpy)(mhdbpy)(NCS)$_2$，Ru(H$_2$dcbpy)(dtdbpy)(NCS)$_2$，Ru(H$_2$dcbpy)(mddbpy)(NCS)$_2$がGrätzelらによって報告された[23]。ここでmhdbpyはメチルと$C_{16}H_{33}$基，dtdbpyはn-$C_{13}H_{27}$基が2つ，mddbpyはメチル基と2-ドデシルテトラデシル基を，ビピリジン環の4および4'位にそれぞれ有する配位子である。これらの錯体における光吸収域についてはN3色素と大きな違いは無いものであった。このうちmhdbpy配位子を持つRu錯体は7.6％，dtdbpy配位子を持つRu錯体では8.5％の光電変換効率が報告されている。ここで，このような飽和長鎖炭化水素基を一方のビピリジン環に導入する事は，チタニアに吸着した色素の外側表面を疎水性とする事がねらいであった。実際，電解液に水を5～10％添加してN719色素とmhdbpyを有するRu錯体を用いた太陽電池の耐久性を比較した所，N719色素では15日経過後位より性能の低下が観察され始め，その後も性能は低下し続けたが，mhdbpyを有するRu錯体では50日間ほぼ一定であった事が報告されている。

同様の色素としては，4,4'位にそれぞれCH_3基，C_6H_{13}基，C_9H_{19}基を有する色素も報告されている[24]。特に図10に示したC_9H_{19}基を有する色素はZ907色素と呼ばれ，光電変換効率は8％以上であり，現在熱に対して耐久性のある色素として認識され，広く検討が行なわれている。

第9章 Ru錯体系増感色素

　また，Z907色素のカルボキシル基をリン酸基に変えたZ955と呼ばれる色素も報告されている[25]。Z955色素は光電変換効率8.0％が報告され，カルボキシル基以外のアンカーを持つ色素としては初めて効率8％以上の値を達成した色素となっている。

　N3色素におけるビピリジン配位子の1つを長鎖を有するジピリジルアミンで置換したRu錯体は2004年に報告された[26]。具体的にはN,N-ジ(2-ピリジル)ドデシルアミンおよびN,N-ジ(2-ピリジル)テトラデシルアミンが配位子として用いられた。ジピリジルアミンはビピリジンよりもπ受容性が低いとされ，残るビピリジル配位子にLUMOの分布が偏るという特性が報告されている。この色素のIPCEも800nm付近までの光応答性を示し，光電変換効率は0.158cm^2のセルで8.2％とされている。

　置換ビピリジン環にπ共役系置換基を導入したRu錯体は2004年にGrätzelらによって報告されている[27]。その構造は図11に示したものであり，Z910色素と呼ばれている。この色素ではビピリジル環のπ共役系が拡大した事で，Z910色素のモル吸光係数（1.7 × $10^4 M^{-1} cm^{-1}$，MLCT）がN719色素（1.4 × $10^4 M^{-1} cm^{-1}$，MLCT）に比べ高くなっている事が特長として挙げられている。Z910色素を用いた電池の性能としては，J_{SC} = 17.2mA cm^{-2}，V_{OC} = 0.78V，ff = 0.76で光電変換効率10.2％が14μmの比較的薄いTiO_2電極で得られたと報告されている。また，3-メトキシ

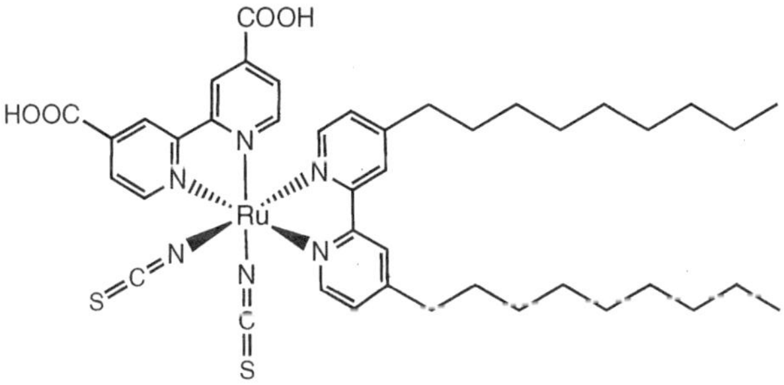

図10　Z907色素の構造

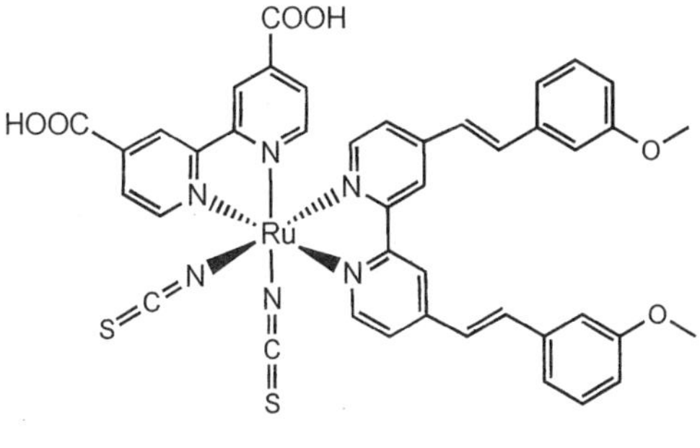

図11　Z910色素の構造

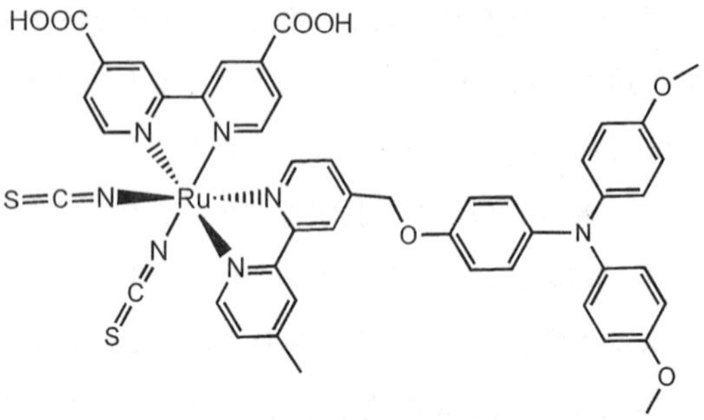

図12 N845色素の構造

　プロピオニトリルを溶媒とした電解液と組み合わせる事によって，55℃，1000時間の耐久性試験において，初期値7％から終了時6％程度の耐久性を報告している。2005年にはZ910色素における置換基の末端炭化水素を多少伸張させたRu錯体K19色素が報告されている[28]。この色素も吸光係数の増大および耐久性の向上を特長としており，この報告では80℃，1000時間の試験で同じく7％から6％程度への低下との報告がなされている。

　また，2004にはDurrantらによって新たなコンセプトの色素が報告され，興味を集めた[29]。この色素はN845色素と呼ばれ，構造は図12に示したもので，ビピリジン環に電子注入可能な N,N-（ジ-p-アニシルアミノ）フェノキシメチル基（DAP基）を導入する事で，Ru色素からチタニアへの電子注入後，直ちにDAP基からの電子注入を生じさせる事でTiO_2からRu中心への逆電子移動を防ぐというコンセプトである。本報告では，この特性についての調査はなされているが，実際の太陽電池とした場合の性能は報告されておらず，今後の展開に興味が持たれる色素である。

文　　献

1) (a) J. M. Lehn, J. P. Sauvage, *Nouv. J. Chim.*, **1**, 449 (1978); (b) A. Moradpour, *et al., ibid.*, **2**, 547 (1978)
2) B. Goodenough, *et al., Nature*, **271**, 571 (1979)
3) M. Grätzel, *et al., J. Am. Chem. Soc.*, **107**, 2988 (1985)
4) B. O'Regan and M. Grätzel, *Nature*, **353**, 737 (1991)
5) M. Grätzel, *et al., J. Am. Chem. Soc.*, **115**, 6382 (1993)
6) M. Grätzel, *et al., Inorg. Chem.*, **38**, 6298 (1999)

第9章　Ru錯体系増感色素

7) M. Grätzel, *et al.*, *J. Am. Chem. Soc.*, **127**, 16835 (2005)
8) M. Grätzel, *et al.*, *Chem. Comm.*, 1705 (1997)
9) M. Grätzel, *et al.*, *J. Am. Chem. Soc.*, **123**, 1613 (2001)
10) L. Han, *et al.*, *Jap. J. Appl. Phys. Part2*, **45**, 638 (2006)
11) 杉原秀樹，荒川裕則，"色素増感太陽電池の最新技術"，第10章，p. 103，シーエムシー出版 (2001)
12) M. Grätzel, *et al.*, *J. Photochem. Photobio. A*, **145**, 79 (2001)
13) A. Islam, *et al.*, *J. Photochem. Photobio. A*, **158**, 131 (2003)
14) M. Grätzel, *et al.*, *J. Am. Ceram. Soc.*, **80**, 3157 (1997)
15) M. Grätzel, *et al.*, *Inorg. Chem.*, **41**, 367 (2002)
16) M. Grätzel, *et al.*, *Inorg. Chem.*, **45**, 4642 (2006)
17) H. Arakawa, *et al.*, *New J. Chem.*, **26**, 966 (2002)
18) H. Arakawa, *et al.*, *J. Photochem. Photobio. A*, **158**, 131 (2003)
19) 荒川裕則他，2005年電気化学会秋季大会講演要旨集，p. 89 (2005)
20) L. Han, *et al.*, *Chem. Lett*, **34**, 344 (2005)
21) H. Arakawa, *et al.*, *Abstracts of IPS-16*, W4-P-106 (2006)
22) H. Sugihara, *et al.*, *J. Photochem. Photobio. A*, **166**, 81 (2004)
23) M. Grätzel, *et al.*, *Langmuir*, **18**, 952 (2002)
24) M. Grätzel, *et al.*, *Coord. Chem. Rev.*, **248**, 1317 (2004)
25) M. Grätzel, *et al.*, *J. Phys. Chem.*, **108**, 17553 (2004)
26) M. Grätzel, *et al.*, *Chem. Mater.*, **16**, 3246 (2004)
27) M. Grätzel, *et al.*, *Adv. Mater.*, **16**, 1806 (2004)
28) M. Grätzel, et al., *J. Am. Chem. Soc.*, **127**, 808 (2005)
29) J. R. Durrant, *et al.*, *Chem. Eur. J.*, **10**, 595 (2004)

第10章　有機色素を用いた色素増感太陽電池(1)
—クマリン・ポリエン系色素—

荒川裕則[*]

1　はじめに

2001年5月に刊行された本誌の姉妹編「色素増感太陽電池の最新技術」[1]を見ると、色素増感太陽電池用の有機色素として、筆者が産総研に在職していた時に研究として、エオシン[2]、マーキュロクロム[3]等のフェニルキサン色素、シアニン・メロシアニン色素[4]やポルフィリン色素[5]を用いた色素増感太陽電池が紹介されている。これらの太陽電池の性能は2〜4％程度であったが、当時としては、それまでの有機色素を用いた色素増感太陽電池に比べれば、注目すべき高い性能であった。しかし、その後、クマリン系[6]やポリエン系色素[7]の発見・開発により、有機色素を用いた太陽電池の性能は大幅に向上し、Ru錯体と遜色のない8％台の性能まで出せるようになった。これらの高性能有機色素の出現により、国内外でこの分野の研究が著しく活発になり、多くの高性能有機色素の開発が報告されるようになった。

本章では、そのきっかけとなったクマリン・ポリエン系有機色素を用いた色素増感太陽電池の性能について紹介する。

2　クマリン系高性能色素の開発

クマリン色素C343は色素骨格にカルボキシル基を持ち、そのカルボキシル基が半導体光電極を構成するTiO_2の表面水酸基とエステル結合を形成するため、色素からチタニア光電極への電子注入効率が高いことが報告されている[8]。しかし、その光吸収端が500 nm程度であるため変換効率は1％程度の低いものであった。筆者らは、C343色素の高効率電子注入の特徴を生かしながら、クマリン色素の高性能化を試みた[9,10,11]。高性能色素の備える条件として、①カルボキシル基を有すること、②π-共役系の拡張やドナー性、アクセプター性の置換基、骨格の導入により色素の吸収波長領域を拡張すること、③色素のLUMO準位がチタニア光電極の伝導帯準位よりも十分に負であること、④色素のHOMO準位がヨウ素レドックス準位よりも十分に正であることが必要である。新たに合成されたクマリン系新規色素の構造をクマリンC343と共に図1

---

[*]　Hironori Arakawa　東京理科大学　工学部　工業化学科　教授

第10章 有機色素を用いた色素増感太陽電池(1)─クマリン・ポリエン系色素─

に示す。

　クマリンC343色素とこれらの新規合成クマリン系色素の紫外可視吸収スペクトルを図2に示す。合成した新規クマリン色素の吸収スペクトルは，クマリンC343に比べて長波長側にシフトし，長波長の光をより多く吸収できることがわかる。C343の吸収ピークは442 nmであるが，NKX-2398では451 nm，NKX-2388では493 nm，NKX-2311では504 nmである。またNKX-2388や2311では，吸収幅も拡大した。メチン鎖(-CH=CH-)によるπ共役性の拡張や電子吸引性のシアノ基の導入により，色素の光吸収領域を大幅に広げることができた。これらの色素は，チタニア上に吸着させると吸収幅は，さらに拡大された。色素と酸化チタンとの強いカップリングにより吸収帯がさらに広がったものと解釈される。図3には，クマリン系色素を用いた酸化チタン色素増感太陽電池の分光感度曲線(IPCE)を示す。400nmから700nmまでの可視光が

図1　クマリン系色素の構造

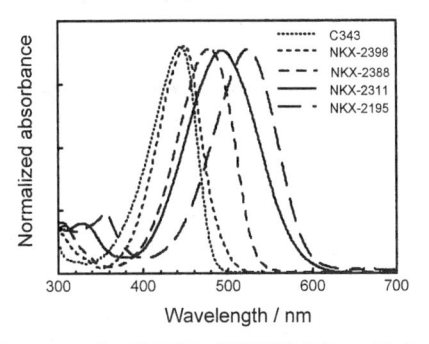

図2　クマリン系色素の紫外可視吸収スペクトル

効率良く,電気エネルギーに変換されていることがわかる。すなわち,新規に合成されたクマリン色素の吸収スペクトルがC343に比べて,大幅に改善されたことにより,IPCEも著しく向上した。NKX-2311を用いた太陽電池では,IPCE端は750 nm付近まで達しており,このスペクトルは,Ru色素であるN719のチタニア太陽電池と,ほぼ同等のスペクトルである。新規に合成色素のチタニア太陽電池のIPCEの最高値は80%近くまで達しており,導電性ガラス基板の光吸収および散乱による照射光のロスを考慮すると,照射した光の90%以上を電流に変換していることになり,これらの太陽電池の性能の高さを予見させる。また,これらの色素の溶液中の酸化還元電位測定では,LUMO準位は,チタニアの伝導帯準位よりも十分に負であり,かつHOMO準位は,ヨウ素レドックス準位よりも十分に正であることがわかり,高効率の光増感色素として作用できる可能性を示唆している。

表1にソーラーシミュレータ・AM 1.5(100 mW cm^{-2})で測定したクマリン系色素のチタニア色素増感太陽電池の性能を示す。図3のIPCEからわかるように,新規クマリン色素を用いた多太陽電池の光電流(J_{sc})は,クマリンC343を用いた太陽電池に比べて大幅に増加していることがわかる。それ故,変換効率は,0.9%から5.2%と大幅に向上した。さらに,色素の吸着条件や電解液組成を最適化することにより,NKX-2311色素のチタニア色素増感太陽電池で6.0%の変換効率を達成した[10]。

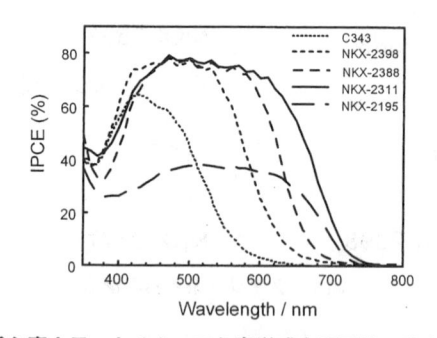

図3 クマリン系色素を用いたチタニア色素増感太陽電池の分光感度曲線(IPCE)

表1 新規に合成されたクマリン系色素を用いた色素増感太陽電池の性能

色素	J_{sc}/mA cm^{-2}	V_{oc}/V	Fill factor	η/%
C343	4.1	0.41	0.56	0.9
NKX-2398	11.1	0.51	0.60	3.4
NKX-2388	12.9	0.50	0.64	4.1
NKX-2311	15.2	0.55	0.62	5.2

第10章 有機色素を用いた色素増感太陽電池(1)―クマリン・ポリエン系色素―

更なる性能向上のため骨格にチオフェン基を導入した。図4にはチオフェンを導入したNKX-2677の溶液中の吸収スペクトル(a)とチタニア光電極に固定した場合の吸収スペクトル(b)を示す。NKX-2677の溶液中の吸収スペクトルはNKX-2311と大差ないが，チタニア光電極に固定した場合，NKX-2311より吸収端が大幅にレッドシフトしている。NKX-2677とチタニア光電極とのカップリングが強いことが推定される。図5にNKX-2677を用いたチタニア色素増感太陽電池のIPCEを示す。図4(b)から推定できるように，NKX-2677のIPCEはNKX-2311に比べ大幅に改善されていることがわかる。チオフェンの導入の目的は，その導入により，共役系を拡張し吸収をレッドシフトさせつつ，そのドナー性により，色素のLUMO準位は負にシフトさせるということである。TBP(t-ブチルピリジン)を用いて電圧を増加させ，変換効率を向上させる場合，TBPの添加によりチタニアの伝導帯準位の負シフトが起きて電子注入効率が低下するため，色素のLUMO準位をより負にする必要があるためである。また，チオフェンのような環構造を導入することにより，色素分子の安定性も向上するものと考えられる[6]。

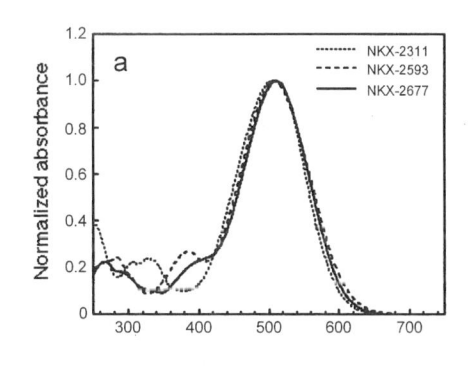

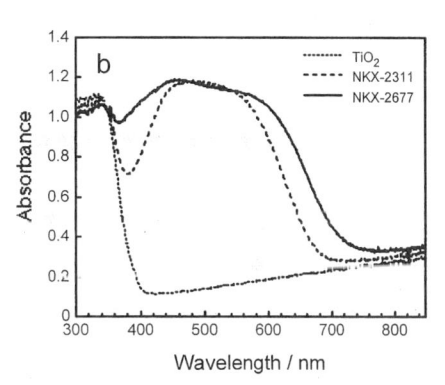

図4 チオフェン導入クマリン系色素NKX-2677の溶液中の吸収スペクトル(a)とチタニア光電極に固定した場合の吸収スペクトル(b)

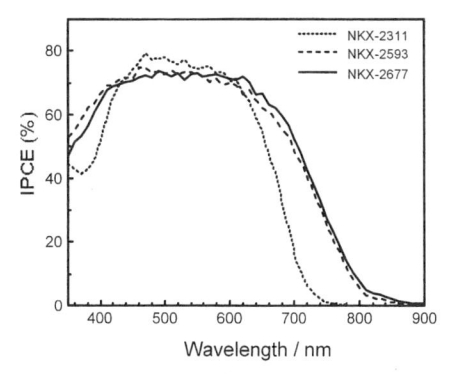

図5 NKX-2677色素を用いたチタニア色素増感太陽電池のIPCE

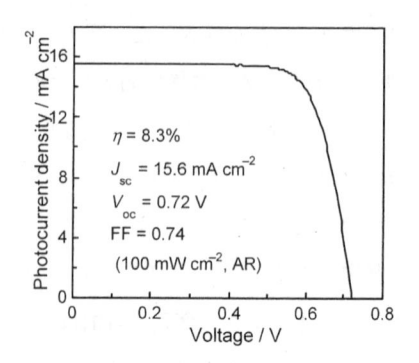

図6 NKX-2677色素を用いたチタニア色素増感太陽電池の性能(反射防止膜ARを装着)

　図6には，AM 1.5(100 mW/cm^2)の条件下でNKX-2677チタニア色素増感太陽電池の最適化による最高性能の光電流・電圧特性を示す。変換効率8.3％は，有機色素を用いた色素増感太陽電池では世界最高値である。また，これらの検討により，Ru色素N719とほぼ同等の性能を持つ有機色素が開発されたことになる。

3　ポリエン系高性能色素の開発

　クマリン系高性能色素の構造と光誘起電子移動との相関を見ると，クマリン骨格が電子ドナー部，シアノアクリル酸部位が電子アクセプター部，ポリエン，ポリチオヘン部がπ共役系の拡大による吸収端のレッドシフト部と考えることができる。そこで，電子ドナー部をクマリン骨格ではなく，ジメチルアニリン骨格に変えて合成された色素がポリエン色素である。図7に異なるジメチルアニリン骨格とポリエン部を組み合わせた3つのポリエン色素の構造を示す。また図8には，これらの3つのポリエン色素の紫外可視吸収スペクトルを示す。ジメチルアニリン骨格の電子供与性が増加するほど，またπ共役系が広がるほど，すなわちNKX-2553，NKX-2554，

図7　ポリエン系色素の構造

第10章　有機色素を用いた色素増感太陽電池(1)―クマリン・ポリエン系色素―

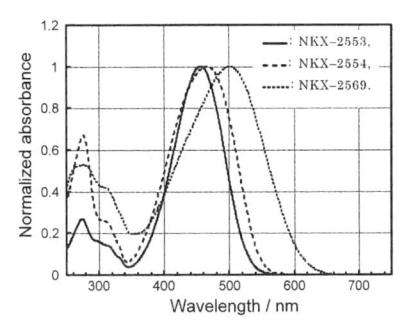

図8　ポリエン系色素の紫外可視吸収スペクトル

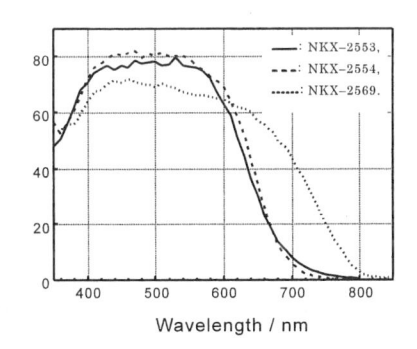

図9　ポリエン系色素を用いたチタニア色素増感太陽電池のIPCE

表2　新規に合成されたポリエン系色素を用いたチタニア素増感太陽電池の性能

色素	J_{sc}/mA cm^{-2}	V_{oc}/V	Fill factor	η/%
NKX-2533	10.4	0.71	0.74	5.4
NKX-2554	9.9	0.74	0.74	5.4
NKX-2569	12.9	0.71	0.74	6.8

NKX-2569の順で色素の吸収端が広がることが分かる。また，これらの色素を用いたチタニア色素増感太陽電池の分光感度曲線(IPCE)を見ると，図9に示すように，その順にIPCEが拡張されていることがわかる。表2に，これらのポリエン色素を用いたチタニア色素増感太陽電池の性能を示す。NKX-2569色素を用いた色素増感太陽電池で変換効率6.8％が得られた[7,12]。

4　おわりに

新しい高性能の有機色素を用いたチタニア色素増感太陽電池について紹介した。クマリン，ポ

色素増感太陽電池の最新技術 II

リエン色素の研究を契機として，インドリン色素[13]やヘミシアニン色素[14]，フルオレン色素[15]など，さまざまな有機色素を用いた研究が報告されている。これからの展開が楽しみである。

謝辞

本章で紹介した研究成果は，独立行政法人新エネルギー・産業技術総合開発機構(NEDO)から委託され実施した研究の成果であり，関係各位に感謝する。

文　　献

1) 色素増感太陽電池の最新技術，企画監修：荒川裕則，シーエムシー出版(2001)
2) K. Sayama, M. Sugino, H. Sugihara, Y. Abe, H. Arakawa, *Chem. Lett.*, 753(1998)
3) K. Hara, T. Horiguchi, T. Kinoshita, K. Sayama, H. Sugihara, H. Arakawa, *Solar Energy Mater.& Solar Cells*, **64**, 115(2000)
4) K. Sayama, S. Tsukagoshi, K. Hara, Y. Ohga, A. Shinpo, Y. Abe, S. Suga, H. Arakawa, *J. Phys. Chem.*, **106**, 1363(2002)
5) 馬ほか，ポルフィリン色素増感太陽電池の開発，「色素増感太陽電池の最新技術」，企画監修：荒川裕則，シーエムシー出版, p. 169(2001)
6) K. Hara, M. Kurashige, Y. Dan-oh, C. Kasada, A. Shinpo, S. Suga, K. Sayama, H. Arakawa, *New. J. Chem*, **27**, 783(2003)
7) K. Hara, M. Kurashige, S. Ito, A. Shinpo, S. Suga, K. Sayama, H. Arakawa, *Chem. Commun.*, 252(2003)
8) H. N. Ghosh, J. B. Asbury, T. J. Lian, *J. Phys. Chem., B.*, **102**, 6482(1998)
9) K. Hara, K. Sayama, Y. Ohga, A. Shinpo, S. Suga, H. Arakawa, *Chem. Commun.*, 569(2001)
10) K. Hara, Y. Tachibana, Y. Ohga, A. Shinpo, S. Suga, K. Sayama, H. Sugihara, H. Arakawa, *Solar. Energy Mater. & Solar Cells*, **77**, 89(2003)
11) K. Hara, T. Sato, R. Katoh, A. Furube, Y. Ohga, A. Shinpo, S. Suga, K. Sayama, H. Sugihara, H. Arakawa, *J. Phys. Chem. B*, **107**, 597(2003)
12) K. Hara, T. Sato, R. Katoh, A. Furube, T. Yoshihara, M. Murai, M.Kurashige, S. Ito, A. Shinpo, S. Suga, H. Arakawa, *Adv. Funct. Mater.*, **15**, 246(2005)
13) T. Horiuchi, H. Miura, K. Sumioka, S. Uchida, *J. Amer. Chem. Soc.*, **126**, 12218(2004)
14) Q. Yao, L. Shan, F. Li, D. Yin, C. Huang, *New J. Chem.*, **27**, 1277(2003)
15) S. Kim, K.Song, S. Kang, J. Ko, *Chem. Commun.*, 68(2004)

第11章　有機色素を用いた色素増感太陽電池(2)

紫垣晃一郎[*1], 井上照久[*2]

1　はじめに

　近年，世界のエネルギー需要が飛躍的に増加する中，環境汚染や資源的制約が少ないクリーンエネルギーが注目されている。特に，次世代型低コスト太陽電池として注目されているのが，スイス・ローザンヌ工科大学(EPFL)のグレッツェル教授らのグループが開発した「色素増感太陽電池」である。

　正負電極間に酸化チタン等の酸化物半導体，増感色素及び電解質で構成されるこの色素増感太陽電池はいわゆる無機-有機ハイブリット型太陽電池と位置付けることができ，有機材料の新たな使用領域としても注目されている。

　色素増感太陽電池の性能向上に欠かせない要素の一つである高効率増感色素の開発は，1991年の科学雑誌「Nature」による報告[1]から15年経過した現在に至るまで多くの機関において研究開発が進められてきた。これまでのところ，主にルテニウム錯体系と有機色素(非含金)系の二系統で検討が進められている。

　また，この色素増感太陽電池は従来のシリコン太陽電池には無い特徴を有している。その一つが色素を用いる太陽電池ならではのカラフルやシースルーといったデザイン性が挙げられる。これまで太陽電池は，光電変換特性(主に変換効率(η/%))で評価されることが多かったが，今後の用途拡大次第ではさまざまなシーンでの使用が考えられることから，変換効率のみならずこれらデザイン性も評価される可能性があり，増感色素の開発にかかる期待は大きい。

2　色素増感太陽電池における増感色素の役割

　色素増感太陽電池において，増感色素の役割は負極を形成する酸化チタンが吸収出来ない(380nm以上の)波長領域の光を吸収することにより，太陽光をより有効に利用することにある。図1に示す作用概念図によると，負極の表面に製膜された酸化チタンナノ粒子薄膜に増感色素を

---

*1　Koichiro Shigaki　日本化薬㈱　機能化学品研究所　技術開発グループ　研究員
*2　Teruhisa Inoue　日本化薬㈱　機能化学品研究所　技術開発グループ長

色素増感太陽電池の最新技術 II

吸着させ,電解液を介して正極で挟み込むことで色素増感太陽電池が出来る。この色素増感太陽電池の動作原理は,①増感色素に太陽光があたる,②増感色素が励起し,励起状態から酸化チタンナノ粒子に電子が注入される,③酸化チタンナノ粒子薄膜中を電子が移動し負極導電面に到達する,④電子が負極導電面から負荷(図1では電球)を通って正極導電面に渡る,⑤正極導電面にてヨウ素酸化体I_3^-を還元し,I^-とする,⑥I^-が増感色素の正孔に電子を注入し,増感色素が基底状態にもどる(I^-は酸化されI_3^-となる),という過程を繰り返すことにより太陽電池として作動する。このなかで増感色素に求められる特性は,太陽光を吸収し,酸化チタンナノ粒子に効率よく電子を注入することにある。このため,増感色素の多くには酸化チタンナノ粒子に吸着させるため,カルボキシル基,スルホン酸基及びリン酸基等の酸性基が置換基として導入されている。増感色素の色素母核としては,金属錯体,アゾ,キサンテン,メチン,フタロシアニン等々多種

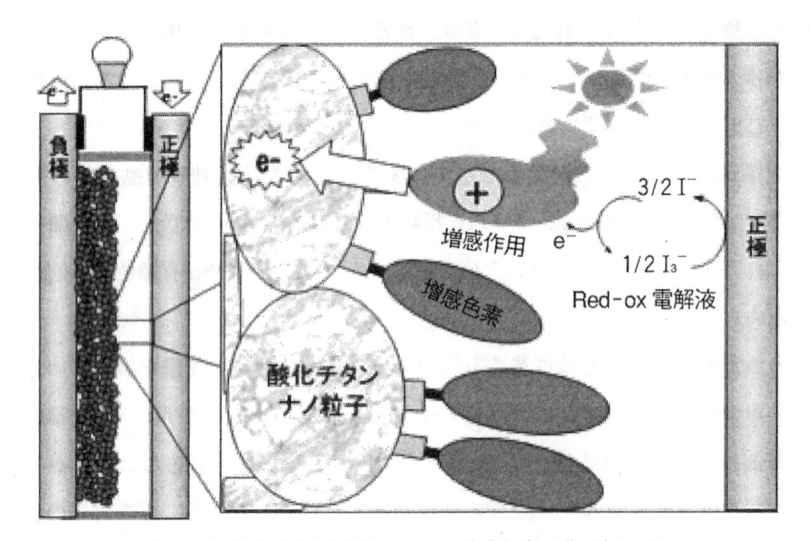

図1 色素増感太陽電池における増感色素の作用概念図

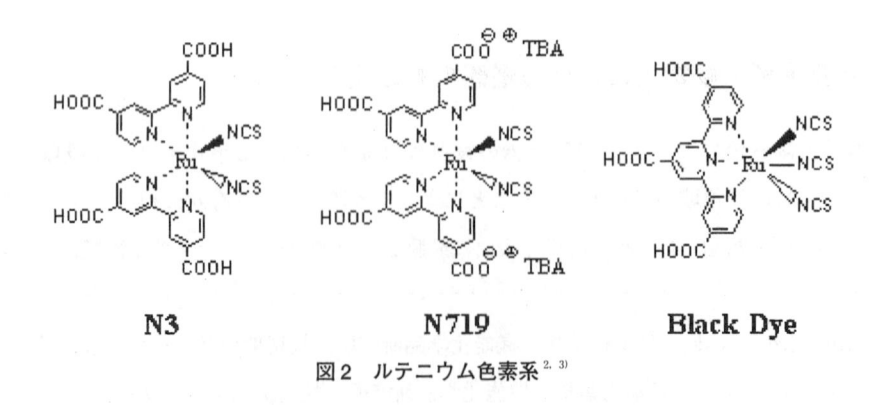

図2 ルテニウム色素系[2, 3]

第11章　有機色素を用いた色素増感太陽電池(2)

多様となっており，金属錯体色素としては図2に示されるルテニウム色素系が主に開発されている。

3　アクリル酸系増感色素

冒頭にも述べたように，色素増感太陽電池用増感色素に関しては，グレッツェル教授らの報告から現在に至るまで多くの機関において研究開発が進められてきた。

著者らは，下記図3に示す一連のアクリル酸部位を有する増感色素(アクリル酸系増感色素と呼ぶ)を合成し，それらの物性評価(表1)及び光電変換特性の評価(表2)を行なった。

以上の結果から，アクリル酸系増感色素の光電変換特性は，ルテニウム色素系(N719)には及

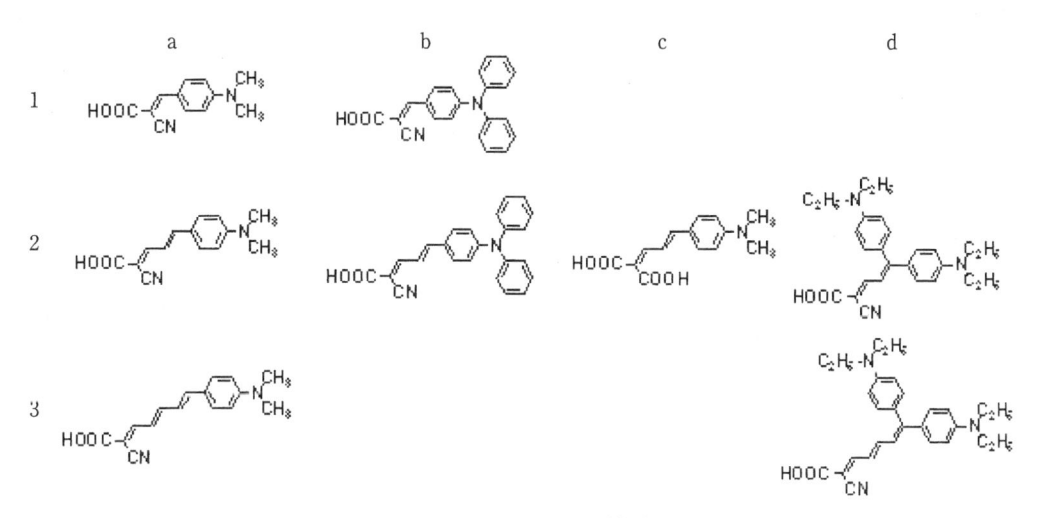

図3　アクリル酸系増感色素

表1　アクリル酸系増感色素の物性評価

Dye	λ_{max}(nm)*	ε_{max}(M^{-1}·cm^{-1})*	$\lambda_{ex.}$(nm)*	$\lambda_{em.}$(nm)*	E_{0-0}(eV)	$E_{ox.}$(eV)(Vvs.NHE)
1a	378	37000	387	450	2.99	1.36
1b	356	33800	417	550	2.65	1.41
2a	412	30000	431	535	2.62	1.19
2b	417	25000	417	548	2.57	1.44
2c	416	13900	425	542	2.59	1.06
2d	466	33700	529	557	2.42	1.19
3a	434	30500	510	658	2.27	1.00
3b	513	41500	538	643	2.15	0.95

*Measured in EtOH. $E_{0-0} = 1240/0.5(\lambda_{max} + \lambda_{em})$

表2 アクリル酸系増感色素の光電変換特性の評価

ソーラロニクス社製ペースト(Ti-nanoxide T)使用

Dye	Area/cm^2	J_{sc}/mA·cm^{-2}	V_{oc}/V	FF	η/%
1a	0.409	4.3	0.79	0.65	2.2
1b	0.395	6.3	0.77	0.67	3.3
2a	0.486	8.7	0.73	0.72	4.7
2a*	0.25	10.4	0.71	0.74	5.5
2b	0.403	11.1	0.73	0.66	5.3
N719	0.426	15.7	0.74	0.67	7.7

*文献4)より引用

日本アエロジル社製(P25)使用

Dye	Area/cm^2	J_{sc}/mA·cm^{-2}	V_{oc}/V	FF	η/%
1a	0.27	5.6	0.72	0.61	2.4
1b	0.14	7.2	0.67	0.63	3.0
2a	0.16	9.9	0.70	0.57	4.0
2b	0.14	11.5	0.71	0.62	5.1
2c	0.21	10.7	0.59	0.55	4.1
2d	0.15	10.9	0.65	0.53	3.8
3a	0.17	10.4	0.62	0.56	3.6
3d	0.15	11.9	0.62	0.62	4.6
N719*	0.21	15.1	0.68	0.58	6.0

Electrolyte：0.5 M tetra-n-propyl ammonium iodide. 0.05 M I$_2$ in EC/CH$_3$CN = 6/4

*Electorolyte：0.6 M 1,2-dimethyl-3-propylimidazolium iodide, 0.1 M LiI, 0.1 M I$_2$ and M 4-*tert*-buthylpyridine in methoxyacetonitrile

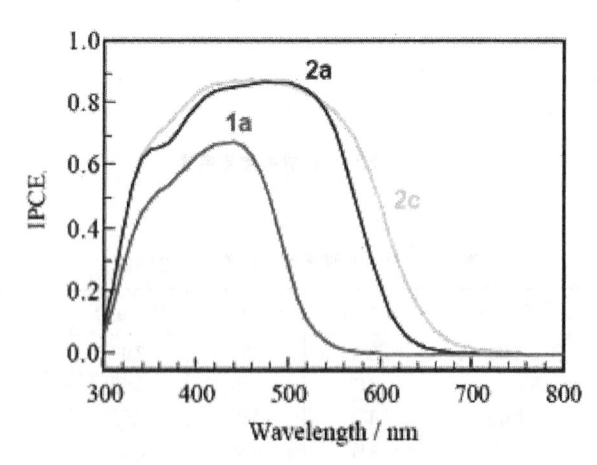

図4 アクリル酸系増感色素のIPCE

ばないものの，比較的良好な特性を有することが示された。

図4に示す照射単色光電変換効率(IPCE)スペクトルは，各アクリル酸系増感色素担持酸化チ

第11章 有機色素を用いた色素増感太陽電池(2)

タン薄膜の吸収スペクトル形状にほぼ一致し，吸光度の高い短波長領域のIPCEは0.8に達していることから，アクリル酸系増感色素が効率良い色素増感電子注入を起こす優れた増感色素であることが明らかとなった。

4 アクリル酸系増感色素から酸化チタンへの電子注入速度

アクリル酸系増感色素が酸化チタンへの電子注入に優れていることを前節で述べたが，本節では，その電子注入速度についての検証について記載する。

図5に示す中赤外(mid-IR)フェムト秒ポンプ及びプローブスペクトロメーターを用い，酸化チタン中の電子の赤外領域の過渡吸光度変化から解析した。

結果，図6に示すように，アクリル酸系増感色素(1a)が酸化チタンへの非常に早い電子注入速

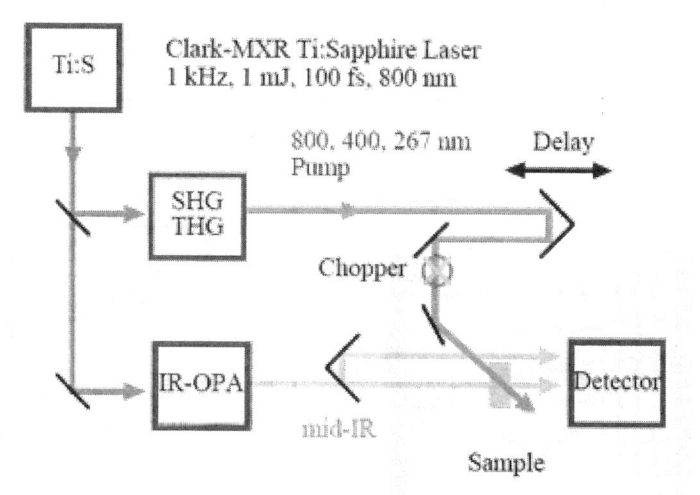

図5 赤外過渡吸収経路図

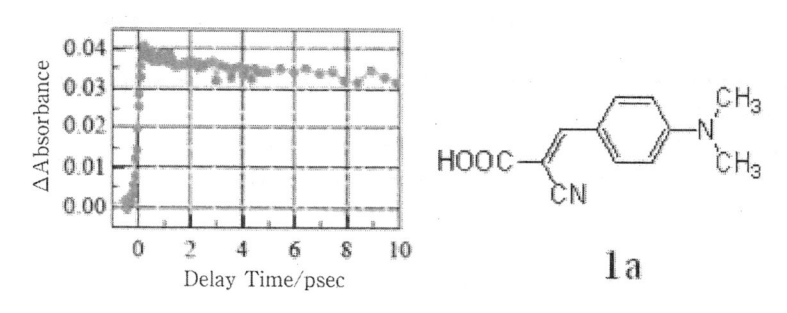

図6 アクリル酸系増感色素(1a)とその電子注入速度グラフ

度(＜100フェムト秒)を有していることが明らかとなった[5]。

これは，アクリル酸(カルボキシル基置換の二重結合)部位が，電子ドナーとなる N,N-ジメチルアニリンの置換アミンに対しp位に位置していることから，良好なドナー・アクセプター連結分子となり，光増感によって励起された電子がスムーズに酸化チタンに注入されているためと考えられる。

増感色素から酸化チタンへの電子注入速度が速いことは，太陽電池内部における一連の酸化還元系において，酸化チタンから増感色素への逆電子移動を防ぐという意味からも重要であると考えられ，これは色素増感太陽電池の光電変換特性向上のみならず，増感色素の耐久性向上につながるものと推察される。

5 高分子増感色素を用いた色素増感太陽電池

色素増感太陽電池用増感色素は，これまで主に単分子において検討されてきたが，本節では，新たに高分子化した増感色素について検討を行ったので記載する。図7に示すようなポリチオフェンの側鎖部分にメチルカルボキシ基を導入した高分子色素を合成した。この高分子色素を単

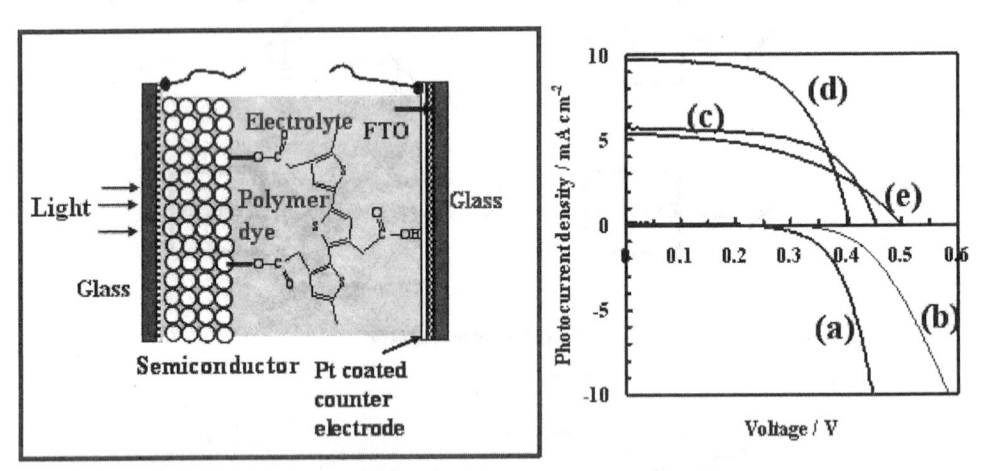

*. Dark and photocurrent –voltage (I-V) curves of 3PTAA sensitized photocells with (I_3^-/I^-) electrolyte.
(a)Dark I-V of TiO_2/P3TAA (b) Dark I-V of SnO_2-ZnO/P3TAA
(c) Photo I-V of TiO_2 without MHImI and (d) with MHImI
(e) Photocurrent I-V of SnO_2-ZnO with MHemI.
TiO_2 (~ 7 μm) cell
J_{sc} ~ 9.76 mA cm^{-2}, V_{oc} ~ 400 mV, FF = 0.61, η ~ 2.4%

図7 ポリチオフェン増感色素の模式図と光電変換特性

第11章　有機色素を用いた色素増感太陽電池(2)

分子の場合と同様に，酸化チタンナノ粒子膜に吸着させ，その光電変換特性について評価を行った。

　上記結果より，高分子増感色素を用いた場合も比較的良好な光電変換特性が得られ，色素増感太陽電池用増感色素が分子量の制約を受けないことを意味しており，構造から見た増感色素開発領域の広がりも推察される。また，将来予想される全固体化の色素増感太陽電池用増感色素としても注目される。

6　おわりに

　太陽電池市場はアジア地域を中心に急増が予測されており，無害でかつ資源的制約が少ない色素増感太陽電池開発に注目が集まっている。特に，レアメタルであるルテニウムを使用しない優れた増感色素の開発は重要である。また，用途開発に合わせた増感色素開発についても今後さらに期待されるところである。

文　献

1) B. O' Regan and M. Gratzel, *Nature*, **353**, 737(1991)
2) M. K. Nazeeruddin, A. Kay, I. Rodicio, R. Humphry-Baker, E. Muller, P. Liska, N. Vlachopoulos, M. Gratzel, *J. Am. Chem. Soc.*, **115**, 6382(1993)
3) M. K. Nazeeruddin, P. Pechy, M. Gratzel, *J. Chem. Soc., Chem. Commun.*, 1075(1997)
4) K. Hara, *et al.*, *Chem. Commun.*, 253(2003)
5) 北村隆之ら，電気化学会2003春季大会講演要旨集，3, p.35(2003)

第12章　色素増感太陽電池電解質としての
　　　　　イオン液体

片伯部貫[*1]，川野竜司[*2]，渡邉正義[*3]

1　はじめに

　色素増感太陽電池が実用可能な変換効率を達成した最も重要な点は，単位体積当たりの表面積が非常に大きい半導体電極の利用にある。これまでこの光アノード電極の研究が盛んに行われて来ており，その結果その電子移動メカニズムの詳細が明らかになってきた(図1)。現在，研究の重点は色素増感太陽電池の耐久性に移行しつつあり，特にそれに深くかかわる電解質部分の解析・性能向上が強く求められている。太陽電池は，直接の太陽光照射によりセル温度は80 ℃近くに達することもあり，電解質の揮発は重大な問題である。さらに，液体の有機溶媒は液漏れの際，発火する等の安全性の問題も含んでいる。そのため従来色素増感太陽電池の溶媒として用いられていた有機溶媒から難揮発性・難燃性であるイオン液体に置き換える試みがなされている[1〜3]。このイオン液体は，従来の液体の概念を覆す新規の液体として基礎物性から応用展開の可能性が検

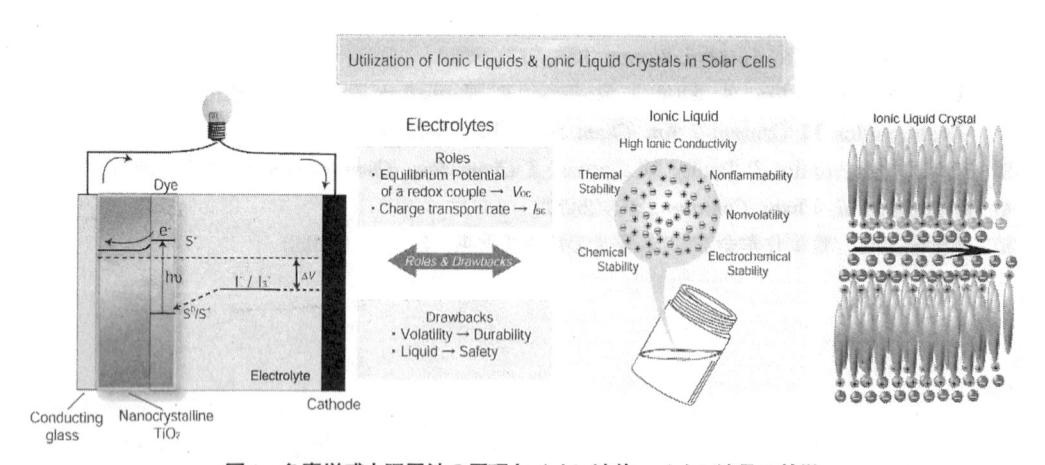

図1　色素増感太陽電池の原理とイオン液体，イオン液晶の特徴

---

*1　Toru Katakabe　横浜国立大学　大学院工学研究院
*2　Ryuji Kawano　横浜国立大学　大学院工学研究院
*3　Masayoshi Watanabe　横浜国立大学　大学院工学研究院　教授

第 12 章　色素増感太陽電池電解質としてのイオン液体

討されている[4~9]。さらにイオン液体を用いた様々な太陽電池電解質設計も考えられている。イオン液体の難揮発性・難燃性の特徴を生かしつつ電解質内部の次元制御が可能なイオン液晶[10, 11]，シリカ，酸化チタンといったナノ粒子をイオン液体中に添加した高性能を維持しつつ電解質の固体化を可能にするナノゲル[12~14]，固体状態でありながら高いイオン伝導性が期待されるプラスチッククリスタル電解質[15, 16]，イオン液体構造を有するポリマーを用いた完全固体型電解質などである。したがってイオン液体に関する知見は，イオン液体を用いた電解質設計の基礎として重要な役割を果たす。

　イオン液体は汎用有機溶媒と比較すると粘性率が著しく高く，電解質中のヨウ素レドックスカップルの拡散が太陽電池性能に大きな影響を及ぼす。そこで本章では，まずイオン液体中でのヨウ素レドックスカップルの拡散挙動と太陽電池特性に触れ，次に，イオン液晶電解質を用いた電解質内部への配向性導入による性能の向上の取り組みについて述べる(図1)。

2　イオン液体中のヨウ素レドックスカップルの電荷輸送機構

　イオン液体は汎用有機溶媒と比較して粘性率が高いにもかかわらず，これを溶媒に用いた色素増感太陽電池では，比較的大きな電流値が得られることが報告されている[17]。このことを詳細に解析するため，定常応答を得やすく，電位や電流値の解析が容易等の利点を有する微小電極を用いて，イオン液体中のヨウ素レドックスカップルのサイクリックボルタンメトリー(CV)を行った[18]。イオン液体として EMImTFSI(1-ethyl-3-methylimidazolium bis(trifluoromethane sulfone)imide)を用いた。ヨウ素レドックスカップルとして EMImI(1-ethyl-3-methylimidazolium iodide)に I_2 を所定の組成比で混合した。組成比は，[I^-]：[I_2] 1：0(I^-単独)，1：1(I_3^-単独)，1.5：1，2：1，3：1，4：1，6：1，8：1，10：1 濃度は[I^-]＋[I_3^-]が 0.1 M～1.0 M の間で調整した。得られるボルタモグラムの例を図2に示す。[I^-]：[I_2]が1：1の場合，つまり，I_3^-単独の場合，I_3^-の酸化反応と還元反応が見られたのに対し，[I^-]：[I_2]が4：1の場合，つまり，系中に I^- と I_3^- が共存した場合は，I^- が酸化される反応も観察できた。太陽電池電解質で生じている反応 $I_3^- + 2e^- \longrightarrow 3I^-$ と $3I^- \longrightarrow I_3^- + 2e^-$ の反応に注目して拡散限界電流値の濃度依存性の解析を行った。結果を図3に示す。横軸がレドックスカップル濃度の和，縦軸が微小電極より得られた拡散限界電流値を示す。I^- は，3分子で2電子を与え1分子の I_3^- に変わる反応なので 1/3[I^-]とした。図3より，ヨウ素レドックスカップル濃度増加に対して直線的に電流が増加している組成・濃度と二次曲線的に電流が増加している組成・濃度が存在することがわかる。この二つの異なる挙動について以下のような考察ができる。微小電極を用いた際得られる拡散限界電流値について，以下の理論式が成立する。

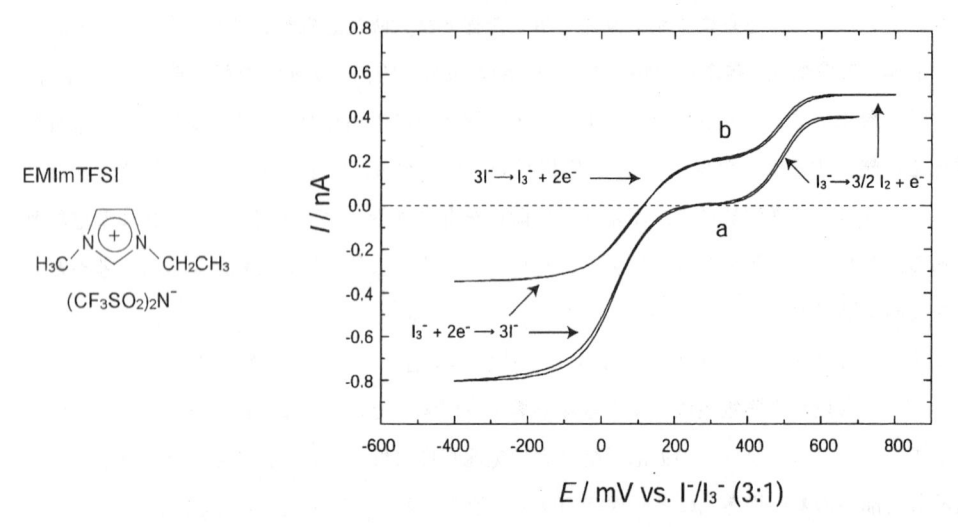

図2 微小電極を用いたイオン液体中でのヨウ素レドックス対のサイクリックボルタモグラム
a：[I$^-$]：[I$_2$] = 1：1, b：[I$^-$]：[I$_2$] = 4：1, 走査速度2 mV/s, 電極半径：6.0 μm

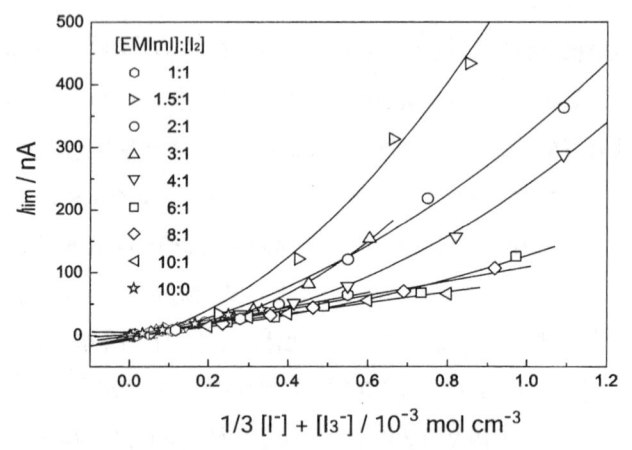

図3 ヨウ素レドックスカップル濃度と限界電流値の関係

$$I_{lim} = 4nFD_{app}rc \tag{1}$$

（n：反応電子数　F：ファラデー定数　D_{app}：見かけの拡散係数　r：電極半径　c：レドックスカップル濃度）

ここで，見かけの拡散係数 D_{app} はレドックス種自身が電極へ移動することに起因する物理的拡散係数 D_{phys} とレドックスカップル同士が電荷を受け渡す（I$^-$ + I$_3^-$ ⟶ I$^-$⋯I$_2$⋯I$^-$ ⟶ I$_3^-$ + I$^-$）ことに起因する交換反応拡散係数 D_{ex} の和と書ける。したがって，

$$D_{app} = D_{phys} + D_{ex} \tag{2}$$

第12章 色素増感太陽電池電解質としてのイオン液体

が成立する。ここで，D_{ex} に関して交換反応に関する理論式である Dahms-Ruff 式 [19~21] を適用すると，

$$D_{app} = D_{phys} + 1/6\, k_{ex}\, \delta^2 c \tag{3}$$

k_{ex}：交換反応速度定数 δ：交換反応を起こすときのレドックスカップルの中心間距離

(3)式を(1)式に代入することによって次に示す式が得られる。

$$I_{lim} = 4nFr(D_{phys}c + 1/6k_{ex}\,\delta^2 c^2) \tag{4}$$

拡散限界電流値は，交換反応が生じる系（$k_{ex} \neq 0$）では，濃度の2次式となり，交換反応が生じない系（$k_{ex} = 0$）では，濃度の1次式になることがわかる。(4)式を用いて図3の結果にフィッティングさせることで，交換反応による拡散係数と物理的拡散係数を見積もることも行われている。I^- と I_2 の混合比が接近しかつ高濃度のとき交換反応による拡散が物理的拡散の3倍以上となり，粘性率が高いにもかかわらず迅速な電荷輸送が起こることが明らかにされている[18]。

3 ヨウ素レドックスカップルの交換反応の溶媒種依存性と太陽電池セル性能に与える影響

イオン液体中でのヨウ素レドックスカップル間の交換反応の存在が，イオン液体を溶媒に用いた色素増感太陽電池の比較的大きな電流値の原因であるとすると，イオン液体中でヨウ素レドックスカップルの交換反応が起こりやすい理由を理解する必要がある。一方，粘性率が高い溶媒中ではヨウ素レドックスカップルは，動きづらいため物理的拡散は小さくなり，その結果として交換反応による拡散が顕著になったと考えることもできる。そこで，ヨウ素レドックスカップルの交換反応の起こりやすさを，類似した粘性率を持つイオン液体と分子性溶媒中で比較した。イオン液体は，EMImTFSI，分子性溶媒は EMImTFSI（27mPas（30℃））と同等の粘度を有する PEGDE (polyethylene glycol dimethylether) (19 mPas（30℃）) を用いた。ヨウ素レドックスカップルは EMImI（1-ethyl-3-methylimidazolium iodide）に I_2 を所定の組成比で混合したものを用いた。組成比は，$[I^-]:[I_3^-] = 1.5:1$，$4:1$ 濃度は$[I^-]+[I_3^-]$ が 0.1M-1.5M の間で調整した。得られた EMImTFSI 中と PEGDE 中の限界電流値を(1)式に基づいて拡散係数に変換し，それを縦軸にとったものが図4である。PEGDE の場合は，ヨウ素レドックスカップルの拡散係数が，濃度の増加に対して一定あるいは若干減少した。一方，EMImTFSI の場合は，ヨウ素レドックスカップルの濃度の増加に対応して拡散係数が増加していることがわかる。

(3)式から，系中でレドックスカップルの交換反応が生じる場合，レドックスカップルの濃度の増加に比例して D_{app} が増加するが，交換反応が生じない場合，D_{app} は D_{phys} と一致し，濃度に影響されない。つまり類似の粘性率をもつ溶媒中でも，ヨウ素レドックスカップルは，分子性溶媒

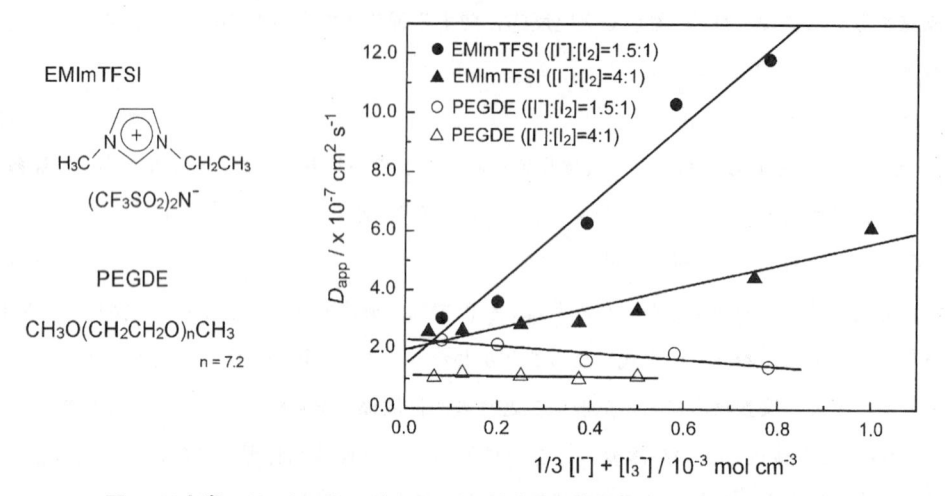

図4 ヨウ素レドックスカップルのイオン液体中と有機溶媒中での拡散係数特性

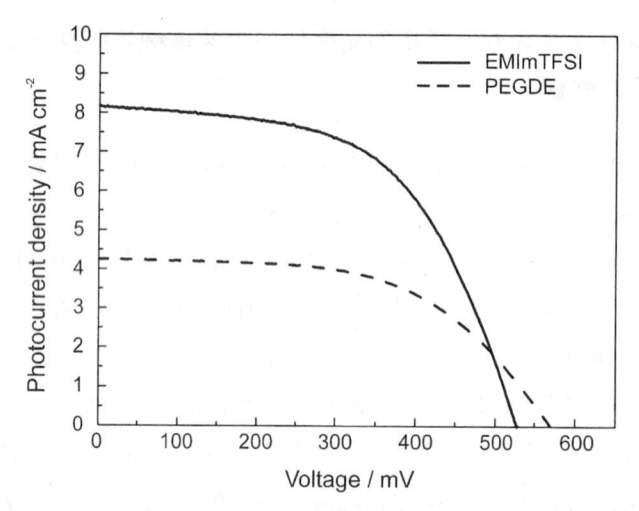

図5 EMImTFSI と PEGDE を用いた場合の色素増感太陽電池 I–V 曲線
(セル構成：測定条件 AM 1.5, 100 mWcm^{-2}, 電極面積 9 mm × 5 mm；TiO$_2$ 多孔膜 Solaronix T, 色素 N3, 電解液 (1) EMImTFSI 系；1.0M EMImI, 0.25M I$_2$ (2) PEGDE 系 1.0M EMImI, 0.25M I$_2$)

中では，交換反応を起こさないのに対し，イオン液体中では交換反応を起こすことが分かる。このことは，イオン液体が従来の溶媒とは異なる特異性を示す重要な証拠のひとつである。

EMImTFSI と PEGDE を溶媒として用いた太陽電池特性を図5に示す。EMImTFSI と PEGDE は，同等の粘度の溶媒を用いているにもかかわらず，EMImTFSI をもちいた場合に約2倍の電流値が得られている。これは，イオン液体中での交換反応に起因した結果と考えている。

イオン液体中でのみ，このような特異的な現象を観察できるのは，イオン液体の本質的特徴

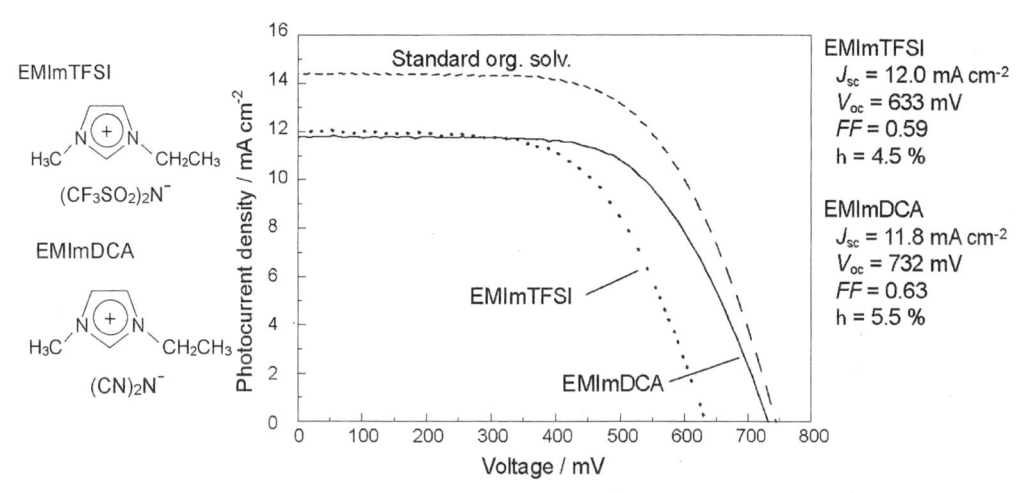

第12章　色素増感太陽電池電解質としてのイオン液体

図6　イオン液体と有機溶媒での太陽電池性能の比較
(セル構成：測定条件 AM 1.5, 100 mWcm^{-2}, 電極面積 9 mm × 5 mm, TiO$_2$多孔膜 Solaronix T, 色素 N$_3$, 電解液 (1)EMImTFSI系　1.5M EMImI, 0.1M LiI, 0.15M I$_2$, 0.5M t-ブチルピリジン (2)EMImDCA系；2.0M EMImI, 0.5M LiI, 0.2M I$_2$, 1.0M t-ブチルピリジン (3)有機電解液系；溶媒 methoxyacetonitlire 0.3M DMPImI, 0.1M LiI, 0.05M I$_2$, 0.5M t-ブチルピリジン)

である高イオン雰囲気に起因する可能性が高い。すなわちヨウ素レドックスカップル間の交換反応は，I$^-$とI$_3^-$間のような負荷電種同士の反応であることから静電反発が大きいが，イオン液体中ではイオン液体の高いイオン雰囲気が静電遮蔽する可能性がある。これにより，負電荷を有するイオン同士が接近し電荷のやり取りを促すと考えられる[22]。

4　イオン液体を用いた色素増感太陽電池性能

我々は，dicyanoamide(DCA)アニオンのイオン液体を電解質に用いて100mW/cm^{2}の太陽光照射強度条件下で，5.5％と高い変換効率を報告した(図6)。これは，有機溶媒を用いた場合の約80％以上の出力である[23]。さらに現在は，6％以上の高い変換効率を達成している。Grätzelらのグループもイオン液体を用いて良好な性能を得た報告を行っている[24,25]。さらにイオン液体電解質を用いたセルの耐久性試験の結果，60℃の高温条件下で一ヶ月後の性能低下が10％以内という良好なセル耐久性を有するイオン液体電解質色素増感太陽電池を報告している[26]。

5　イオン液晶電解質の色素増感太陽電池への適用

イオン液体中でのみ確認されたヨウ素レドックスカップルの交換反応を積極的に利用し，迅速

色素増感太陽電池の最新技術Ⅱ

な拡散を実現するには，ヨウ素レドックスカップルの濃度の増大が必要である(図3)。しかし太陽電池性能の向上のため，電解質中のヨウ素レドックスカップル濃度を増大させることは，マイナスの効果を生む。ヨウ素レドックスカップル濃度増加は I_3^- の強い光吸収により色素の光励起を阻害し，また酸化チタンからヨウ素レドックスカップルへの逆電子移動が増す。したがって電解質中の拡散促進による太陽電池性能向上の方法論のひとつは，ヨウ素レドックスカップルの総濃度を増加させずに，ヨウ素レドックスカップルの拡散パスを構築することである。我々のグループは，イオン液体電解質中で確認されたヨウ素レドックスカップルの交換反応を有効に利用するために電解質の構造設計を検討した。そこで，イオン液体と同様にカチオンとアニオンのイオンのみから形成し，かつ配向性を有するイオン液晶に注目した。

加藤らのグループは，剛直分子と poly(ethylene oxide) (PEO) スペーサーを組み合わせたモノマーを重合することで，液晶性を有したイオン液晶ポリマーを合成することに成功しており，またこのイオン液晶ポリマー中のイオン導電率も求めている。一般に導電率はアレニウスの関係式等から導かれるように温度上昇とともに増加する。しかし，このイオン液晶ポリマーは，温度が高い等方性液体状態よりも温度の低い液晶状態でより高い導電率を示すことを見いだしている[27]。これは電解質の次元を制御することがイオン輸送に有効に働いた例である。また，アルキル鎖長の長いイミダゾリウムカチオン塩は，多くのアニオンとイオン液晶を形成することが知られており，その中には，室温付近に液晶相を示すものも報告されている[28〜30]。我々は炭素数11と12のアルキル鎖長を持つイミダゾリウムカチオンに I^- を組み合わせた $C_{11}MImI$，$C_{12}MImI$ に注目した。まず示査走査熱量計(DSC)により相転移挙動を確認した。$C_{11}MImI$ は液晶状態を示さなかったのに対し，$C_{12}MImI$ は，80℃に等方性液体からスメクチック液晶へと相転移し，イオン液晶状態を示した。また I_2 添加時，$C_{11}MImI/I_2$ の融点は37℃に現れたのに対し，$C_{12}MImI/I_2$ のスメクチックA(S_A)相は，27℃から45℃の間に現れた。つまりこの液晶相は，わずかなアルキル鎖長の違いによって現れ，I_2 添加によってもその液晶性は保持された。$C_{11}MImI/I_2$ と $C_{12}MImI/I_2$ が共に液体状態である50℃での粘性率は，それぞれ236cP，563cPであった。つまり $C_{12}MImI/I_2$ は2倍もの大きな粘性を有することから，その中でのヨウ素レドックスカップルの拡散は小さくなり，太陽電池電流値は減少することが予想された。しかし40℃において，CV測定により I_3^- の拡散係数を測定したところ，その値はそれぞれ $4.2 \times 10^{-8} cm^2/s$ ($C_{12}MImI/I_2$)，$3.2 \times 10^{-8} cm^2/s$ ($C_{11}MImI/I_2$) となり，液体状態での粘性率の大きな $C_{12}MImI/I_2$ 電解質の方が液晶状態で大きい拡散係数を有することが明らかとなった。また40℃，A.M.1.5の測定条件で行った太陽電池試験で，$C_{12}MImI/I_2$ 電解質を用いたセルは，より粘性率の低い $C_{11}MImI/I_2$ 電解質を用いたセルより大きな電流値を示し，変換効率の向上が見られた。このことから I_3^- の拡散係数と太陽電池の電流値は，イオン液晶状態でより増大することが分かった。

第12章 色素増感太陽電池電解質としてのイオン液体

この不思議な現象を詳細に検討するため,相互侵入くし型電極を用いて導電率の検討を行った。導電率測定電極の模式図を図7に示す。S_A 相に垂直な方向の導電率($\sigma_{i\perp}$)は,透明導電性ガラスを張り合わせその間に電解質を注入したセルを用いた。この垂直配向セルはガラス面に沿って液晶が配向し,電極と垂直に交わることになる。一方,S_A 相に平行な方向の導電率($\sigma_{i\parallel}$)の測定は,相互侵入くし型電極付ガラスセルを用い,このセルは液晶がガラス面に沿って配向するために電極間にイオンの導電パスが形成されることが報告されている。

結果を図8に示す。図内側に示すように $C_{11}MImI/I_2$ は温度とともに導電率が上昇した。

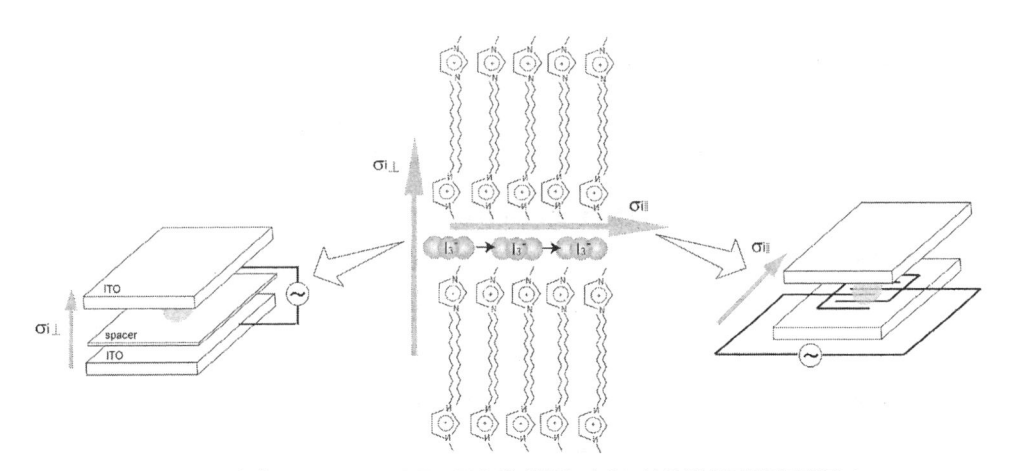

図7 イミダゾリウムイオン液晶の配向模式図とイオン液晶測定用導電率測定セル

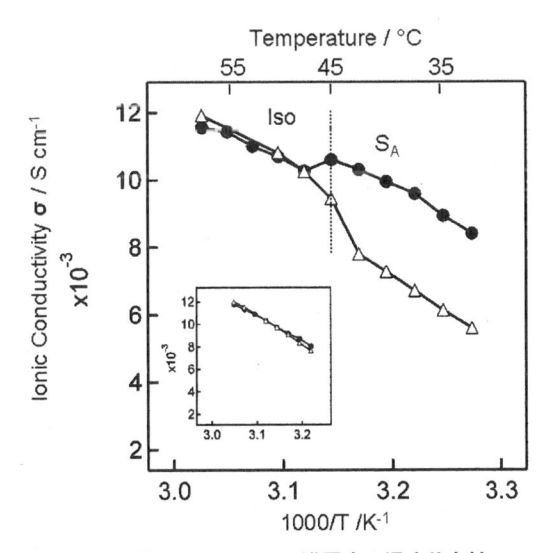

図8 $C_{12}MImI/I_2$ の導電率の温度依存性
Inset:$C_{11}MImI/I_2$ の導電率の温度依存性

$C_{11}MImI/I_2$電解質は均一であり,異方性は現れていないことがわかる。一方,$C_{12}MImI/I_2$は,等方性液体を形成する45℃以上においてその導電率に違いはない。しかし45℃以下の温度域であるS_A相において,$\sigma_\parallel$が$\sigma_\perp$より大きな値を示すことがわかる。このことは液晶相の発現により,ヨウ素レドックスカップルの速い電荷輸送を促すイオンの導電パスの異方性を生み出したことを意味する。さらに$C_{12}MImI/I_2$は,相転移温度である45℃前後で液晶形成時の$\sigma_\parallel$が液体形成時の$\sigma_\parallel$より高いことがわかる。これは液晶発現による導電パスの構築によりイオン伝導性が高まり,温度上昇による導電率増大効果より大きくなったことを意味する。液晶状態を示す$C_{12}MImI/I_2$と液晶状態を示さない$C_{11}MImI/I_2$の比較,$C_{12}MImI/I_2$における液晶状態の温度域と等方性液体の温度域の比較,そして液晶配向に沿った向きと垂直な向きの比較により,液晶相の発現と液晶配向の向きが,導電率の増大をもたらすことが明らかとなった。

以上より,液晶状態の$C_{12}MImI/I_2$の拡散係数,太陽電池電流値が,等方性液体の$C_{11}MImI/I_2$の拡散係数,太陽電池電流値より大きくなったことを以下のように説明することができる。ヨウ素レドックスカップルが電解質中を物理拡散のみで拡散するモデルより,ヨウ素レドックスカップルの電荷交換反応による高速電荷輸送を考慮に入れたモデルのほうがより合理的である。電解質中にアルキル鎖同士が凝集した部分とイミダゾリウムカチオン同士が凝集した部分があるとすると,ヨウ素レドックスはアニオンであるのでイミダゾリウムカチオンの近傍に存在すると考えられる。この場合ヨウ素レドックスカップルは,電解質の液晶相の中でその局所濃度を高めている可能性が高い。ヨウ素レドックスの交換反応は,その濃度が高い場合に増加することが分かっており(図3),イオン液晶電解質中でその局所濃度が増大することにより,交換反応を促進していると考えられる。このように,$C_{12}MImI/I_2$のような電解質でイオンの移動を促すような構造を作るイオン液晶電解質は,ヨウ素レドックスカップルの交換反応による速い拡散機構を有効に利用している可能性が高いといえる[10]。このようにイオン液体はカチオンとアニオンを自由に組合せることにより,合目的な構造の設計が可能であることからTask-specific ionic liquidsとも呼ばれており[31~33],これから色素増感太陽電池に適した新しいイオン液体の創製が望まれる。

謝辞

イオン液晶を用いた研究は,阪大院工 柳田祥三教授のグループと共同で行われたものである。特にイオン液晶の実験に関しては山中紀代氏(現新日本石油)に依るところが大きく,ここに記して謝意を表する。また本研究は,経済産業省のもと,新エネルギー・産業技術総合開発機構(NEDO)から委託され,実施したもので関係各位に感謝する。

第12章 色素増感太陽電池電解質としてのイオン液体

文　献

1) H. Matsumoto, T. Matsuda, T. Tsuda, R. Hagiwara, Y. Ito, Y. Miyazaki, *Chem. Lett.*, 26-27, (2001)
2) W. Kubo, S. Kambe, S. Nakade, T. Kitamura, K. Hagiwara, Y. Wada, S. Yanagida, *J. Phys. Chem. B.*, **107**, 4374-4381, (2003)
3) E. Stathatos, R. Lianos, S. M.. Zakeeruddin, P. Liska, M. Grätzel *Chem. Mater.*, **15**, 1825-1829, (2003)
4) M. A. B. H. Susan, T. Kaneko, A. Noda, M. Watanabe, *J. Am. Chem. Soc.*, **127**, 4976-4983, (2005)
5) A. Noda, K. Hayamizu, M. Watanabe, *J. Phys. Chem. B.*, **105**, 4603-4610, (2001)
6) H. Tokuda, K. Hayamizu, K. Ishii, M. A. B. H. Susan, M. Watanabe, *J. Phys. Chem. B.*, **108**, 16593-16600, (2004)
7) H. Tokuda, K. Hayamizu, K. Ishii, M. A. B. H. Susan, M.Watanabe, *J. Phys. Chem. B.*, **109**, 6103-6110, (2005)
8) H. Tokuda, K. Hayamizu, K. Ishii, M. A. B. H. Susan, M. Watanabe, *J. Phys. Chem. B.*, **110**, 2833-2839, (2006)
9) S. Tsuzuki, H, Tokuda, K. Hayamizu, M. Watanabe, *J. Phys. Chem. B.*, **109**, 16474-16481, (2005)
10) N. Yamanaka, R. Kawano, W. Kubo, T. Kitamura, Y. Wada, M. Watanabe, S. Yanagida, *Chem. Commun.*, 740-742, (2005)
11) K. Binnemans, *Chem. Rev.*, **105**, 4148-4204, (2005)
12) H. Usui, H. Matsui, N. Tanabe, S. Yanagida, *J. Photochem. Photobio. A: Chem.*, **164**, 97-101, (2004)
13) T. Kato, A. Okazaki, S. Hayase, *Chem. Commun.*, 363-365, (2005)
14) T. Kato, T. Kado, S. Tanaka, A. Okazaki, S. Hayase, *J. Electrochem. Soc.*, **153**, A626-A630, (2006)
15) Q. Dai, D. R. MacFarlane, C. P. Howlett and M. Forsyth, *Angew. Chem. Int. Ed.*, **44**, 313-316, (2005)
16) P. Wang, Q. Dai, S. M. Zakeeruddin, M. Forsyth, D. R. MacFarlane, M. Grätzel, *J. Am. Chem. Soc.*, **126**, 13590-13591, (2004)
17) N. Papageorgiou, Y. Athanassov, M. Armand, P. Bonhôte, H. Pettersson, A. Azam, M. Grätzel, *J. Electrochem. Soc.*, **143**, 3099-4005, (1996)
18) R. Kawano and M. Watanabe, *Chem. Commun.*, 330-331, (2003)
19) H. Dahms, *J. Phys. Chem.*, **72**, 362-364, (1968)
20) I. Ruff and L. Botar, *J. Chem. Phys.*, **83**, 1292-1297, (1985)
21) I. Ruff, V. J. Friedrich, K. Demeter, K. Csillag, *J. Phys. Chem.*, **75**, 3303-3309, (1971)
22) R. Kawano and M. Watanabe, *Chem. Commun.*, 2107-2109, (2005)
23) R. Kawano, H. Matsui, C. Matsuyama, A. Sato, M. A. B. S. Susan, N. Tanabe and M. Watanabe, *J. Photochem. Photobio. A*, **164**, 87-92, (2004)

24) P. Wang, S. M. Zakeeruddin, J.-E. Moser, M. Grätzel, *J. Phys. Chem. B*, **107**, 13280-13285, (2003)
25) P. Wang, S. M. Zakeeruddin, R. Humphry-Baker, M. Grätzel, *Chem. Mater.* **16**, 2694-2696, (2004)
26) P. Wang, B. Wenger, R. Humphry-Baker, J.-E. Moser, J. Teuscher, W. Kantlehner, J. Mezger, E. V. Stoyanov, S. M. Zakeeruddin, M. Grätzel, *J. Am. Chem. Soc.*, **127**, 6850-6856, (2005)
27) M. Yoshio, T. Kagata, K. Hoshino, T. Mukai, H. Ohno, T. Kato, *J. Am. Chem. Soc.*, **128**, 5570-5577, (2006)
28) C. M. Gorden, J. D. Holbrey, A. R. Kennedy, K. R. Seddon, *J. Mater. Chem.*, **8**, 2627-2636, (1998)
29) J. D. Holbrey and K. R. Seddon, *J. Chem. Soc., Dalton Trans*, 2133-2139, (1999)
30) A. E. Bradley, C. Hardacre, J. D. Holbrey, S. Johmston, S. E. McMath, M. Nieuwenhuyzen, *Chem. Mater.*, **14**, 629-635, (2002)
31) E. D. Bates, R. D. Mayton, I. Ntai, J. H. Jr. Davis, *J. Am. Chem. Soc.*, **124**, 926-927, (2002)
32) J.-f. Liu, G.-b. Jiang, Y.-g. Chi, Y.-q. Cai, Q.-x. Zhou, J.-T. Hu, *Anal. Chem.*, **75**, 5870-5876, (2003)
33) P. Dubois, G. Marchand, G. Fouillet, J. Berthier, T. Douki, F. Hassine, S. Gmouh, M. Vaultier, *Anal. Chem.*, **78**, 4909-4917, (2006)

第13章　色素増感太陽電池のイオン液体ゲルによる擬固体化

早瀬修二[*]

1　はじめに

　色素増感太陽電池(DSC)が次世代太陽電池として注目されている[1~6]。研究開発レベルで10％以上の効率が報告されており，実用化が視野に入ってきたこと，塗布，加熱のプロセスで作製できるため，低コスト化が期待できること，および発電機構が従来の無機半導体型とは全く異なっているために，無機半導体型太陽電池とは異なった使い方，および効率向上手法が使えるという期待感などから，多くの企業，公的研究機関，大学が研究に加わっている。

　DSCの研究開発には高効率化，モジュール化，封止，集電など，今後さらに詰めなければならない項目が多くあるが，電解液の固体化も重要な研究テーマである。本章では，電解液の固体化，特に不揮発性イオン液体を使った擬固体化に関する研究に焦点を絞って紹介する。

2　色素増感太陽電池の発電機構と作製方法

　固体化の問題点を明確にするために，まず色素増感太陽電池の構成，発電メカニズムおよび作製工程を説明する[1]（図1）。

① 色素が太陽光を吸収し励起される。
② 電子がナノポーラスチタニア膜に注入される。
③ 電子がチタニア層を拡散し，電極に達する。
④ 外部回路を通り，対極に達した電子はヨウ素を還元し，ヨウ素イオンとなり電子を運ぶ。
⑤ ヨウ素イオンが拡散し色素に達する。
⑥ ヨウ素イオンが色素に電子を与え，ヨウ素となる。
⑦ ヨウ素は逆に対極に濃度拡散し，電子を受け取る準備をする。

以上の工程を繰り返すことにより，光が照射されている間，電子が循環し続ける。一方⑧　電子が逆に戻るルートを示す。逆電子移動，暗電流，リーク電流と呼ばれ，効率を大きく低下させる。⑧を如何に抑制するかが高効率化の重要な研究開発ポイントとなっている。

＊　Shuzi Hayase　九州工業大学　大学院生命体工学研究科　教授

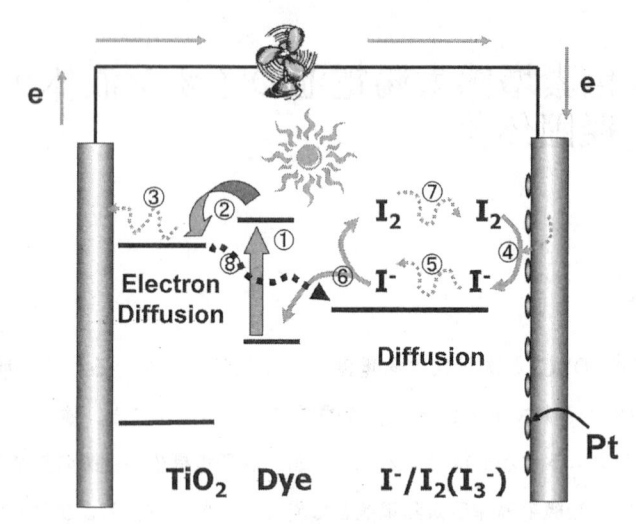

図1　色素増感太陽電池の発電機構

DSCは通常以下のような塗布，加熱工程を主体としたプロセスで作製される。

① 導電性ガラス基板上にチタニアペースト（直径20 nmのチタニア粒子分散液）を塗布（厚み：50ミクロン）
② 上記基板を450℃で加熱し（2時間）有機物を飛散する。ナノ粒子がネッキングし電子の拡散路を作る
③ 0.1％の色素アルコール溶液に浸漬（半日）
④ エタノールで洗浄した後，暗所で乾燥
⑤ 対極と上記チタニア極をハイミランフイルム（三井・デュポンポリケミカル）で接着（130℃）
⑥ 対極とチタニア極の隙間に電解液を注入
⑦ 封止

電解液は液体であるがゆえに，ナノポーラスなチタニア層と対極である電極の間を隙間なく満たし，ナノポーラスチタニア界面で発生する電荷を有効に移動させることができる。電解液を擬固体化する場合には⑥の工程が容易ではない。

擬固体化セルの作製には通常次の二つの方法が取られる。

（A） 液体状のゲル電解質前駆体を⑥工程と同様にセル内に注入した後，化学反応によりセル内で低温固体化させる方法。この場合，ゲル電解質前駆体は低粘度であり，少なくとも室温保存中に粘度上昇がないことが必要である。低粘度であるがゆえに，チタニアナノポーラス膜内部にも電解液前駆体が浸透する[7]。

第13章　色素増感太陽電池のイオン液体ゲルによる擬固体化

(B) シート状のゲル電解質をチタニア電極と対極の間に挿入，または糊状のゲル電解質をチタニア電極上に塗布し，対極を重ねる方法。この場合，既にゲル化している電解質を用いるため，ゲル電解質自身はナノポーラスチタニア内部には浸透しない。ゲル電解質成分である電解液がナノポーラスチタニア層ににじみ出て，ナノポアを電解液で満たす[8~19]。

3　イオン液体型電解液

電解液の問題点は，揮発性溶剤の飛散と電解液の漏れである。揮発性の観点から，不揮発性のイオン導電体であるイオン液体が最も期待されている[7]。図2にイオン液体の代表例を示す。イオン液体の長所は不揮発性電解液で解離度が比較的高い(0.5以上)ことであるが，欠点は粘度が高いためイオンの拡散定数がアセトニトリル溶剤等に比較し1~2桁低いことである(10^{-7} cm^2/s，式(1))。

$$D = RT/6\pi N_a r_a \zeta_a \eta \tag{1}$$

D：拡散定数，T：温度，r_a：イオン半径，ζ_a：局所粘度ファクター，η：粘度

従って，イオン液体を用いた電解液には多くのキャリアを発生させるために，アセトニトリル中の電解液に比較して10倍程度濃度を高くしたヨウ素溶液が使用される(300~500 mm)。ヨウ素の添加量を増やすと，I^-とヨウ素との比で決まるI^-/I_3^-レドックスポテンシャルが正にシフトし電圧が大きくなることや電解液の抵抗が小さくなるなどの長所があるが，逆にチタニア層から電解液(I_3^-)への逆電子移動が大きくなり電圧が低下する(式(2))こと[20]およびヨウ素の大きな可視吸収によりナノポーラスチタニア層への光浸透性が減少するなどの欠点がある。

$$V_{oc} = (kT/e)\cdot\ln(J_{inj}/(n_{cd}\cdot k_{et}\cdot(I_3^-))) \tag{2}$$

k：the Boltzman constant，T：温度，e：エレクトロンチャージ，J_{inj}：注入電子，n_{cd}：ナ

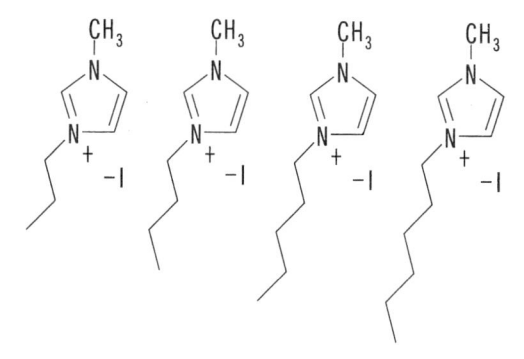

図2　イオン性液体の代表例

タニア表面電子濃度，k_{et}：I_3^-への電子移動定数

現状では欠点が長所を上回っており，アセトニトリル系電解液に対して7割程度の効率（7～8％程度）に留まっている[21]。今後，イオン液体の最適化によりアセトニトリルに匹敵する電解液を開発することが急務である。後述するように，イオン液体型DSCの性能を低下させずに固体化する技術が開発されており，イオン液体型DSCの性能を向上させることが，擬固体DSCの高性能化に直結する。

4 擬固体化について

擬固体DSCは液体電解液とゲル化剤からなる。巨視的にみれば固体であるが，微視的にみれば，液体電荷液がゲル化剤の隙間に保持されており液体としての性質を残している。しかし，擬固体化することによって，通常はI^-，I_3^-の拡散定数が大きく減少する。これはゲル化剤が溶剤やイオン種と相互作用し，レドックス種の拡散を阻害するためである。高い効率の擬固体DSCを作製するためには，擬固体化しても性能を落とさない工夫が必要である。固体化の必要性は，電解液の揮発性と漏れである。揮発性はイオン液体を使用することによって，漏れは擬固体化により防ぐ。これにより固体化と同等の意味を持つ擬固体化が可能となる。我々は，ポリマー系ゲル化剤を相分離させることで，イオン拡散を低下させずに擬固体化することを見出した。以下にゲル化剤の相分離と太陽電池特性に焦点を絞り紹介する。また後述するように，ナノ粒子添加によるソフトゲルの作製も相分離の一種と考えることができる。

4.1 相分離と擬固体化（化学反応性ゲル）

我々はゲル化剤を電解液中で相分離させることにより，ゲル化剤とイオン種の相互作用を低減させ，擬固体化の後でも高い効率を維持できることを報告してきた[7]。この系は，イオン液体を主成分とした電解液（LiI：500 mM，t-butylpyridine：580 mM，I_2：300mM inmethylimidzoliumiodide）（H_2O，5％）にポリビニルピリジン（PVP）とtetra（butylbromomethyl）benzene（B4Br）をゲル化剤として加えた系である。PVPとB4Brが反応し網目状ポリマを形成しイオン液体電解液から均一にミクロ相分離することにより擬固体化する。この相分離が電気化学的に不活性なゲル化剤とI^-/I_3^-との相互作用を低減させ，イオン種の拡散を阻害しない（図3）。このゲル前駆体は低粘度であるため，チタニアナノポアへの高い浸透性を有しており，上述した（A）で作製できる。

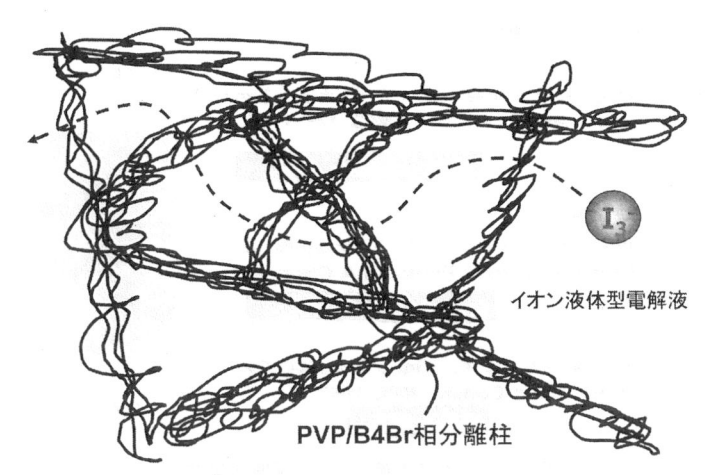

第13章　色素増感太陽電池のイオン液体ゲルによる擬固体化

図3　ゲル化剤相分離型イオン液体ゲル
PVP/B4Brゲル化剤が相分離によりゲルを支える柱となる。
イオン液体はゲル化剤との相互作用無しに拡散できる。

4.2　相分離と擬固体化(ナノ粒子／イオン液体コンポジット)

イオン液体とナノ粒子からなるゲル電解質が報告されている[10〜13]。これはナノ粒子がパーコレーションで形作る網目間にイオン性液体を保持したゲルである(図4)。詳細は別の章で詳細に述べられる。これも考え方によっては，ゲル化剤であるナノ粒子がイオン液体型電解液から相分離した構造である。ナノ粒子を多量に添加すると拡散係数が大きく低下し，光電流が低下するため，ナノ粒子の添加は10％程度に限定される。このため，これらのゲルはソフトなゲルであり，擬固体化後の性能低下が少ないことやナノ粒子と混合することにより容易に作製できるという利点がある。これらのソフトゲルは物理ゲルであり室温でゲル状であるため，80℃に加熱して液体に変化させた後にセル中に注入する方法，またはチタニア基板にゲル電解質を塗布した後に対極を接触させ，セルを組み立てる方法が用いられる。ナノ粒子からなるゲルがポーラスチタニア内部に浸透しているとは考えにくく，チタニアナノポアはイオン液体で満たされていると考えられる(上記(B)タイプ)。6％程度(5 mm × 9 mm)の効率が報告されている[12]。ナノ粒子を添加することにより，効率が向上することが報告されている[12,13]。

ポリエチレングリコールの高分子量成分と低分子量成分を混合したゲルを用いて，4.4％の無溶剤型ゲルが報告されている[14,15]。

4.3　相分離と擬固体化(反応性ナノコンポジット，潜在性ゲル電解質前駆体)

我々は大面積化に有利な潜在性ゲル化剤を報告している[16]。上記の物理ゲルと異なり，化学反応性のゲルである。特徴はゲル電解質前駆体が室温でも低粘度液体という点である。ゲル化剤に

色素増感太陽電池の最新技術 II

○**Poured at 80℃**
P. Wang, S. M. Zakeeruddin, P. Comte, I. Exnar, M. Gratzel, J. Am. Chem. Soc., 2003, 125, 1166
Ionic liquids + SiO$_2$

○**Coating**
H.Usui, H.Matsui, N.Tanabe, S.Yanagida, Journal of Photochemistry & Photobiol.A:Chemistry, 2004, 164, 97
Ionic liquids + TiO$_2$

J.H.Kim, M-S.Kang, Y.J.Kim, J.Won, N-G.Park, Y.S.Kang, Chem.Comm., 2004, 1662
PEG + SiO$_2$

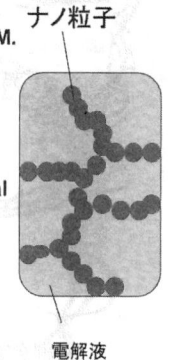

ナノ粒子
電解液

図4　ナノ粒子を使ったゲル電解質型DSC

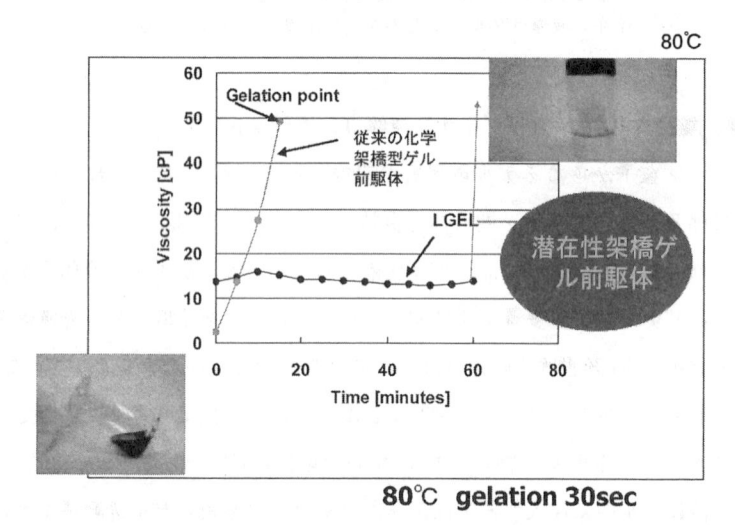

図5　従来の化学架橋型ゲルと潜在性ゲル電解質の粘度変化

工夫があり室温ではまったく反応せず，長時間低粘度で貯蔵できる。ゲル化プロセスは簡単である。ゲル電解質前駆体を室温でセル中に注入する。低粘度で室温では反応しないため，時間がかかる大面積セルでも十分に含浸できる(図5)。その後，80℃に加熱することによってセル中 in-situ で固体化する。反応後，ゲル化剤が均一に相分離する。このため，ゲル化剤がヨウ素の拡散を阻害せず，J$_{sc}$, ff を低下するという悪影響がない。ゲル化剤にはナノ粒子と長鎖ジカルボン酸を使用し，これらの効果でゲル化後の性能がゲル化前よりも向上する。図6に性能の一例を示す[16, 17]。室温でゲル電解質前駆体の貯蔵安定性が長いのは，長鎖カルボン酸がイオン液体の中で自己組織化により相分離して分散した構造をとっており，同じく分散状態にあるナノ粒子表面と

118

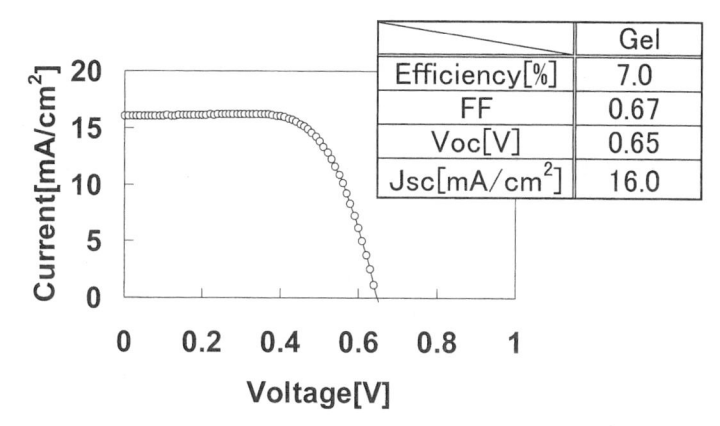

第13章 色素増感太陽電池のイオン液体ゲルによる擬固体化

	Gel
Efficiency[%]	7.0
FF	0.67
Voc[V]	0.65
Jsc[mA/cm^2]	16.0

AM1.5, 1 sun, 5 mm x 5 mm cell, ionic liquid type gel

図6 潜在性ゲル電解質を用いた QDSC の性能

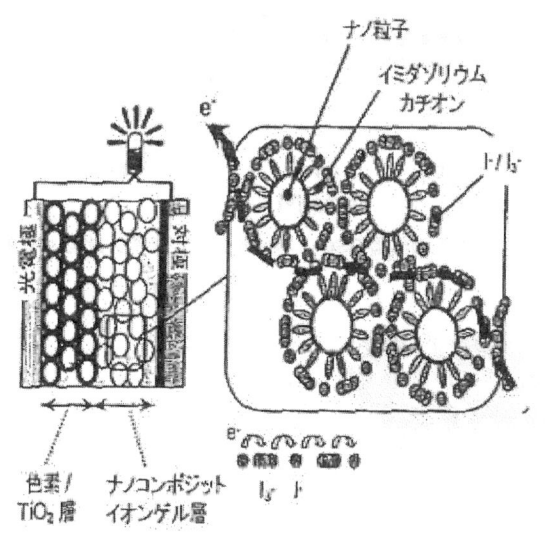

図7 ナノ粒子表面に形成されるイオンパス [12]

は反応しないためである．しかし温度を80℃程度に上げると，長鎖アルキル基の自己組織化が崩れ，長鎖ジカルボン酸はイオン液体に可溶化し，ナノ粒子界面と反応することによりゲル化が起こる．

4.4 粒子ナノ界面をイオンパスとして使用するナノ粒子添加系ソフトゲル電解質

柳田らはナノ粒子界面にヨウ素が吸着し，ナノ粒子界面にイオンパスを作製することによって，ソフトゲルナノコンポジット擬固体電解液中でイオンの拡散が低下しないと報告している

(図 7)[12, 18]。ナノ粒子を添加することにより性能が向上したという報告は多い。詳細は別の章で述べられる。

4.5 粒子界面を自己組織化イミダゾリウムイオンで修飾したハードクレイタイプ電解質―自己組織化によるイオンパスの作製―

上記ソフトゲルは，添加粒子量が10％程度に限定され，それ以上添加すると光電流や，イオン拡散定数が大きく減少する。従って，10％以上のナノ粒子は添加しにくい。一方，我々はナ

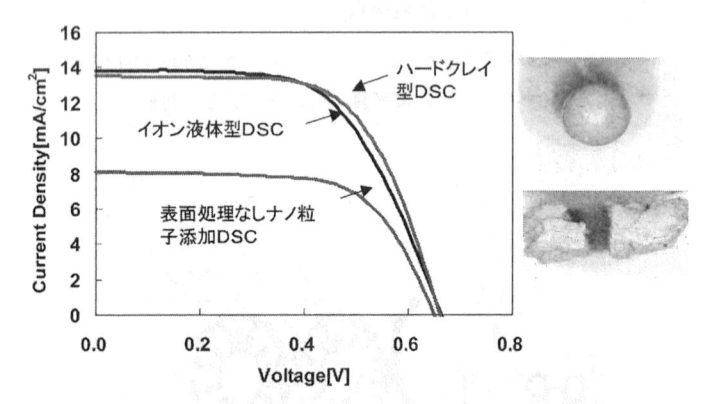

図8 イオン液体型DSCとハードクレイタイプDSCの比較

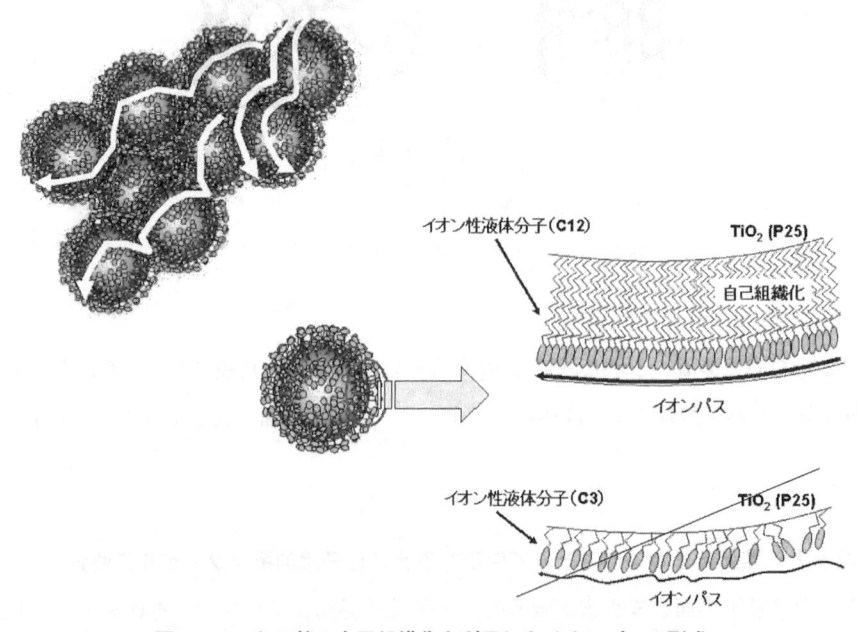

図9 アルキル基の自己組織化を利用したイオンパスの形成

第13章　色素増感太陽電池のイオン液体ゲルによる擬固体化

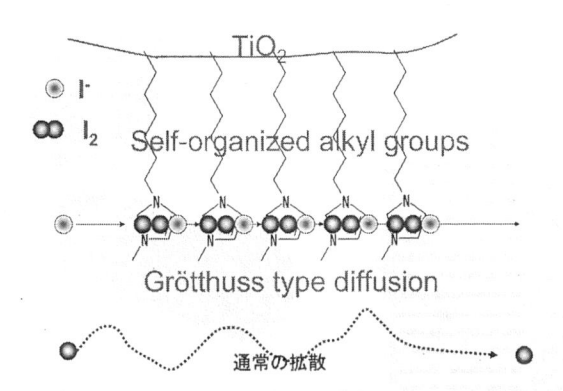

図10　ヨウ素を高濃度に吸着した自己組織化イオンパス界面と固体でも
ヨウ素移動がスムーズに起こる Grötthuss メカニズム

ノ粒子表面を長鎖アルキル基置換イミダゾリウム塩で修飾し，アルキル基の自己組織化により，イミダゾリウム塩に沿ってより強固なヨウ素のイオンパスを作製することに成功した[22]。表面修飾ナノ粒子とイオン液体電解液とを1:1(重量比)に混合し，堅い粘土状にしてもイオン液体電解液型 DSC(液体型)と同等の性能を有する。一方，表面処理していないナノ粒子の場合には，大きく性能が低下する(図8)。ハードクレイタイプで固体により近いゲル電解質の開発に成功した(図8)。固体化しても，ヨウ素イオンの拡散定数が低下せず，また光電流も低下しない理由として，自己組織化により配列したイミダゾリウム塩に沿ってヨウ素が濃縮され(図9)，ヨウ素自身の拡散を必要としない push–release による Grötthuss 型拡散が起こっているものと推定できた(図10)。渡辺らは，ヨウ素濃度が非常に高い領域で，このような拡散が起こることを溶液中で実証しており，上記仮説をサポートするものと考えられる[23]。

4.6　直線状イオンパスを有する自己組織化イオンパスの作製

4.5項で述べたイオンパスはランダムなパスであるが，アルミナ陽極酸化膜の直線状に形成されたナノポア内部を自己組織化イミダゾリウム塩で自己組織化し，チタニア電極と対極の間で直線状のヨウ素イオンパスを作製することに成功した(図11)。ナノポア内にイオン液体を注入することにより，液漏れのないイオン液体/アルミナコンポジットを作製することができた(図11)。体積比で電解液中の50％が電気化学的に不活性なアルミナであるにもかかわらず，イオン液体型液体電解質を用いた DSC よりも高い性能を発揮することができた(図12)。ちなみに，アルミナナノ粒子を添加し，5.2型のゲル化 DSC を作製したところ，図12に示すように，大きく性能が低下した。直線状ナノポア内でのヨウ素拡散係数が高いことを確認しており，直線状イオンパスがヨウ素の Grötthuss メカニズム移動をさらに効率化させて働いているものと思われる。

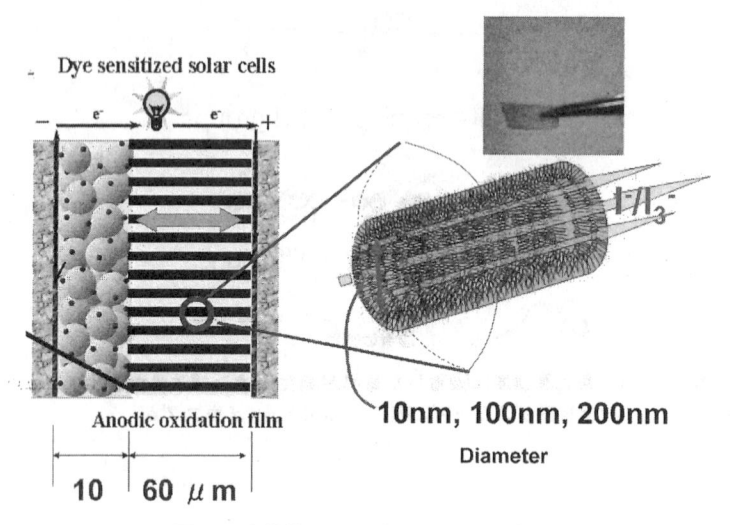

図11 直線状イオンパスを形成したDSC

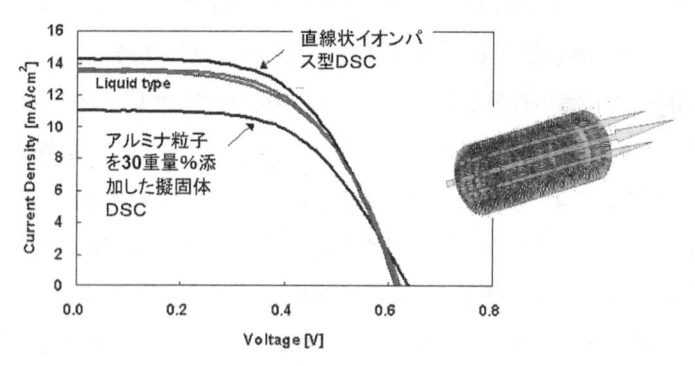

図12 直線状イオンパスを作製した擬固体DSCと液体電解液型DSC（イオン液体）の太陽電池特性の比較

5　おわりに

　高性能な全固体DSC作製が究極の目標であるが，高性能を発揮しようとすれば，現状では擬固体化が最も高効率化の確立が高い。擬固体とはいえ，より固体に近い形態でも，イオンパスの構築があれば高い拡散定数および高い太陽電池特性を確保できることを実証してきた。今後さらに固体に近い高性能擬固体DSC，また全固体DSCの開発が有機薄膜太陽電池と競合する形で加速するものと思われる。

第13章　色素増感太陽電池のイオン液体ゲルによる擬固体化

文　献

1) A. Hagffeldt and M. Graetzel, *Chem. Rev.*, **95**, 49 (1995)
2) 新しい有機太陽電池のオールプラスチック化への課題と対応策，技術情報協会 (2004)
3) 色素増感型太陽電池の開発技術，早瀬修二，藤島昭 (編集) (2003)
4) 可視光利用技術最前線，藤嶋昭，橋本和仁 (監修) (2002)
5) 色素増感太陽電池の最新技術，シーエムシー (2001)
6) 色素増感太陽電池の基礎と応用，柳田祥三 (監修)，光機能材料研究会 (企画)，教育技術出版 (2001)
7) S. Murai, S. Mikoshiba H. Sumino, T. Kato and S. Hayase, *Chem. Comm.* 1534 (2003)
8) S. Sakaguchi, H. Ueki, T. Kato, T. Kado, R. Shiratuchi, W. Takashima, K. Kaneto, S. Hayase, *J. Photochem. Photobio. A. Chem.*, **164**, 117 (2004)
9) S. Hayase, T. Kato, T. Kado, S. Sakaguchi, H. Ueki, W. Takashima, K. Kaneto, R. Shiratuchi, S. Sumino, S. MJurai, S. Mikoshiba, *Organic Photovoltaics IV, Proceddings of SPIE*, **5215**, 16 (2004)
10) P. Wang, S. M. Zakeeruddin, P. Comte, I. Exnar, M. Graetzel, *J. Am. Chem. Soc.*, **125**, 1166 (2003)
11) E. Stathatos, P. Lianos, S. M. Zakeeruddin, P. Liska, M. Graetzel, *Chem. Mater.*, **15**, 1825 (2003)
12) H. Usui, H. Matsui, N. Tanabe, S. Yanagida, *J. Photochem. & Photobiol. A: Chemistry*, **164**, 97 (2004)
13) J. H. Kim, M-S. Kang, Y. J. Kim, J. Won, N-G. Park and Y. S.Kang, *Chem. Comm.*, 1662 (2004)
14) M.-S. Kang, J. H. Kim, J. Won, Y. J. Kim, N-G. Park and Y. S. Kang, *Chem. Commun.*, 889, (2005)
15) M. S. Kang, Y. J. Kim, J. Won and Y. S. Kang, *Chem. Commun.*, 2628, (2005)
16) T. Kato, A. Okazaki and S. Hayase, *Chem. Comm.*, 363 (2005)
17) T. Kato, A. Okazaki and S. Hayase, *J. Photochem. Photobio. A 179*, 42, , (2006)
18) K. Okada, H. Matsui, T. Kawashima, T. Ezure, N. Tanabe, *J. Photoch. Photobio. A 164*, 193 (2004)
19) K. Kawashima, T. Ezure, K. Okada, H. Matsui, K. Goto, N. Tanabe, *J. Photoch. Photobio. A 164*, 199 (2004)
20) P. Wang, S. M. Zakeeruddin, P. Comte, R. Charvet, R. Humphry-Baker, M. Graetzel, *J. Phys. Chem. B 107*, 14336 (2003)
21) P. Wang, C. Klein, R. H.-Baker, S. M. Zakeeruddin and M. Gratzel, *Appl. Phys. Lett.*, **86**, 123508 (2005)
22) Toshihito. Kato, Takashi-Kado, Shuhei. Tanaka, Akio. Okazaki and Shuzi. Hayase, *J. Electrochem. Soc.*, **153**(3), A626 (2006)
23) R. Kawano, M. Watanabe, *Chem. Commun.*, 330 (2003)

第14章 色素増感太陽電池のナノコンポジットイオンゲル電解質

松井浩志*

1 はじめに

色素増感太陽電池(DSC)の電解液としては，アセトニトリルやプロピオニトリルといった分子性有機溶媒にI^-/I_3^-レドックス対を溶解させたものが一般的である。しかしながら，このような電解質系では，特に屋外用途を視野に入れた場合，条件によっては素子温度が80℃前後ほどにもなることが予想されることから，溶媒またはヨウ素の揮発・飛散に伴う発電特性低下の懸念がある。このような問題に対して，電解質に不揮発性のイオン液体を適用したDSCが検討されている[1]。イオン液体は不揮発性であることに加え，難燃性や熱的・化学的安定性といった電解質材料として魅力的な特徴を有しており，DSC用途としても信頼性，発電特性などの点から，実用化に最も近い材料の1つとして期待されている。

DSC用電解質のもう1つの課題は固体化である。イオン液体にしても，上述のような有機溶媒と比べれば一般に高粘度であるものの，電解質使用量が多くなる実用レベルの大面積素子では，製造工程やセル破損時における液漏れの可能性はやはり無視できない問題であり，対策が望まれる。そこで，イオン液体に適当なゲル化剤を加えて擬固体化した電解質(筆者らはイオンゲル電解質と呼んでいる)に興味が集まっている。イオンゲル系DSCの報告例を表1に示す。ゲル化剤としては，主に相分離性の低分子化合物や三次元架橋構造を構築できる高分子などが研究されてきたが，最近これらに加え，新たにナノ粒子を適用した系が検討されている。

ゲル(イオンゲル)電解質を適用するうえで難しい点の1つは，ゲル化に伴い電解質中でのキャリア移動が制限されるため素子出力が低下し易いことであり，添加量を極力抑えられるようゲル化剤の設計やゲル化条件の調整が必須となる。最適化によってゲル化前とほぼ遜色無いレベルの出力は確保できているが，一方で，それ以上の出力は期待しづらい。イオン液体を用いたDSCの出力は，現状では従来の揮発性電解液系での結果に一歩及んでおらず，したがって，この差をいかにして縮めるかが重要な課題となる。

これに対して，筆者らは，カーボンナノチューブ(CNT)を用いたイオン液体ゲル化[11]にヒントを得て，CNTをはじめとする各種ナノ粒子をゲル化剤としたイオンゲル系DSCについて検討を

---

* Hiroshi Matsui ㈱フジクラ 材料技術研究所 化学機能材料開発部 係長

第 14 章　色素増感太陽電池のナノコンポジットイオンゲル電解質

表1　イオンゲルを用いた DSC の報告例

分　　類	ゲル化剤	組成の特徴	発 表 者	研究機関
物理ゲル	低分子ゲル化剤	低分子ゲル化剤（アミノ酸誘導体）/HMImI	W. Kubo et al.[2]	大阪大
	高分子ゲル化剤	PVdF–HFP/MPImI	P. Wang et al.[3]	EPFL
		PVdF–HFP/EMImTFSI	H. Matsui et al.[4]	フジクラ・横国大・大阪大
		Agarose/HMImI	K. Suzuki et al.[5]	産創研・フジクラ・大阪大
化学ゲル	高分子ゲル化剤	PVP+有機ハロゲン化物/MPImI	S. Mikoshiba et al.[6]	東芝・九工大
	その他（潜在性ゲル前駆体）	ジカルボン酸 + SiO_2/MPImI etc.	T. Kato et al.[7]	九工大
その他	ナノ粒子	SiO_2/MPImI	P. Wang et al.[8]	EPFL
		TiO_2/EMImTFSI etc.	H. Usui et al.[9]	フジクラ・大阪大
		イミダゾリウム塩修飾 SiO_2/MPImI	T. Kato et al.[10]	九工大

HMImI：1-Hexyl-3-methylimidazolium iodide；MPImI：1-Methyl-3-propylimidazolium iodide；
EMImTFSI：1-Ethyl-3-methylimidazolium bis(trifluoromethanesulfonyl)imide；
PVdF–HFP：Poly(vinylidenefluoride-*co*-hexafluoropropylene)；PVP：Polyvinylpyridine

行った結果，ゲル化前の出力を上回る光電変換特性を実現できることがわかった。固体電解質，またはゲル電解質にナノ粒子を添加した際の効果については，例えば Li^+ 伝導性高分子電解質などで検討されており，高分子マトリクスの結晶化阻害や Li 塩の解離促進などに寄与して電荷輸送特性が向上することが報告されている（但し，このような系でのナノ粒子はゲル化剤としての役割は担ってない）[17]。一方，ナノ粒子を用いた DSC 用イオンゲル電解質の詳細については，新しい系であるため，まだ十分な解析が行われていない。本章では，弊社におけるナノ粒子系イオンゲル電解質 "ナノコンポジットイオンゲル電解質" の開発動向について，電解質としての基礎特性および太陽電池特性の面から紹介する。

2　ナノコンポジットイオンゲル電解質の開発

2.1　電解質の調製と基本物性

ナノコンポジットイオンゲル電解質の調製は，次の手順にて行った。ヨウ素電解液中に所定量のナノ粒子を加え，乳鉢または三本ローラーミルを用いて十分に混練した。ヨウ素電解液は，イオン液体中に 1-ethyl-3-methylimidazolium iodide(EMImI)，LiI，I_2，4-*t*-ブチルピリジンを

溶解させたものを用いた。EMImIとI$_2$の添加比は10：1とした。混練したゲル前駆体は，約2000Gの遠心加速度で遠心分離することにより余剰液体成分を除去し，残渣としてナノコンポジットイオンゲル電解質を得た(図1)。電解質中のナノ粒子含有量は，用いるナノ粒子，イオン液体によってばらつきがみられたものの，いずれの場合にも電解質はペースト状となった。このナノコンポジットイオンゲル電解質はチクソ性が高く，静止状態では流動性を示さないが，応力

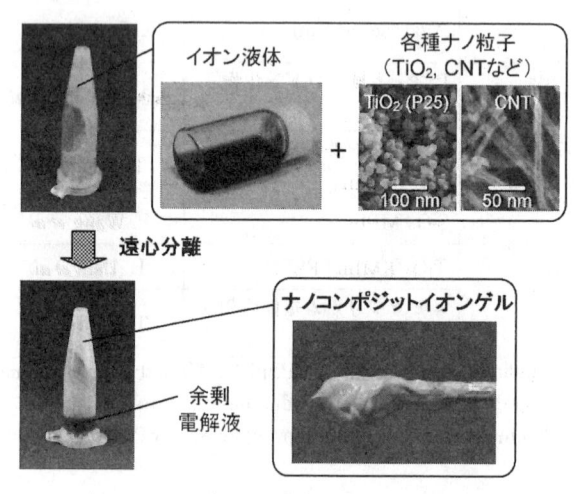

図1 ナノコンポジットイオンゲル電解質の調製

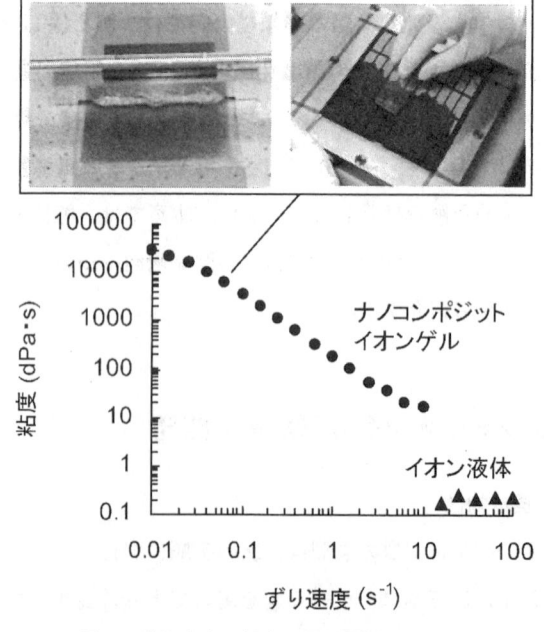

図2 ずり速度に対する電解質粘度の変化

を加えると急激に粘度が低下するため，スキージ等を用いて光電極上に容易に展開することが可能である（図2）。

2.2 電解質特性の評価

作製したナノコンポジットイオンゲル電解質の特性を，電気化学的手法を用いて評価した。図3は，白金マイクロ電極上にて得られたナノコンポジットイオンゲル電解質のサイクリックボルタモグラムである。ゲル化前の結果と比較して，限界電流値が大幅に増大しており，ナノコンポジットイオンゲルの形成により電荷移動速度が促進されることがわかった。これは，ゲル化剤の添加によって導電率が低下または現状維持に留まる従来のゲル電解質系と比べ，極めて特異な結

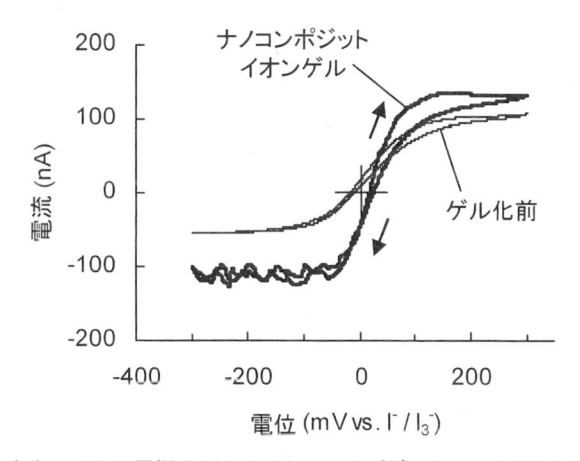

図3 白金マイクロ電極上におけるナノコンポジットイオンゲル電解質のサイクリックボルタモグラム（TiO$_2$/EMImTFSI系）

表2 ゲル化前後におけるI$^-$/I$_3^-$の拡散係数 D_{app}の比較

イオン液体	ゲル化に用いたナノ粒子	見かけの拡散係数 D_{app} ($\times 10^{-7}$cm^2/s)
EMImTFSI	ナシ（液体）	3.7
	TiO$_2$（P25）	6.0
	CB	4.7
HMImI	ナシ（液体）	1.5〜1.6
	TiO$_2$	2.8〜3.2
EMImDCA	ナシ（液体）	3.6〜3.9
	TiO$_2$	7.4〜8.5

EMImDCA：1-Ethyl-3-methylimidazolium dicyanamide；
CB：Carbon black

果と言える。各種ナノコンポジットイオンゲル系におけるI^-/I_3^-レドックス対の見かけの拡散係数 D_{app} は表 2 のようになり，最大で 2 倍程度まで増大した。また同時に，I^-/I_3^-反応の平衡電位がゲル化に伴って正電位側にシフトすることも明らかになり，この電解質が DSC の電圧増大にも寄与できることが示唆された。

このような電荷移動速度の増大には，交換反応に基づく高速電荷移動プロセスが寄与しているものと推定している。一般に，イオン液体の粘度はアセトニトリルなどの汎用有機溶媒と比較して大幅に高く，電解質中におけるイオンの移動が大きく制限されるにもかかわらず，実セルでは粘度から予想されるよりも高い出力電流が得られていることから，キャリアの単純な物理拡散とは異なる，Grotthuss 機構で説明されるような導電メカニズムが提案されている[1a]。川野らは，I^-/I_3^-レドックス対を含むイオン液体中における導電機構を検討し，交換反応による電荷移動プロセスの寄与について詳細に説明するとともに，このような高速電荷移動プロセスが，イオン液体系特有の現象であることを明らかにしている[13]。

交換反応の寄与は，I^-/I_3^-レドックス対の濃度が高く，且つ，I^-とI_3^-の濃度比が比較的近い組成で特に顕著になると報告されているが，そのような組成域ではI_3^-による光吸収や光電子との再結合によるロスも増大するため，残念ながら従来のイオン液体系ではこの効果を発電特性向上に有効活用できていない。一方，ナノコンポジットイオンゲル電解質系においては，イミダゾリウムカチオンがナノ粒子表面に吸着し[14]，さらに静電的な相互作用で対アニオン（I^-/I_3^-）がナノ粒子表面近傍に集合した図 4 のようなモデルを筆者らは推定している。この見かけ上濃縮・配向したI^-/I_3^-領域を導電パスとして，交換反応による迅速な電荷移動がおこるものと考えている。実際，ICP-OES によりヨウ素量を定量すると，遠心分離で分離された余剰電解液成分（上澄み成分）と比

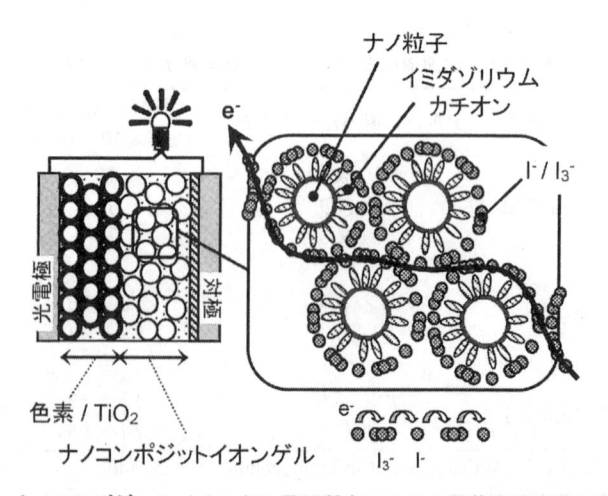

図 4　ナノコンポジットイオンゲル電解質中における電荷移動機構の概念図

第14章　色素増感太陽電池のナノコンポジットイオンゲル電解質

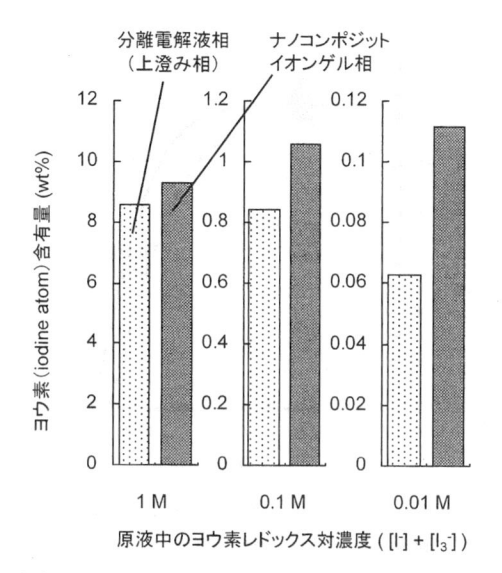

図5　ナノコンポジットイオンゲル相および分離電解液相(ゲル化時に遠心分離した余剰液相)に含まれるヨウ素含有率(TiO_2ナノ粒子重量は含まず算出)

較してゲル中のヨウ素濃度が高くなっており，推定モデルを示唆する結果が得られた(図5)。

2.3　太陽電池特性

　ナノコンポジットイオンゲル電解質を光電極表面に塗りつけ，対極と重ね合わせることで試験セルとし，太陽電池特性を評価した。TiO_2多孔質膜はTi-Nanoxide T(Solaronix)を用いて作製した。また，増感色素にはN3色素($Ru(2,2'-bipyridyl-4,4'-dicarboxylate)_2(NCS)_2$)を用いた。標準的な太陽電池試験は，電極サイズ9 mm × 5 mmのミニセルにて100 mW/cm^2 (AM1.5)の照射条件で実施した。

　ナノコンポジットイオンゲル型セルの代表的なI-V特性を図6に示す。ゲル化前と比較してJ_{SC}，V_{OC}，FFいずれのパラメータも向上し，光電変換効率を大幅に改善することができた。種々のナノ粒子を用いて同様の効果が得られているが，これまでのところTiO_2やSiO_2といった金属酸化物ナノ粒子を用いた系の特性が良好である(表3)。また，適用するイオン液体の種類を変えた場合にもゲル化に伴う出力向上が確認され，特に，EMImDCAなどDCAアニオンをもつイオン液体を適用した系にてη = 6.4～6.5%というイオンゲル型DSCとしてかなり高いレベルの光電変換効率を達成できた(図7)。この値は，同条件で作製した揮発性電解液系の出力と比較しても9割以上のレベルに達し，従来の課題であった両系の出力差を大幅に縮めることができた。

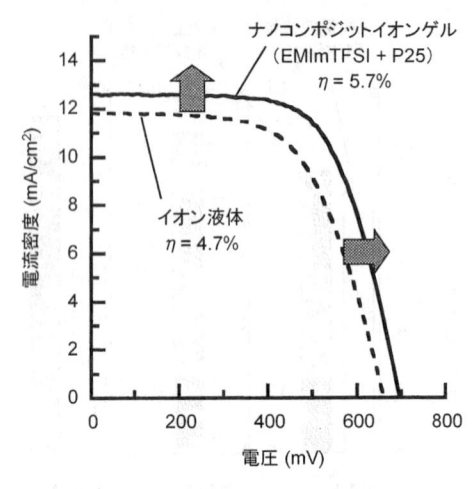

図6 ナノコンポジットイオンゲル型DSCおよび対応するイオン液体型DSCのI-V曲線（9 mm×5 mmセル）

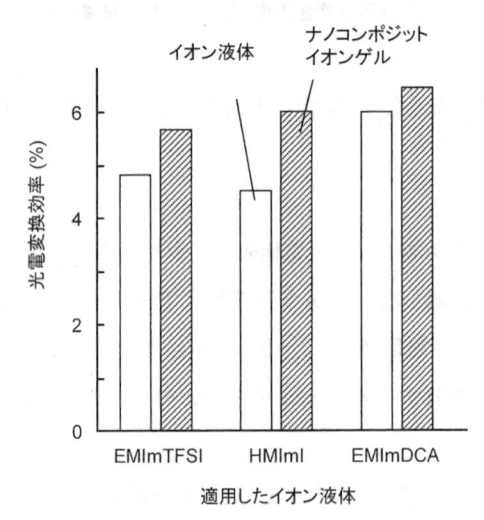

図7 各種ナノコンポジットイオンゲル系におけるゲル化前後での光電変換効率比較（ナノ粒子はTiO₂）

3 その他の研究例（I^-/I_3^-レドックス対の配列制御による高性能化）

ここまでに述べてきたような，イオン液体中におけるI^-/I_3^-レドックス対の並び方を制御し，高速電荷輸送機能を向上させようとする試みが，最近いくつか報告されている。

2節で紹介した系では，I^-/I_3^-レドックス対の濃縮・配向がナノ粒子表面へのカチオン吸着に基づくのに対し，KatoらはTiO₂ナノ粒子表面にイミダゾリウム塩を化学的に結合させることで，

第14章　色素増感太陽電池のナノコンポジットイオンゲル電解質

より積極的な導電パスの構築を試みている（図 8(a)）[10]。さらに、ナノ粒子を用いずに I^-/I_3^- レドックス対の配列を制御しようとする検討も行われている。Yamanaka らは液晶性を示すイオン液体（イオン液晶）を適用することで I^-/I_3^- レドックス対の配列を制御している（図 8(b)）[15]。室温付近でスメクチック液晶相を示す $C_{12}MImI/I_2$ 電解質中では、液晶性を示さない $C_{11}MImI/I_2$ 電解質と比較して、より粘度が高いにもかかわらず導電率が向上し、DSC の光電変換特性も改善されている。

表3　各種ナノ粒子を配合してゲル化したナノコンポジットイオンゲル型 DSC の I–V 特性（イオン液体は EMImTFSI）

ナノ粒子	J_{sc} (mA/cm^2)	V_{oc} (mV)	FF	η (%)
TiO$_2$	12.5	696	0.65	5.7
SiO$_2$	12.5	719	0.64	5.8
SnO$_2$	12.1	679	0.61	5.0
ITO	12.5	685	0.60	5.1
CB	11.0	672	0.65	4.8
CNT	12.0	706	0.57	4.8
イオン液体	11.8	661	0.60	4.7

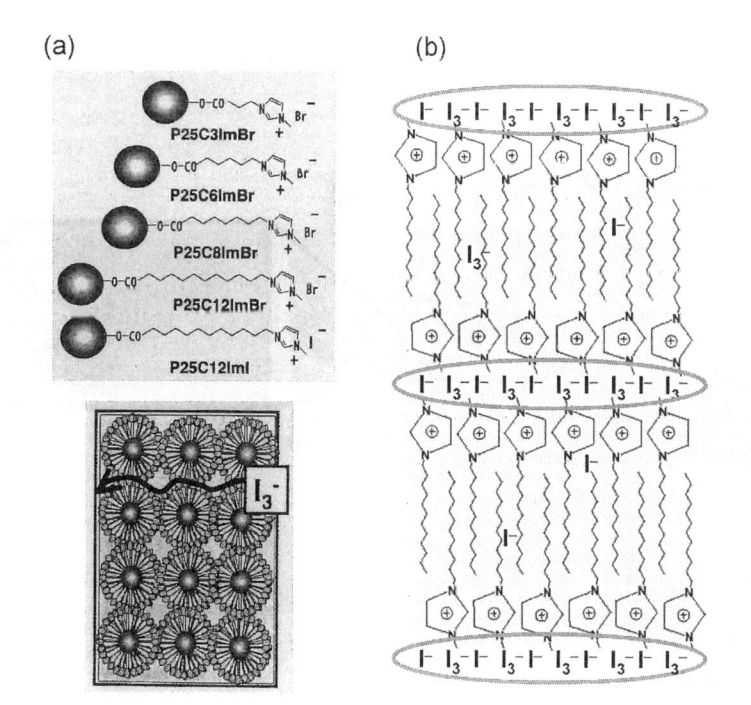

図8　高速電荷移動パスの形成を目的として検討されている I^-/I_3^- レドックス対の配列制御モデル
(a) 表面修飾 TiO$_2$ ナノ粒子を適用した系[10]，(b) イオン液晶を適用した系[15]

以上のように，I^-/I_3^- レドックス対の並び方がより理想的な配列になるよう制御し，イオン液体特有の高速電荷移動プロセスを積極的に活用していくことで，電解質の固体化（高粘度化）と発電特性の向上という，本来トレードオフの関係にあった特性を兼ね備えた高性能電解質を実現できるものと期待している。

4 おわりに

　従来の揮発性電解液に代わる高耐久性電解質として，不揮発性のイオン液体をベースとした擬固体電解質の開発を行った。ナノ粒子を用いてイオン液体を擬固体化したナノコンポジットイオンゲル電解質を素子に適用することで，従来，達成困難であった高効率化と電解質ゲル化の両立に成功した。現時点で，同条件下で作製した揮発性電解液系セルにも匹敵する光電変換出力が得られているが，今後，組成や混練条件等をより詳細に検討し，導電パスの設計を最適化していくことで更なる高効率化が可能であろうと考えている。

　弊社では，ナノコンポジットイオンゲルをはじめ大面積化，モジュール化，パッケージ化技術などの要素技術を開発・複合することでDSC実用化を目指しており，1190 mm × 890 mm サイズのナノコンポジットイオンゲル型DSCモジュール（図9）等の試作も行った。弊社におけるセル大型化，モジュール化技術の開発については，別章にて紹介しているのでご参照頂きたい。

図9　試作した1190mm×890mmサイズのナノコンポジットイオンゲル型DSCモジュールパネル
（枠内はモジュールを構成するAgグリッド付き単セル）

第14章　色素増感太陽電池のナノコンポジットイオンゲル電解質

本開発の一部は，新エネルギー・産業技術総合開発機構（NEDO）太陽光発電技術研究開発 革新的次世代太陽光発電システム技術研究開発の委託研究「イオンゲルを用いた高性能色素太陽電池の研究開発」により実施した。

文　　献

1) a)　N. Papageorgiou *et al.*, *J. Electrochem. Soc.*, **143**(10), 3099(1996)；b)　H. Matsumoto *et al.*, *Chem. Lett.*, **2001**, 26；c)　R. Kawano *et al.*, *J. Photochem. Photobiol., A: Chem.*, **164**, 87 (2004)
2) a)　W. Kubo *et al.*, *Chem. Commun.*, **2002**, 374；b)　W. Kubo *et al.*, *J. Phys. Chem. B*, **107**, 4374(2003)
3) P. Wang *et al.*, *Chem. Commun.*, **2002**, 2972
4) H. Matsui *et al.*, *Trans. Mater. Res. Soc. Jpn.*, **29**(3), 1017(2004)
5) K. Suzuki *et al.*, *C. R. Chimie*, **9**(5-6), 611(2006)
6) a)　S. Mikoshiba *et al.*, Proc. 16th European Photovoltaic Solar Energy Conference and Exhibition, Glasgow, p. 47, May 2000；b)　S. Murai *et al.*, *Chem. Commun.*, **2003**, 1534
7) a)　T. Kato *et al.*, *Chem. Commun.*, **2005**, 363；b)　T. Kato *et al.*, *J. Photochem. Photobiol., A: Chem.*, **179**, 42(2006)
8) P. Wang *et al.*, *J. Am. Chem. Soc.*, **125**(5), 1166(2003)
9) a)　H. Usui *et al.*, *J. Photochem. Photobiol., A: Chem.*, **164**, 97(2004)；b)　松井浩志ほか，電気化学会第71回大会予稿集，3D09，(2004)
10) T. Kato *et al.*, *J. Electrochem. Soc.*, **153**(3), A626(2006)
11) T. Fukushima *et al.*, *Science*, **27**, 2072(2003)
12) a)　F. Croce *et al.*, *Nature*, **394**, 456(1998)；b)　N. Byrne *et al.*, *J. Mater. Chem.*, **14**, 127 (2004)
13) a)　R. Kawano and M. Watanabe, *Chem. Commun.*, **2003**, 330；b) R. Kawano and M. Watanabe, *Chem. Commun.*, **2005**, 2107
14) S. Kambe *et al.*, *J. Phys. Chem. B*, **106**(11), 2967(2002)
15) a)　T. Kitamura *et al.*, private discussion；b)　N. Yamanaka *et al.*, *Chem. Commun.*, **2005**, 740

第15章　色素増感太陽電池の固体電解質

昆野昭則[*1]，G. R. アソカ クマラ[*2]

1　はじめに

　色素増感太陽電池は，低コスト，低環境負荷の次世代型太陽電池として注目されている。色素増感太陽電池のうち10％前後の比較的高い変換効率が得られているのは，ヨウ素系の電解液を用いる湿式(いわゆるグレッツェル型)太陽電池である。しかしながら，安全性，耐久性の面から電解液および腐食性のヨウ素を使用することの問題点が指摘されている。これに対して，この電解液部分を不揮発化および固体化することが，色素増感太陽電池実用化へ向けての一つの重要なポイントとなっている。不揮発化については，揮発性の有機溶媒の代わりにイオン性液体を用いることにより，高い変換効率をある程度維持しつつ，耐久性を高めることに成功しており，現状では実用化に最も近いと考えられている。一方，電解液部分の固体化に関する研究も進められているが湿式系に比べて光電変換効率が低く，これを向上させることが最大の課題となっている。

　いまのところ，色素増感型太陽電池における電解液の固体化には，大別して①電解液をゲル状固体化する方法，②有機ホール輸送層を用いる方法，③p-型半導体を用いる方法の3通りのアプローチがある。これらのうち③のp-型半導体を用いる方法は，腐食性のヨウ素を含まず，有機ホール輸送層に比べて高い電導性も期待できる。しかし，実際には多孔質酸化チタン電極とのコンタクトおよび内部への充填の問題があり，高い変換効率を実現できる材料は，限られているのが現状である。比較的高い変換効率を示す完全固体型色素増感太陽電池の例としては，p-型半導体としてヨウ化銅(CuI)結晶を用いて変換効率4％を達成したとするTennakoneらの報告がある[1,2]。ここでは，このCuIを用いる固体型色素増感太陽電池の高性能化を目指して，開発者であるスリランカのTennakone教授と我々が行っている共同研究の成果を中心に概説する。

　本論に入る前に本稿の用語に関して若干コメントしておく。本稿の表題である「固体電解質」は，本来①の方法のゲル電解質のようなイオン伝導性の材料であり，ホール(正孔)伝導性材料を用いる②，③の方法には厳密にはあてはまらないが，便宜的にp-型半導体材料も含めてここでは「固体電解質」として扱う。これに関連して，固体型色素増感太陽電池の分類にあたって，ゲル電解

[*1] Akinori Konno　静岡大学　工学部　物質工学科　助教授

[*2] Gamaralalage Rajanya Asoka KUMARA　静岡大学　工学部　物質工学科　研究員

第 15 章　色素増感太陽電池の固体電解質

質系を擬似固体型とよび，p-型半導体系を完全固体型とよび区別する慣習もあった。しかし，最近ではこの分類はあまり聞かれなくなっている。例えば，ナノコンポジット電解質では，分類上は擬似固体型になるが流動性やベトツキといった性状としては完全固体型とほとんど変わらない場合もある。一方，分類上は完全固体型の芳香族アミン系有機ホール輸送層でも，大量のイオン性液体が添加されていて性状としては擬似固体型に近いものもある。

2　ヨウ化銅を p-型半導体層とする固体型色素増感太陽電池

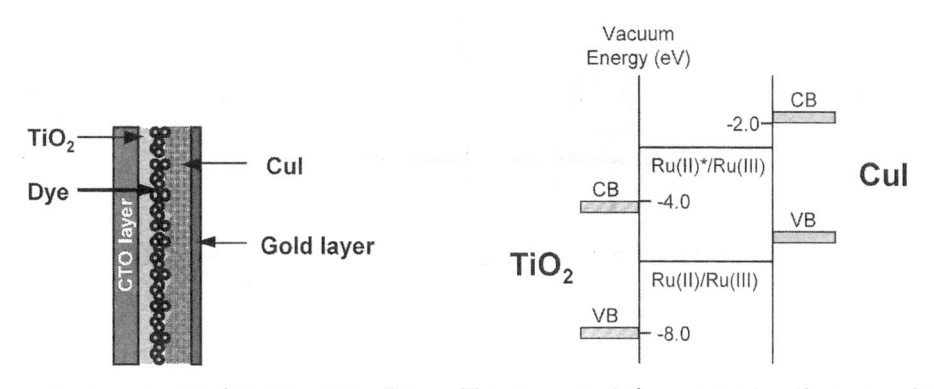

このセルは，多孔質 TiO_2 電極/色素/CuI 層からなり，概略を図1に示した。また CuI の価電子帯レベルは図2に示すとおり，TiO_2 および N3 色素との組合せにおいて，満足すべき条件を満たしている。すなわち，CuI の CB レベルは色素の HOMO レベルより卑電位側（上）にあり，色素に生じた正電荷（正孔）を対極に伝導できる。このセルの構造は，原理的には p-n 接合型のシリコン太陽電池に近い。しかし，色素増感太陽電池では，多孔性電極によって色素吸着表面積を増大させることにより高い変換効率を達成しており，このような多孔体と充分なコンタクトが得られるような p-型半導体との接合方法はこれまでになく，光電変換効率は1％以下と著しく低いものしか得られていなかった。これに対し，1995年 Tennakone らは，ヨウ化銅をアセトニトリル溶液とし，これを色素吸着した多孔体 TiO_2 電極に100℃で滴下することにより，p-型半導体層として形成した新しいタイプの色素増感型太陽電池について報告している[1]。この方法で光電変換効率4.5％と固体型色素増感太陽電池としては最高値が得られた[2]。一方，O'Regan と Gratzel らは，電解析出させた多孔性 ZnO に Ru 錯体色素を吸着させ，これに p-型半導体層としてチオシアン酸銅（I）CuSCN を電解析出させて作製したセルにおいて，変換効率1.5％が得られたことを報告している[3]。

図1　TiO_2/Dye/CuI 型色素増感太陽電池の構造　　図2　TiO_2，N3 色素，CuI のエネルギーレベルの概略

さて，色素増感型太陽電池の最大の特徴である，多孔質 TiO_2 電極による高い比表面積を活かしつつ，光電変換性能を低下させることなく固体化を実現するために，2つの重要なポイントがある。

第一に，多孔質 TiO_2 電極と FTO（フッ素ドープ SnO_2）透明電極の間に，短絡防止層を挿入することである。p-型半導体を用いる固体型色素増感太陽電池では，p-型半導体層が多孔質 TiO_2 層内を貫通して透明電極と短絡する可能性があり，短絡してしまうと光電池として働かない（図3）。これを防ぐために，緻密な短絡防止層を多孔質電極と透明電極の間の下地層として挟み込むことが必要になる。この層は，厚すぎると電池の内部抵抗として働き光電流を低下させてしまうので，できるだけ薄く（100 nm 以下）するのが望ましい。

第二に，多孔質 TiO_2 薄膜中への p-型半導体層の充填の問題がある。一般的な蒸着，CVD 等では，多孔質電極の空孔を充分に満たすことができないため，変換効率が低いものしか得られない。色素増感太陽電池に用いられる多孔質電極と充分なコンタクトが得られるような p-型半導体層との接合方法を用いる必要がある。これを実現できる可能性のある方法として，いまのところ以下の3つの方法が検討されている。

① p-型半導体を適当な溶剤に溶かした溶液を，多孔質電極内に導入した後（あるいはそれと同時に）加熱して溶剤を揮発除去する方法
② 電解析出による方法
③ モノマーとして多孔質電極内に導入した後，重合によりポリマー化し固体化する方法

以上の方法のうち，もっとも高い変換効率が得られているのは，Tennakone らが報告している，CuI を p-型半導体層とする①の方法である。

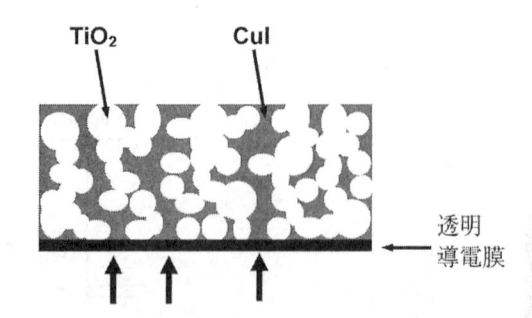

図3 固体型色素増感太陽電池（多孔質 TiO_2/Dye/CuI セル）における短絡
太矢印は短絡経路を示す

第 15 章　色素増感太陽電池の固体電解質

3　TiO₂電極の作製法と短絡防止層の効果[4]

ここでは，異なる2通りの TiO₂ 電極の作製法について記す。

3.1　TiO₂電極作製法 I

① Ti(OPr)₄ (5 ml)，2-プロパノール(15 ml)，酢酸(5.5 ml)を混合し，激しくかき混ぜながら水(3 ml)を少量ずつ滴下し加水分解する。このゲル状液に TiO₂ 微粒子(P-25) 0.6 g を加え，良く混合する。

② 上記溶液から駒込ピペットで 0.5 ml をとり，約 140 ℃に加熱したホットプレート上で清浄な FTO 導電性ガラス(1 × 1 cm²)上に滴下塗布する。この際，余分の TiO₂ 塊が基板からはがれて，かさぶた状に浮き上がってくるので，これを吹き飛ばす。この操作を 4, 5 回繰り返す。

③ 450 ℃で 10 分焼成。余分の TiO₂ 塊を脱脂綿等で拭き取る。

④ ②，③の過程を，ガラス電極基盤上に半透明なフィルムが形成されるまで，数回～10 回程度繰り返す。この段階で，TiO₂ の膜厚が 5 μm 以上ないと良い変換効率は得られない(膜厚が足りない場合は，さらに以上の操作を繰り返す)。

3.2　TiO₂電極作製法 II

この方法では，FTO 導電性ガラス電極上に緻密な TiO₂ 層を短絡防止層として作製し，その上に電解液を用いる湿式セルに用いられる多孔質 TiO₂ 電極を作製する。

① Ti(OPr)₄ (1 mol/dm³)，アセチルアセトン(2 mol/dm³)のエタノール溶液からスプレー熱分解法(SPD 法)により，TiO₂ の透明薄膜(約 0.1 μm)を FTO 導電性ガラス上に作製する。

② FTO 導電性ガラスの左右両端にテープを貼り，その内側に市販の TiO₂ ペースト溶液(Nanoxide-T, Solaronix 社)を滴下し，ガラス棒で伸ばす。

③ 450 ℃で 30 分焼成。

(iso-PrO)₄Ti に TiO₂ 微粒子(P-25)を混合し，透明電極に塗布して作製するという方法(作製法 I)が，現在のところ最も良い変換効率が得られる方法である。この方法により，ある程度の多孔性を有しながら短絡のない TiO₂ 電極を作製できる。作製法 I では，特に短絡防止層形成の処理は行っていないが，②，③，④の操作を繰り返すことにより，焼成過程で生じるピンホールをふさぐことになり，短絡を防いでいると考えられる。この方法は，うまくいけば高い性能が得られる反面，手作業の部分が多く手間がかかり，高効率の電極を再現性良く作製するのが難しいという問題がある。一方，緻密な TiO₂ 層をスプレー法により FTO 透明導電膜上に形成した後

に，市販のペーストをスキージ塗布する作製法Ⅱは，作業時間が短く，比較的再現性も良好な点で優れている。

4 ヨウ化銅の多孔質 TiO_2 電極への充填とコンタクトの向上

作製した TiO_2 電極に色素吸着を行った後，ヨウ化銅を積層させる。手順は以下のとおりである。

① CuI 0.6 g を脱水したアセトニトリル 20 ml に溶かし，飽和溶液をつくる（不溶物が残る場合は，上澄み部分のみを使用）。CuI のアセトニトリル飽和溶液 15 ml に対し，5～10 mg の 1-ethyl-3-methylimidazolium thiocyanate（EMISCN）を添加する。

② 色素を吸着させた電極を，80～110℃に加熱したホットプレート上に置き，これに CuI 溶液をピペットで全体に均一になるように滴下する。多孔体電極が，充分に CuI 層で覆われるまで，この操作を繰り返す。CuI 層の厚さは，10～20 μm 程度がよい。

③ 以上，作製した TiO_2/dye/CuI 層に，導電性ガラス上に白金をスパッタして作製した対極を重ねてワニ口クリップで挟み，セルを組み立てる。

ヨウ化銅を用いる固体型色素増感太陽電池では，セル作製直後は高い変換効率を示すものの，数時間で変換効率が半分程度に低下することが問題になっていた。これに対し，著者らはヨウ化銅溶液にチオシアン酸イミダゾリウム（EMISCN）を微量添加してヨウ化銅層を形成することにより，ヨウ化銅結晶が微細化でき，セルの諸性能，特に安定性を格段に高められることを見いだし報告した[5,6]。この結果は，EMISCN の添加によりヨウ化銅粒子が微細化し，多孔質酸化チタン層とヨウ化銅層のコンタクトが改善されるということで説明される。

5 色素吸着多孔質 TiO_2 層の表面被覆による電荷再結合の抑制と開回路電圧の向上

これまで，酸化チタンをはじめとする多孔質酸化物半導体層の表面に種々の高バンドギャップ酸化物を被覆して多層化することにより，n 型半導体中に注入された電子の逆電子移動を抑制し，光電変換効率，特に開回路電圧を向上できることが報告されている（図4）[7,8]。しかしながら，この方法では，多孔質 TiO_2 内に均一に酸化物を被覆するのが難しく，さらに酸化物前駆体を導入後に高温で焼成する必要があるため色素吸着前に行わなければならなかった。ここでは，色素吸着後の多孔質 TiO_2 n-型半導体層に ZnO，MgO 等の高バンドギャップ半導体の前駆体である種々の酢酸塩で処理することにより表面修飾を行った。その結果，I_{sc} は減少するものの V_{oc} が大

第15章 色素増感太陽電池の固体電解質

幅に向上し，全体として変換効率が向上した(図 5)[9]。調べた酢酸塩のなかでは，酢酸マグネシウムが最も良好な結果を与え，酢酸亜鉛，酢酸ナトリウムでは，電流値 I_{sc} の低下が大きかった。特に酢酸ナトリウムの場合，色素が脱着してしまい，そのために電流値が低下したと考えられる。種々の酢酸塩での処理により V_{oc} が向上した理由については，多孔質 TiO_2 表面に形成された酢酸塩の薄層が，剥き出しの TiO_2 と CuI の接触界面による電荷再結合を抑制するためであると考えられ，従来の高バンドギャップ酸化物による被覆と同様の効果が得られたものと考えられる。この方法では，色素吸着後に処理するため，エタノールで煮沸する程度の温度で行うことができ，また再現性も良好である。

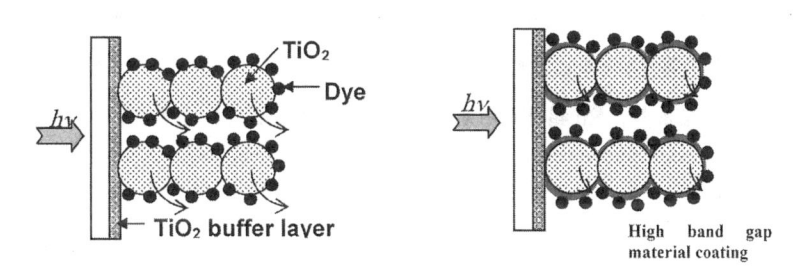

図4 多孔質酸化チタン表面への高バンドギャップ半導体コーティングによる電荷再結合 (矢印で示される TiO_2 から CuI への逆電子移動)抑制効果

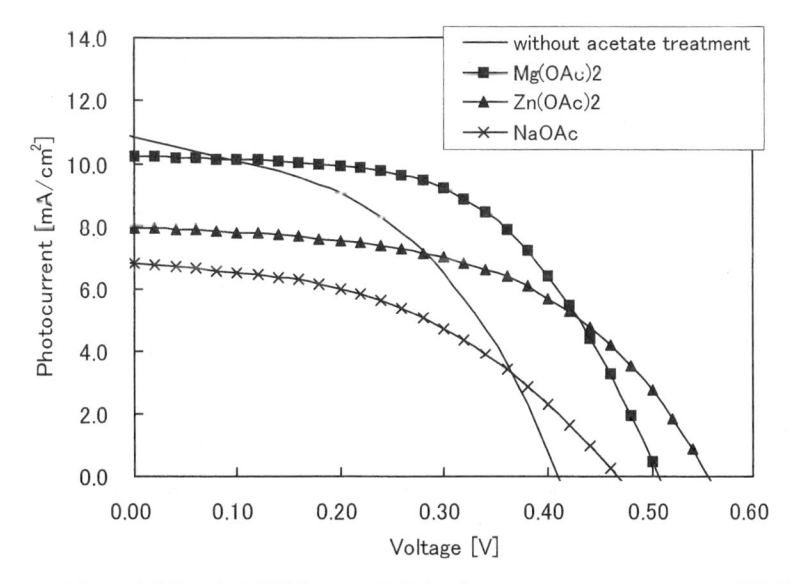

図5 種々の酢酸塩で多孔質酸化チタン電極表面処理した TiO_2/N719 Dye/CuI 固体型色素増感太陽電池の電流-電圧特性

6 有機色素を用いる固体型色素増感太陽電池の高効率化

固体型CuIセルの効率が湿式セルと比べて低い原因の一つとして，TiO₂膜の膜厚を厚くするとCuI層の充填が不十分になるため，膜厚を厚くして色素吸着量を増やすのが難しいことがあげられる。そこで，少ない色素吸着量でも高いJ_{SC}が得られるように，吸光係数の大きな有機色素を用いることでこの問題の解決を試みた。有機色素には色素増感太陽電池用に開発された，クマリン系色素のNKX2677（林原生物化学研究所）とインドリン系色素のD102（三菱製紙）を用いた（図6）。これらの色素は，N3色素の約5倍の吸光係数を持つため，TiO₂の膜厚が薄く，少ない色素吸着量でも高い可視光吸収効率が期待できる。結果を表1にまとめた。NKX2677およびD102では，同じ有機色素であるEosinYと比較したとき，吸収波長領域が幅広いため，J_{SC}（短絡電流密度），V_{OC}（開放電圧）ともに大幅に増加し変換効率も向上した。また，N3色素とほぼ同等の変換効率が得られており，Ru錯体系色素と比較しても遜色がないことがわかった。

7 おわりに

p-型半導体であるヨウ化銅(Ⅰ)CuIをGratzelセルの電解液の代わりに用いることにより，色素増感太陽電池の全固体化が可能となり，疑似太陽光AM-1.5照射条件でのエネルギー変換効率も3％以上まで向上させることが可能となっている。このセルに関する最近の展開で注目されるのは，従来のRu錯体色素の代わりに，より吸光係数の大きな有機色素を用いる研究である。

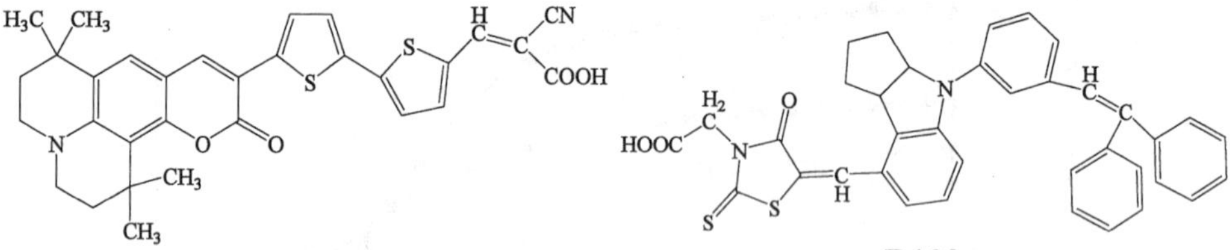

図6 有機色素の構造

表1 種々の有機色素を用いたTiO₂/Dye/CuI型色素増感太陽電池の諸性能

Dye	J_{SC}[mA/cm²]	V_{OC}[V]	Fill Factor	Efficiency[%]
Eosin Y	2.66	0.40	0.55	0.6
NKX2677	9.06	0.47	0.46	1.9
D102	8.61	0.59	0.50	2.5
N3	10.50	0.43	0.52	2.3

第15章　色素増感太陽電池の固体電解質

最近，6節でもとりあげたインドリン系有機色素を用いて，芳香族アミンをホール輸送剤とする固体型色素増感太陽電池で，セルの変換効率を4.1％まで向上できることも報告されている[10]。従来，この種の固体型色素増感太陽電池では，ホール輸送層の低い導電性がネックとなってTiO_2膜厚を上げられないという問題があった。これに対して，吸光係数の大きな有機色素を用いることにより，2μm以下のTiO_2膜厚でも十分な可視光領域の吸収が可能になり，変換効率の向上が図られている。一方，プラスチック透明電極を用いるフレキシブル色素増感太陽電池への適用は，色素増感太陽電池実用化への大きなブレークスルーをもたらすと考えられる。フレキシブル色素増感太陽電池は，変換効率は多少低くとも，大量生産が可能であり，軽量でデザイン性に優れ，従来の太陽電池にはない多くの特長を有しており，新たな太陽電池の市場を開くものと期待されている。現在のところ，試作されているフレキシブル色素増感太陽電池は，電解液を用いる湿式型であるが，その機械的特性および期待される用途の観点から固体化が強く望まれている。固体化するための最大の課題は，短絡防止層をプラスチックフィルムが耐えられる低温（＜150℃）で形成しなければいけないことである。ここ数年の色素増感太陽電池研究の進展を考えれば，この課題も近いうちに解決できるのではないだろうか。今後は，ヨウ化銅の最適化はもちろんのこと，固体p-型半導体層形成のプロセスの検討と併せて，他のp-型半導体材料も探索していく必要がある。

文　　献

1) K. Tennakone, G. R. R. A. Kumara, *et al.*, *Semicond. Sci. Technol.*, **10**, 1689(1995); **11**, 1737(1996); **12**, 128(1997)
2) K. Tennakone, G. R. R. A. Kumara, *et al.*, *J. Phys. D: Appl. Phys.*, **31**, 1492(1998)
3) B. O' Regan and M. Gratzel, *Adv. Mater.*, **12**, 1263(2000)
4) G. R. A. Kumara, S. Kaneko, M. Okuya, A. Konno and K. Tennakone, *Key Eng. Mater.*, **228-229**, 119(2002)
5) G. R. A. Kumara, A. Konno, K. Shiratsuchi, J. Tsukahara and K. Tennakone, *Chem. Mater.*, **14**, 954(2002)
6) A. Konno, G. R. A. Kumara, R. Hata and K. Tennakone, *Electrochemistry*, **70**, 432(2002)
7) K. Tennakone, V. P. S. Perera, I. R. M. Kottegoda, L. L. A. A. De Silva, G. R. A. Kumara, A. Konno, *J. Electronic. Mater.*, **30**, 992(2001); G. R. A. Kumara, K. Murakami, S. Kaneko, M. Okuya, V. V. Jayaweera and K. Tennakone, *J. Photochem. Photobiol, A*, **164**, 183(2004)
8) Q.-B. Meng, K. Takahashi, X.-T. Zhang, I. Sutanto, T. N. Rao, O. Sato, A. Fujishima, H. Watanabe, T. Nakamori, M. Uragami, *Langmuir*, **19**, 3572(2003); X.-T. Zhang, I. Sutanto,

T. Taguchi, K. Tokuhiro, Q.-B. Meng, T.-N. Rao, A. Fujishima, H. Watanabe, T. Nakamori and M. Uragami, *Sol. Energy Mater. Sol. Cells*, **80**, 315(2003) ; T. Taguchi, X.-T. Zhang, I. Sutanto, K. Tokuhiro, T.-N. Rao, H. Watanabe, T. Nakamori, M. Uragami and A. Fujishima, *Chem. Comm.*, **19**, 2480(2003) ; X.-T. Zhang, H.-W. Liu, T. Taguchi, Q.-B. Meng, O. Sato and A. Fujishima, *Sol. Energy Mater. Sol. Cells*, **81**, 197(2004)
9) A. Konno, H. Kida, G. R. A. Kumara, K. Tennakone, *Curr. Appl. Phys.*, **5**, 149(2005)
10) L. Schmidt-Mende, U. Bach, R. Humphry-Baker, T. Horiuchi, H. Miura, S. Ito, S. Uchida and M. Gratzel, *Adv. Mater.*, **17**, 813(2005)

第16章　非ヨウ素系レドックス／非Pt系対極

荒川裕則*

1　はじめに

　高性能な色素増感太陽電池の光電極と対極の間の電荷移動にはヨウ素レドックス（I^-/I_3^-）が用いられる。高性能化という観点から，ヨウ素レドックスは最適化されたものであるが，ヨウ素は金属腐食性が高いことが知られている。例えば，色素増感太陽電池の対極として良く用いられているPtもヨウ素溶液に溶解することが知られている。またヨウ素は昇華性があり，封止セルの封止部分から抜け出る現象も観察されている。さらに実用化モジュールでは85℃程度の耐高温特性も重要であり，高温時のヨウ素の腐食性や昇華性に耐えるようなセル設計が必要となっている。このような背景から，非ヨウ素系のレドックスや電解質を研究開発する動きがある。また，色素増感太陽電池の対極としては，これも高性能化という点でPtが最適であり，使用されているが，Ptは貴金属であり高価である。色素増感太陽電池の実用化を考える場合，Ptの使用量を減らすか，または非Pt極化も，視野に入れておかなければならない。本章では，非ヨウ素系レドックスと非Pt系対極の研究動向について簡単に紹介する。

2　非ヨウ素系レドックス

2.1　臭素系レドックス等

　ヨウ素レドックス（I^-/I_3^-）と同様のハロゲン系レドックスペアでは臭素レドックス（Br^-/Br_3^-）が検討されている。臭素は，ヨウ素より金属腐食性が弱く，昇華性もない。Wangらは，臭素レドックスを用いた色素増感太陽電池の性能をヨウ素レドックスと比較して調べている[1]。表1にその結果を示す。有機色素のクマリン343やエオシンY色素を用いた場合，ヨウ素レドックスを用いた場合より，変換効率ηが大きい。これは臭素レドックスの酸化還元電位がヨウ素レドックスより，より貴（正）な為，TiO_2の伝導帯との差で決定されるV_{OC}が大きいためである。実際，臭素レドックスを用いた太陽電池のほうがヨウ素レドックスを用いた太陽電池よりもV_{OC}が高くなっている。エオシンYを用いた場合V_{OC}は0.8V以上となっている。しかしN719色素やチオ

＊　Hironori Arakawa　東京理科大学　工学部　工業化学科　教授

表1 ヨウ素レドックスと臭素レドックスを用いた色素増感太陽電池の性能比較[a) 1)]

	electrolyte[b]	J_{SC}/mA cm^{-2}	V_{OC}/V	FF	η	HOMO (V vs NHE)
Coumarin 343	0.4 M LiI+0.04 M I$_2$	3.25	0.274	0.604	0.54	1.21[21)]
	0.4 M LiBr+0.04 M Br$_2$	3.83	0.428	0.426	0.70	
Eosin Y	0.4 M LiI+0.04 M I$_2$	5.15	0.451	0.721	1.67	1.15[23)]
	0.4 M LiBr+0.04 M Br$_2$	4.63	0.813	0.693	2.61	
N719	0.4 M LiI+0.04 M I$_2$	15.67	0.554	0.634	5.50	1.09[20)]
	0.4 M LiBr+0.04 M Br$_2$	3.51	0.556	0.539	1.05	
NKX-2677	0.4 M LiI+0.04 M I$_2$	18.65	0.444	0.514	4.26	0.94[14)]
	0.4 M LiBr+0.04 M Br$_2$	0			0	

[a] 6 μm nanocrystalline TiO$_2$ films were used for DSSCs. [b] $E(I^-/I_3^-)$ = 0.53 V, $E(Br^-/Br_3^-)$ = 1.09 V

フェン系の有機色素NKX-2677色素を用いた場合，臭素レドックスで性能が悪い。これは，これらの色素のHOMOと臭素レドックスの酸化還元電位が近いため，Br$^-$から酸化された色素への電子注入が遅いか，起こらないためと考えられる。エオシンY色素を用いたチタニア太陽電池では，ヨウ素レドックスでη = 1.67％，臭素レドックスではη = 2.61％と臭素レドックスの性能がすぐれているが，N719色素を用いたチタニア色素太陽電池では，ヨウ素レドックスでη = 5.5％，臭素レドックスでη = 1.05％となり，ヨウ素レドックスのほうが性能が良い結果となっている。結論的には，ヨウ素レドックスより安定性は高いと考えられるが，性能が劣っていると考えて良いであろう。

無機塩系レドックスとしてはSeCN$^-$/(SeCN)$_2$やSCN$^-$/(SCN)$_2$も検討されているが，I$^-$/I$_3^-$より性能が劣る[2)]。

2.2 コバルト錯体系レドックス

Bignozziらは図1に示すメカニズムに使用されるレドックスとして図2示すようなビピリジン(bpy)やターピリジン(terpy)のようなポリピリジン配位子を用いたコバルト系錯体をレドックス(Co^{II}/Co^{III})として用いて検討している。図3に，これらのコバルト系レドックスを用いた色素増感太陽電池のIPCEの波長依存性を示す。△印のI$^-$/I$_3^-$レドックスに比べて，コバルト系レドックスは全波長領域において劣るが，それでも▶のttb-terpy^{2+}では，I$^-$/I$_3^-$レドックスの約7割程度のIPCEを得ることが出来ている[3)]。

第 16 章　非ヨウ素系レドックス／非 Pt 系対極

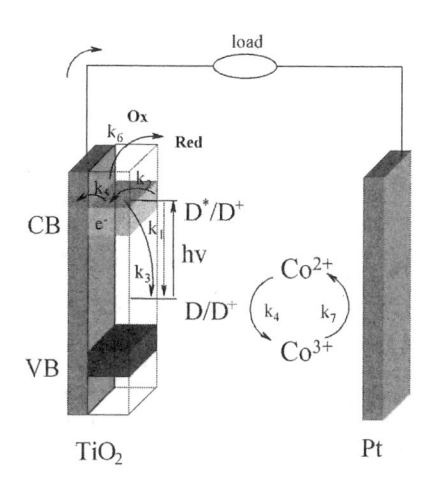

図1　コバルト系レドックスを用いた色素増感太陽電池の反応機構[3]

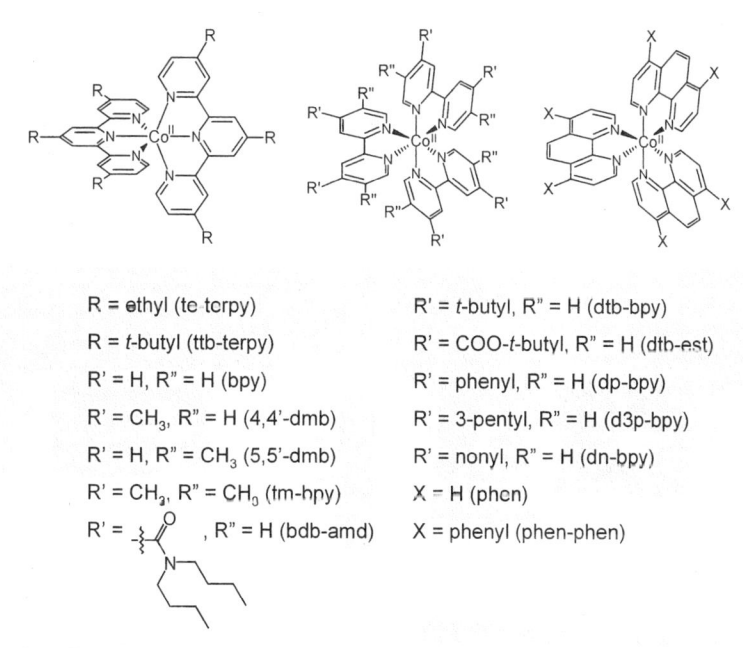

R = ethyl (te-tcrpy)
R = t-butyl (ttb-terpy)
R' = H, R" = H (bpy)
R' = CH_3, R" = H (4,4'-dmb)
R' = H, R" = CH_3 (5,5'-dmb)
R' = CH_3, R" = CH_3 (tm-bpy)
R' = (アミド基), R" = H (bdb-amd)

R' = t-butyl, R" = H (dtb-bpy)
R' = COO-t-butyl, R" = H (dtb-est)
R' = phenyl, R" = H (dp-bpy)
R' = 3-pentyl, R" = H (d3p-bpy)
R' = nonyl, R" = H (dn-bpy)
X = H (phen)
X = phenyl (phen-phen)

図2　Co^{II}/Co^{III} レドックスとして使用される多様なポリピリジン系配位子を持つコバルト錯体[3]

2.3　透明非腐蝕性電解質溶液

　最近，第一工業製薬と Elexcel は，カナダのケベック大学(UQAM)と共同して，非腐食性の透明電解質溶液を開発したと報告した。図4は，それのデモンストレーションの写真である。

　図4中の左図が，従来のヨウ素系レドックス(I^-/I_3^-)電解質溶液を用いた色素増感太陽電池であり，電解質溶液は黄色をして金属(Pt)腐食性があると記載されている。次頁の図は，開発され

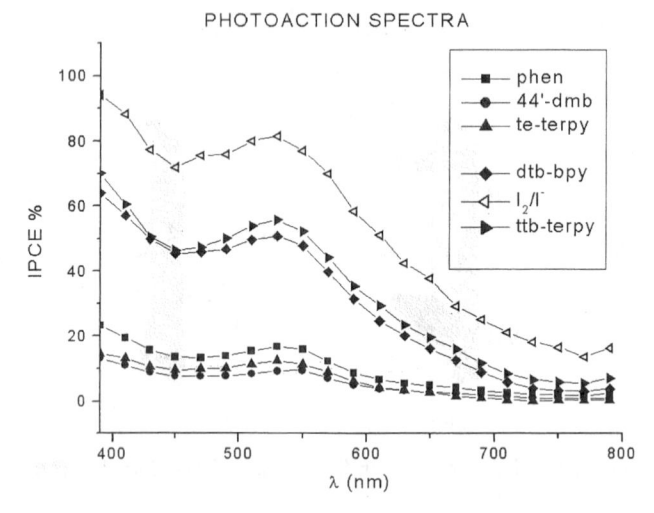

図3 種々のコバルト系レドックスを用いた色素増感太陽電池のIPCE(各波長における光電変換効率)[3]

Photoaction spectra of N3 bound to nanocrystalline TiO$_2$ films in the presence of different electron mediators in MPN solutions: 0.25 M LiI/25 mM I$_2$(△), 0.25 M ttb-terpy^{2+}/25 mM NOBF$_4$(▶), 0.25 M dtb-bpy^{2+}/25 mM NOBF$_4$(◆), 0.25 M phen^{2+}/25 mM NOBF$_4$(■), 0.25 M te-terpy^{2+}/25 mM NOBF$_4$(▲), saturated(< 0.15 M)4,4′-dmb^{2+}/15 mM NOBF$_4$(●). 0.25 M LiClO$_4$ was added to all solutions containing a cobalt mediator.

図4 第一工業製薬株式会社とElexcelがカナダのケベック大学と共同開発した電解質溶液を内蔵した色素増感太陽電池

た透明の非腐蝕性電解質溶液を用いた色素増感太陽電池である。

2.4 固体系電解質

ヨウ素レドックスを用いない固体形電解質が，種々検討されている。まず無機系固体系電解質

第16章 非ヨウ素系レドックス／非Pt系対極

としてECNのO'reganらはp型半導体であるCuSCNを用いて色素増感太陽電池を作製している。変換効率ηは2～3％程度と報告されている[4]。最近，Auの超微粒子を色素増感TiO_2光電極に直接蒸着することにより，ヨウ素レドックスの存在なしに発電できることが報告された。変換効率はCuSCN系と同程度であるという[5]。有機系の正電荷輸送材(HTM)としてはトリアリルアミン誘導体のSpiro-MeOTAD[6]やTPD[7]が検討されMeOTADでは変換効率$\eta=4$％程度が報告されている。また高分子系正電荷輸送材としては図5に示す，ポリアニリン(PAni)，ポリピロール(PPy)，ポリチオフェン(PT)，ポリフェニレンビニレン(PPV)，ポリ3オクチルチオフェン(P_3OT)，ポリ3ヘキシルチオフェン(P_3HT)等が検討されているが，性能は，ヨウ素レドックス電解質溶液系に比べてかなり低く，変換効率$\eta=1$％前後である。

3 非Pt系対極

3.1 カーボン系対極

Pt対極に替わる対極材料として，まずカーボン系の対極が検討されている。PapageorgiouはPt電極材料としてPtクラスター触媒，スクリーン印刷Pt層，ポーラスカーボン層(50μ)，グラファイトペーパー(200μ)，グラファイトペーパーの上にカーボンナノチューブを乗せたもの，CVDにより形成させたRuO_2層(50～100nm)，コロイドRuO_2層(50μ)を比較検討している[8]。具体的には，各材料の有効電荷交換抵抗($R_{ct.eff}$/Ω cm^2)と有効交換電流($I_{o.eff}$/mA/cm^2)を測定して比較している。表2にその結果を示す。これらの中では20％のカーボンブラックと80％のグラ

表2 色素増感太陽電池用の対極として使用され得る多孔製材料の有効交換抵抗($R_{ct.eff}$/Ω cm^2)と有効交換電流($I_{o.eff}$/mA/cm^2)[8]

Electrode/material	$R_{ct.eff}(\Omega\ cm^2)$	$I_{o.eff}(mA/cm^2)$
Porous carbon, 50μm (80% graphite, 20% carbon black) [14]	12–20	1.07–0.64
Graphite paper (~200μm) (Papyex "N", Carbone Lorraine)	350–300	0.037–0.043
Nanotubes on graphite paper [15]	200–250	0.064–0.051
Ru oxide, CVD layer, 50–100 nm[a]	~1000	0.012
Colloidal RuO_2 film, 50μm (50% porosity)[a]	~20	~0.64
Screen-printed Pt layer (~$20\mu g/cm^2$)[a]	5–10	1.3–2.6
Pt cluster catalyst ($5\mu g/cm^2$)	0.06	200

Electrocatalytic properties have been measured according to the previously described electrochemical impedance method. Acetonitrile used as solvent may be reduce further the R_{ct}.
[a] Own preparation.

ファイトが混合したポーラスカーボンが，Pt代替材料として優れているがPtクラスター触媒に比べ，まだ抵抗がかなり大きく，電流がかなり小さいことがわかる。これらの材料ではPt代替材料とはならない。

　ドイツ・フラウンフォーファー協会太陽エネルギー研究所のHinschらは，全印刷で作製可能なモノリシック型色素増感太陽電池の作製を検討している。対極としてはスクリーン印刷できるポーラスグラファイト層（抵抗は6Ω/cm^2）を基体として，その上にPtをコートしたSnO$_2$：Sbナノ粒子からなる1μの層を重ねたものを使用している。この層の抵抗は0.25-0.96Ω/cm^{2}であり，Pt担持量はSnO$_2$：Sbの3wt％程度である。このセルで，変換効率ηは7％程度であるという。但しこの場合，市販のTiO$_2$を使用したとのことである。対極全体に対して，使用したPt量は非常に少なくなるが，性能は落ちていない[9]。実用化色素増感太陽電池には，このような形の微量のPtを含んだカーボン系対極が使用される可能性が強いと考えられる。

3.2　ポリマー系対極

　導電性ポリマーを用いて対極を形成する試みも活発に行われている。Papageorgiouは，カーボンペーパーの表面にEDOTを電解重合させて作製したPEDOT修飾カーボンペーパーの抵抗は1Ω/cm^{2}まで減少したという。また市販のPEDOT/PSS溶液と粒子径が10μ程度のグラファイトを混合して作製したペーストを印刷した膜厚40〜60μの電極でシート抵抗は4Ω/cm^{2}程度であるという。早瀬らもPEDOT系の対極はPt代替電極として優れた性能を持つことを報告している[10]。梁田らは，ポリアニリン対極でもPt対極と同様の性能を示すことを報告した[11]。ま

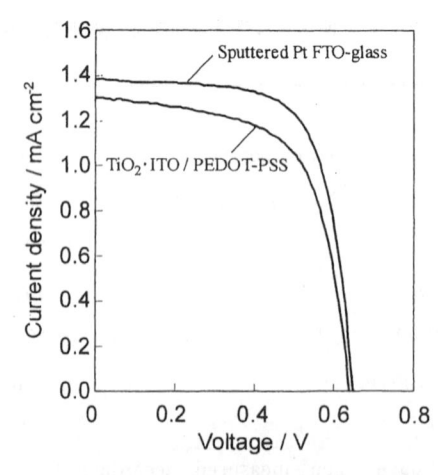

図5　Pt対極と非Pt対極としてITO-TiO$_2$-PEDOT/PSS対極を用いた色素増感太陽電池の電流-電圧（I-V）曲線[13]
照射光源の強度は12.2mW/cm^2

第 16 章　非ヨウ素系レドックス／非 Pt 系対極

た，齋藤らは，このポリマー対極を用いた色素増感太陽電池の耐久性を検討したところ 65 ℃ で 1000 時間で性能に変化が無く，耐久性も良いことを報告している[12]。武藤・宮坂らは，プラスチックフィルム型色素増感太陽電池の対極として，PEDOT/PSS に ITO ナノ粒子と TiO_2 ナノ粒子を混合したペーストを塗布した ITO/PEN 対極を用いて，その性能を Pt 対極と比較している。図 5 に示すように，両者の $I-V$ 曲線はほぼ同等となった。Pt 対極を用いた色素増感太陽電池の変換効率 η は 5.07 ％ に対して，ITO-TiO_2-PEDOT/PSS 対極を用いた色素増感太陽電池では変換効率 η は 4.34 ％ であったという[13]。ポリマー系対極の，非 Pt 系対極としての可能性を示唆する結果である。

4　おわりに

色素増感太陽電池の実用化を意識した際，腐食性や昇華性のない安定な電解質や，経済的に安価な非 Pt 対極の使用が望まれる。両者についての研究開発が，さらに進展することを望んで本章の結びとしたい。

文　献

1) Z. -S. Wang et al., *J. Phys. Chem. B*, **109**, 22449(2005)
2) G. Oskam et al., *J. Phys. Chem. B*, **105**, 6867(2001)
3) Bignozzi et al., *J. Am. Chem. Soc.*, **124**, 11215(2002)
4) A. C. Veltkamp et al., Proc. of 3rd Workshop on the Future Direction of Photovoltaics, pp-125, Aogaku Kaikan, Japan(2007)
5) F. O. Lenzmann et al., Proc. of 21st European photovoltaic Solar Energy Conversion, pp-87(2006)
6) J. Kruger et al., *Appl. Phys. Lett.*, **79**, 2085(2001)
7) S. A. Haque et al., *Chem. Phys. Chem.*, **1**, 89(2003)
8) N. Papagaeorgiou, *Coordination Chemical Review*, **248**, 1421(2004)
9) A. Hinsch et al., Proc. of 21st European photovoltaic Solar Energy Conversion, pp-39(2006)
10) Y. Shibata et al., *Chem. Commun.*, 2730(2003)
11) 梁田ほか，2005 年電気化学会秋季大会予稿集，1E32，pp-99(2005)
12) 齋藤ほか，2005 年電気化学会秋季大会予稿集，1E33，pp-99(2005)
13) 武藤ほか，2006 年電気化学会秋季大会予稿集，2B17，pp-46(2006)

第17章　プラスチックフィルム色素増感太陽電池

内田　聡[*1], 瀬川浩司[*2]

1　はじめに

　太陽光発電の世界市場（総発電出力）は2004年実績で対前年比61％の伸びを示し，急激に成長している。中でも再生可能エネルギー導入者がメリットを享受できる制度を導入したドイツの伸びが大きく約4割を占め，2005年の累積導入実績では遂に日本を上回って世界一となった。他，スペイン・ギリシャ・アメリカ・中国等が新たな太陽光発電の市場として注目されている。しかしながらこうした高い需要がありながら，世界市場の9割を占める結晶シリコン系太陽電池は高純度シリコン原料の供給に不安を抱えており，昨年から今年にかけては需給バランスが逆転するなど，低コスト化への見通しは大変厳しいものがある。地球温暖化対策の観点から自然エネルギーへの期待は高まる一方だが，太陽光発電は世界をリードする日本でさえ現状は83万kW（2005年生産量），全エネルギー消費量の0.1％にも満たない。次世代の発電システムの開発は待ったなしの状況にあるが，太陽光発電の飛躍への課題は一にも二にもコストである。

　こうした中，"湿式太陽電池"あるいは"グレッツェル・セル"などと呼ばれる新型の色素増感太陽電池が注目されるようになった。この太陽電池は高純度のシリコン半導体を使わず，ヨウ素溶液を介した非常にシンプルな電気化学セル構造を持つのが特徴で，電解質溶液の酸化還元反応を伴うことから"光合成"に例えられたりする。更には毒性元素を含まない・製造コストが低い等環境負荷

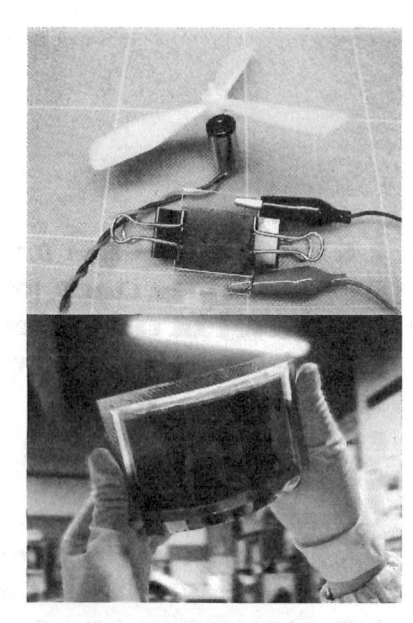

図1　従来型ガラス板電極の色素増感太陽電池（上）とフィルム状色素増感太陽電池（下）

[*1]　Satoshi Uchida　東京大学　先端科学技術研究センター　特任助教授
[*2]　Hiroshi Segawa　東京大学　先端科学技術研究センター　教授

第17章 プラスチックフィルム色素増感太陽電池

も小さく,時代の要請に即したデバイスでもある。

中でも本電池のフィルム化・プラスチック化は一つの悲願でもあった。なぜなら,透明電極にガラスではなくPET樹脂等が使用できれば更にコスト低減が計れるばかりでなく,大面積化や曲面への対応が見込めるからである。即ち,これまで電力用途として屋外では主に屋根上に設置するしかなかったものが,軽量性を生かして建物の壁面も利用可能になるなど,大きな用途の拡大が期待できる。難しさは,酸化チタン粒子から構成される膜を焼成しなければいけないが(通常500℃,1h),樹脂基板を痛めないようにしなければならない所にあり,結論から先に述べると特殊なマイクロ波を用いて酸化チタン膜のみを選択的に加熱する手法でこれを実現した(図1)。

2　色素増感太陽電池の動作原理

図2に一般的な色素増感太陽電池の構造と動作原理を示す。ガラス板2枚を張り合わせた非常に簡易な作りとなっている。片側の導電性ガラス板には粒径20〜30 nmのナノサイズ酸化チタン粒子が厚さ10μm程度に焼き付けてあり,それら粒子間の隙間には光を吸収させるための色素が化学吸着させてある。また,向かい合わせたガラス板との間には有機系のヨウ素電解質溶液が毛細管力によって染み込ませてある。

光照射から電流取り出しまでの素過程を順に追うと次のようになる。
(1) 酸化チタンを焼き付けた透明導電性ガラス電極側に光を照射。
(2) 色素が可視光を吸収し,電子とホールが発生する。

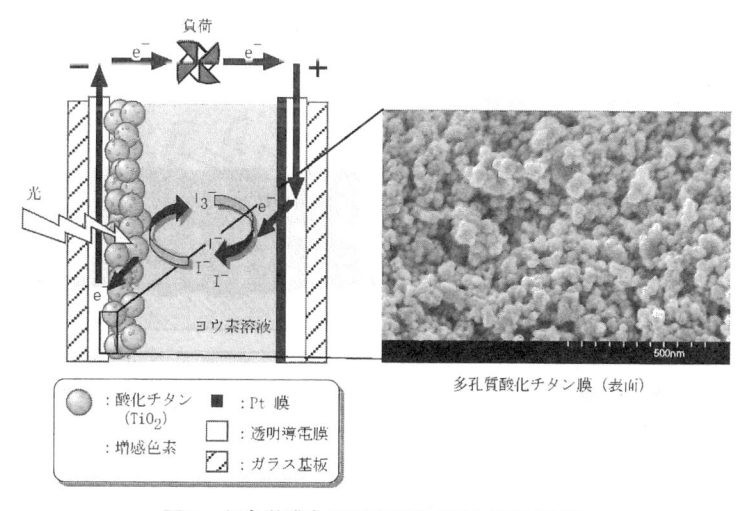

図2　色素増感太陽電池の模式図と電子の流れ

(3) 電子は速やかに半導体の酸化チタン多孔膜へ注入され，ガラス電極に伝わる。
(4) 更に電子は集電端より取り出され，負荷を動かし，対極へと移動する。
(5) 対極上の電子は電解質中の三ヨウ化物イオン(I_3^-)を還元してヨウ化物イオン(I^-)にする。
(6) 還元されたヨウ化物イオンは色素上に取り残されたホールと結合，酸化されて再び三ヨウ化物イオンとなる。
(7) 上記(1)～(6)を繰り返して電気が流れる。

動作原理がシリコン太陽電池のように光励起で発生した電子とホールをそのまま直接取り出して電流とするのではなく，電解質溶液の酸化・還元反応を伴うことから，"光合成"に例えて"光合成模倣型光電池"といった呼ばれ方もすることもある。なお，ここに挙げたナノ結晶酸化チタン粒子から構成される半導体膜部分については，焼成の有無によって光電流値が1桁以上変わってくるため，高効率化を目指すには加熱行程の存在が欠かせない。

3　マイクロ波の利用

これまで，一般に酸化チタン膜の焼成には電気炉が用いられてきた。電気炉加熱では高温になった空気からの熱伝導により物質が加熱されるが，マイクロ波を用いた場合はこれと異なり，物質自身がマイクロ波を吸収することで加熱される。被照射体が吸収するマイクロ波エネルギーP[W]は次式で表される。

$$P = 2\pi f \varepsilon_0 \varepsilon_r \tan\delta E^2 V_S \Theta \tag{1}$$

f：周波数　E：電界強度　ε_0：真空の誘電率　ε_r：比誘電率　V_S：体積　Θ：形状係数

図3に加熱原理を模式的に表したものを示す。被照射体が吸収するマイクロ波エネルギーは図中の式で表され，物質の誘電損失に依存することが分かる。つまり，金属(→反射)や有機物(→透過)等，照射するマイクロ波の波長領域に誘電損失をもたないものはいくらエネルギーを投入しても加熱されない。この性質を利用すれば選択的な加熱が可能になり，プラスチック基板上の酸化チタン膜を焼成することができると期待される。また物質内部が直接加熱されることから，従来

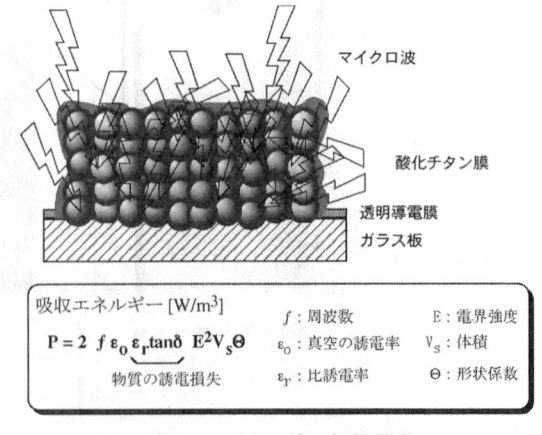

図3　マイクロ波の加熱原理

第 17 章　プラスチックフィルム色素増感太陽電池

の電気炉加熱に比べてはるかに短時間で焼成できるのも大きな特徴である。

4　マイクロ波焼結装置

図4に実際に使用した28GHzマイクロ波照射装置の写真を，表1に装置の仕様を示す。中央，筒状のチャンバーが焼結炉で，後ろの四角い部分が発振装置である。通常，マイクロ波

表1　28GHzマイクロ波焼結装置

形　　式	FMS-10-28
製　　造	富士電波工業株式会社
発振周波数	28GHz
発　振　管	ジャイラトロン
照射方式	マルチモード
電磁波出力	～10kW
真空度調節	Air～13.3Pa(0.1Torr)

図4　28GHzマイクロ波焼成装置
富士電波工業㈱製 FMW-10-28

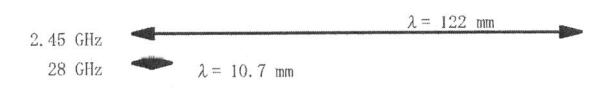

2.45 GHz　　$\lambda = 122$ mm
28 GHz　　$\lambda = 10.7$ mm

◆ 均一な電磁界分布を形成しやすい
　→ 熱暴走が少なく制御がしやすい（28 GHz）

← プラズマが発生するほどの高い電界が局所的に発生（2.45 GHz）

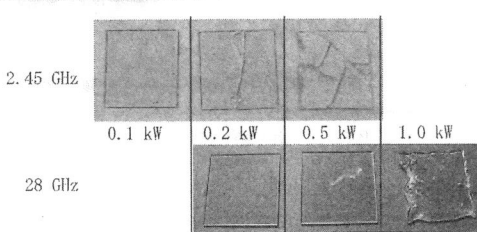

2.45 GHz　　0.1 kW　0.2 kW　0.5 kW　1.0 kW
28 GHz

◆ 高い出力で照射することができる（28 GHz）
◆ 侵入深さが浅いためフィルム向き（28 GHz）

図5　2.45GHzと28GHzマイクロ波の比較

照射装置といえば 2.45 GHz の家庭用電子レンジがよく知られているが，これと今回使用した 28 GHz マイクロ波装置の特徴を比較して図5に示す．

28 GHz マイクロ波の波長は 2.45 GHz に比べて 1/10 以下と短いため，チャンバー内に均一な電磁界分布を形成しやすく制御が容易である．逆に 2.45 GHz では電界分布が不均一なため，ガラス容器に導電性ガラス板を入れて加熱すると局所的にプラズマが発生し，火の玉となって現れる．導電性ガラス板をそのままターンテーブルもしくはチャンバー内に置いてマイクロ波を照射した場合は局所的な熱歪みが生じて 2.45 GHz では 0.2 kW でさえ破壊されているが，28 GHz では 0.5 kW でもほとんど損傷が無い．このように 28 GHz では安定して高い出力で照射することができる．また，マイクロ波侵入深さが浅いためフィルム上への焼成にも適していると言える．

5　色素増感太陽電池への応用

図6及び表2に実際に酸化チタン電極を作製し，光起電力特性を測定した結果の一例を示す．ここでは酸化チタン膜の加熱に電気炉を用いた場合と 28 GHz マイクロ波を用いた場合を比較した．投入したエネルギー量(熱量)を単純に比較できないため，あくまでも加熱条件の違いで比べ

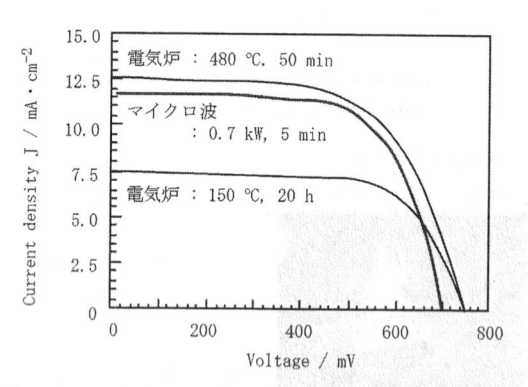

図6　マイクロ波および電気炉で焼成した電極の I–V 曲線

表2　焼成方法と電極の光起電力特性

焼成方法	V_{OC}/mV	J_{SC}/mA·cm^{-2}	P_{max}/mW	η/%	FF
マイクロ波					
:0.7kW, 5min	697	11.8	1.10	5.51	0.67
電気炉					
:150℃, 20h	745	7.45	0.77	3.86	0.70
:480℃, 50min	752	12.6	1.18	5.88	0.62

第 17 章 プラスチックフィルム色素増感太陽電池

た結果になるが，0.7kW で 5 分間マイクロ波を照射した場合，従来の電気炉加熱（480 ℃で 50 分間）とほぼ同等の光起電力特性をもつ電極を調製できることが確認された。ただし，本法では予熱や試料の冷却に時間を必要とせず，操作時間を 1/10 以下に短縮できるという点で有意である。

最後にマイクロ波照射による酸化チタン膜の焼成をプラスチックセルへ応用した結果について述べる。酸化チタンには P25（日本アエロジル社）粉末を使用し，関西ペイント㈱の協力を得てバインダー等添加せず，アルコール系の溶媒に分散してスプレー塗装により成膜した。基板には 125 μm の ITO/PET フィルムを，同じく対極には 125 μm の Pt 蒸着した ITO/PET フィルムを用いた。結果を図 7 及び表 3 に示す。照射前は 0.45 ％であったオールプラスチックセルの効率は 2.45GHz マイクロ波の照射で 0.74 ％，28GHz では 2.16 ％まで向上した。

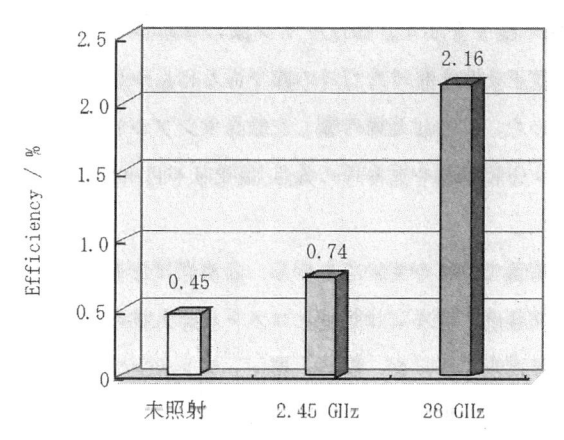

図 7 マイクロ波照射で酸化チタン膜を焼成したオールプラスチックセルの光電変換効率
【酸化チタン電極】基板：ITO/PET film，酸化チタン：P-25（no binder）
【対　　　極】Pt coated ITO/PET film
【電　解　液】0.1M LiI, 0.05M I₂, 0.5M TBP, 0.6M DMPII/Acetonitrile

表 3　マイクロ波で焼成したフィルム基板セルの光起電力特性

照射条件	V_{oc}/mV	J_{sc}/mA·cm^{-2}	P_{max}/mW	η/%	FF
未照射[*]	611	1.28	0.07	0.45	0.57
2.45GHz[†]	657	1.76	0.10	0.74	0.64
28GHz[‡]	685	4.91	0.24	2.16	0.64

動作面積：[*]0.148cm^2, [†]0.142cm^2, [‡]0.112cm^2
評価条件：AM1.5G, 100mW·cm^{-2}

色素増感太陽電池の最新技術 II

6 おわりに

　28GHz マイクロ波の照射により，ガラス基板において電気炉加熱とほぼ同等の電極を作製することができた。28GHz マイクロ波の持つ均一な反応場と短時間で焼成可能な性質はセルの生産性を向上すると考えられる。またその選択加熱性からプラスチック基板への照射も可能であり，スプレー塗布技術との組み合わせではオールプラスチックセルへの展開も見えてきたと言える。最後に，本法で得られたセルの写真を紹介する（図8）。大きさは 20 × 40cm のほぼ B4 サイズで，マイクロ波加熱により色素増感太陽電池の大面積化が可能であることを示した最初の試作品である。

　なお，スプレー塗装法による酸化チタン膜の堅牢性を示す例として図9に4年経過後のフィルム試料の折り曲げ試験の様子を示す。酸化チタン膜の厚みは $10 \mu m (\pm 1 \mu m)$ である。バインダーを添加せず，P25粒子を吹き付けただけの膜であるにもかかわらず，見た目の損傷や経年劣化は全く観察されなかった。これは当時作製した数百サンプルすべてにおいて共通であり，酸化チタン塗布前のペースト分散技術や塗布時の条件（霧化圧や吐出量等）をうまく制御した結果と言える。

　色素増感太陽電池は安価で作りやすいことから，日本だけでも200社を超える企業が調査・研究開発を行っている。実用化に至るには性能とコストと耐久性の全てをバランスさせる必要があり，まだまだ解決すべき課題も多いが，軽い・薄い・フレキシブルで柔らかいという特徴を生かした用途開発も含めて，今後の展開が大いに期待される。

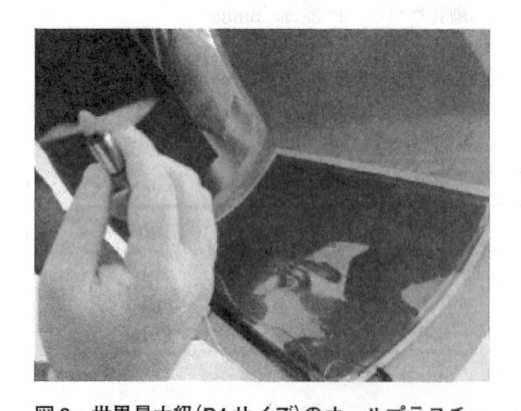

図8　世界最大級（B4サイズ）のオールプラスチック型フィルム状色素増感太陽電池
*2003年4月3日電気化学会創立70周年記念大会（東工大）にて公開

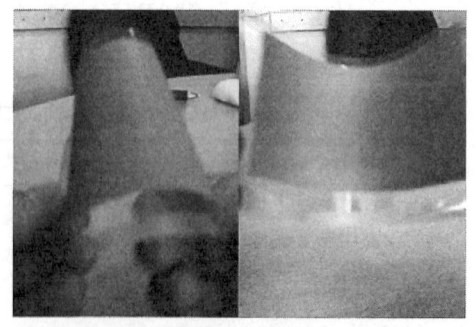

図9　塗布後4年経過した酸化チタン膜付きフィルムの折り曲げ試験の様子（損傷や経年劣化は観察されず）

第17章 プラスチックフィルム色素増感太陽電池

文　　献

1) B. O' Regan and M. Grätzel, *Nature*, **353**, 737 (1991)
2) 宮本正司，佐治他三郎，筋原裕一ら，セラミックスの高速焼結技術，㈱ティー・アイ・シィー
3) T. Kimura, H. Takizawa, K. Uheda, T. Endo and M. Shimada, *J. Am. Ceram. Soc.*, **81**, 2961 (1998)
4) M. Iwasaki, H. Takizawa, K. Uheda, T. Endo and M. Shimada, *J. Mater. Chem.*, **8**, 2765 (1998)
5) H. Takizawa, K. Uheda and T. Endo. *J. Am. Ceram. Soc.*, **83**, 2321 (2000)
6) H. Takizawa, N. Haze, K. Okamoto, K. Uheda and T. Endo, *Mat. Res. Bull.*, **37**, 113 (2002)
7) H. Takizawa, M. Iwasaki, T. Kimura, A. Fujiwara, N. Haze and T. Endo, *Trans. Mat. Res. Soc. Japan*, **27**(1), 51 (2002)
8) S. Uchida, M. Tomiha, N. Masaki, A. Miyazawa and H. Takizawa, "Preparation of TiO_2 nanocrystalline electrode for dye-sensitized solar cells by 28GHz microwave irradiation.", *Solar Energy Materials and Solar Cells*, 81/1, pp. 135-139 (2004)
9) S. Uchida, M. Tomiha, N. Masaki, A. Miyazawa and H. Takizawa, "Flexible Dye-Sensitized Solar Cells by 28GHz Microwave Irradiation.", *J. Photochem. Photobiol. A: Chemistry*, **164**, 93-96 (2004)
10) 内田　聡，"色素増感太陽電池の量産化に向けた課題と基礎技術"，エコインダストリー，**6**(7)，5-16 (2001)
11) 内田　聡，"色素増感太陽電池の縁"，テクノニュースちば，7月号，8-9 (2001)
12) 内田　聡，"色素増感太陽電池に向けた酸化チタンペーストの調製と界面化学"，ニュースレター／日本化学会コロイド界面科学部会，**27**(1)，2-5 (2002)
13) 内田　聡，"粉末試料での電極作製"，*Electrochemistry*，**71**(4)，292-294 (2003)
14) 内田　聡，冨羽美帆，正木成彦，"色素増感太陽電池に向けたナノ酸化チタンコロイドの水熱合成"，機能材料，**23**(6)，51-57 (2003)
15) 冨羽美帆，内田　聡，滝澤博胤，"28GHzマイクロ波による酸化チタン膜の焼成と色素増感太陽電池への応用"，機能材料，**23**(6)，58-63 (2003)
16) 冨羽美帆，内田　聡，滝澤博胤，"28GHzマイクロ波を利用したフィルム状色素増感太陽電池の作製"，マテリアルステージ，**3**(5)，42-51 (2003)
17) 内田　聡，"酸化チタンナノチューブの水熱合成"，色素増感太陽電池の最新技術と普及への課題(NTS出版)，第7稿，168-193 (2003)
18) 内田　聡，"酸化チタン電極の最適化"，*Electrochemistry*，**72**(1)，891-895 (2004)
19) 内田　聡，冨羽美帆，長塩尚之，"電子線照射によるナノ酸化チタン粒子の焼成と色素増感太陽電池への応用"，エコインダストリー，**9**(2)，5-10 (2004)
20) 正木成彦，内田　聡，"ナノチューブを利用した色素太陽電池！"，化学，**59**(3)，58-59 (2004)
21) 内田　聡，"軽い，薄い，フレキシブルで柔らかい次世代型色素増感太陽電池"，ハイテクインフォメーション，**151**，14-18 (2004)

22) 冨羽美帆, 内田 聡, 滝沢博胤, "マイクロ波焼結による酸化チタン多孔質膜の接合", セラミックス, **39**(6), 435-438(2004)
23) 実平義隆, 内田 聡, 落合 満, 鈴木 茂, "色素増感太陽電池に使用される酸化チタン粉末", *JETI*, **52**(9), 43-46(2004)
24) 実平義隆, 内田 聡, "酸化チタンナノワイヤーを用いた色素増感太陽電池", 化学工業, **55**(10), 60-64(2004)
25) 内田 聡, "フレキシブル色素太陽電池の材料技術", 日本写真学会誌, **68**, 130-131(2005)
26) 内田 聡, "ナノ結晶酸化チタン膜のマイクロ波焼成と光電子移動", 会報 光触媒／光機能材料研究会, **16**, 31-38(2005)
27) 内田 聡, "シリコン系に代わる？ 色素増感型太陽電池", 月刊 地球環境／日本工業新聞社, 1月号, 2-3(2005)
28) 内田 聡, "電子線利用による色素増感光電池のプラスチックフィルム化", 薄膜太陽電池の開発最前線(NTS出版), 第4章, pp.240-253(2005)
29) 内田 聡, 冨羽美帆, 実平義隆, 伏見恵典, "β-CDIを電解液に用いた固体フィルム型色素増感太陽電池", 高分子論文集, **63**(1), 62-67(2006)
30) 内田 聡, "プラスチック太陽電池の開発", 月刊 ケミカルエンジニヤリング／化学工業社, **51**(2), 156-160(2006)
31) 内田 聡, 実平義隆, "酸化チタンナノワイヤーの水熱合成と光機能電極への応用", 日本写真学会誌, **69**(2), 112-115(2006)
32) 内田 聡, "太陽光発電の最新動向", エコインダストリー, **11**(7), 12-18(2006)
33) 内田 聡, 伊藤省吾, "有機色素を用いた高効率色素増感型太陽電池の開発", *O plus E*, **28**(9), 285-289(2006)

第17章　プラスチックフィルム色素増感太陽電池

週刊宝島 5/7号, p68 (2003)

素材

どこでも貼り付け可能！次世代太陽電池

軽い！薄い！フレキシブル！

電卓から人工衛星まで、幅広いフィールドで活躍する太陽電池に、今利便性を大きく高める次世代化の波が押し寄せている。3月31日、関西ペイントは東北大学多元物質科学研究所と共同で、次世代型太陽電池の1つとして注目される"色素増感太陽電池"の大面積フィルム化に成功したと発表した。これは、従来のシリコン型太陽電池と比べてどこが違うのか。

「軽い、薄い、フレキシブルで柔らかい。この三拍子揃ったことが一番の特徴です」と、関西ペイント広報担当。

「従来のシリコン型は、重くて固い。そのため、住宅の屋根などには設置できるが他の部分には設置できるが他の部分には難しい。しかし、色素増感型はペラペラのプラスチックフィルム状なので、例えば家の窓ガラスや外壁に貼り付けたり、丸い電柱に巻き付けることも可能になります」（同）

つまりこの色素増感太陽電池ならば、従来の太陽電池が設置できなかった球状や曲がりくねった形状にも貼り付けることが可能になるわけだ。

色素増感型は、酸化チタンとヨウ素溶液から作られる有機色素、酸化チタンとヨウ素溶液から作られる。太陽光が有機色素に当たると電子が飛び出す、という原理を利用して電気を取り出す仕組みで、酸化チタンはその飛び出した電子を効率良く伝える役目を果たす。シリコン型に比べて製造が容易であるなど多くの利点を持っているものの、今まで、実用化には4つの壁があった。

① ナノサイズの酸化チタンを分散させること
② さらにそれをフィルムに均一に塗布すること
③ その酸化チタン膜をフィルムにダメージを与えずに焼結すること
④ ヨウ素電解液が漏れないように封止すること

これらの問題点をクリアするために、同社は従来の塗料技術のノウハウを応用し、酸化チタンを5～30nmのナノサイズにして分散。また、特殊な霧化方式のスプレー塗装技術によって、PETフィルム

色素増感太陽電池の作成手順

① ナノサイズの酸化チタンをペースト状にして分散、② 霧化方式のスプレー塗装技術により、約10μmの厚さで均一に塗装、③ 塗装でできた膜をマイクロ波で焼結。その後④ ルテニウム色素溶液で染色したあと、⑤⑥⑦の手順を経て完成する

にクリアに分散し、凝集を防いだ。また、酸化チタンを傷めずに焼結した酸化チタン膜を、東北大学がマイクロ波での焼結技術を開発し、28GHzのマイクロ波でフィルムを傷めずに塗布することに成功。これにより大きさに関する制約がなくなり、大面積の色素増感太陽電池が実現した。

同社では、現在太陽光の電気変換効率の向上をめざして開発が進められている。現時点での電気変換効率は約3％と、15～20％を誇るシリコン型太陽電池には遠く及ばないものの、それを補って余りある利便性は計り知れない。

「従来、酸化チタンの膜は50～600度で焼き付けていた。これでは、プラスチックのフィルムは溶けてしまう」（同）

そこで、東北大学がマイクロ波での焼結技術を開発し、28GHzのマイクロ波でフィルムを傷めずに塗布することに成功。さらにヨウ素溶液が液漏れを防ぐことができた。しかし、一番の問題は③の膜をフィルムに定着させる方法だ。

への約10μmの均一な膜厚の塗装に成功した。さらにヨウ素溶液も、同社が独自開発した技術により液漏れを防ぐことができた。

家でも車でも電柱でも、光の当たる場所ならば、貼り付けて発電できる"どこでも太陽電池"の実現は近い。

伊賀里健太郎（いがり・けんたろう）
科学技術ジャーナリスト。科学技術、素材、材料分野を専門とし、取材・執筆活動を行う。

薄く、曲がる色素増感太陽電池。スマキ状にクルクルと丸められることで搬送も容易になり、軽量なので設置も簡単だ

色素増感太陽電池の最新技術 II

2003年（平成15年）5月19日（月曜日）　夕刊讀賣新聞

色とりどり 太陽電池

黒みがかった灰色が主流だった太陽電池が多彩な色をまとい始めた。ブルーや緑、オレンジのほか、派手なピンクまで登場。環境に優しいエネルギー源というだけでなく、色彩でも魅力を増す。従来とは全く別の原理で動く太陽電池も開発が進み、豊かな色合いと、応用しやすいフィルム状加工が実用段階に近づいている。
（井川陽次郎、片山圭子）

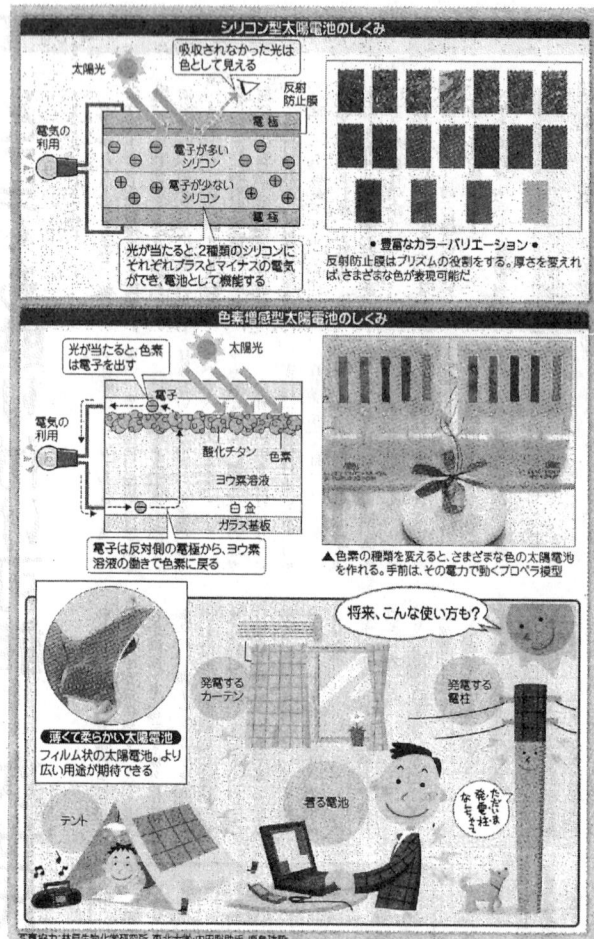

太陽電池の設置場所といえば屋根。ただ、単色では味気ない。色が付けば、住宅で使うのも楽しいし、企業のビルの壁面にも使える。「デザインの幅を広げたい」という願いをかなえてくれそうなのが、鹿島建設などがメーカーと共同で開発した「建材一体型カラー太陽電池」。青からピンクまで「色は豊富」。文字や模様も自由に描ける。

秘密は、電池の役割を果たすシリコンの表面に塗った酸化チタン製の反射防止膜。これが光を屈折させてプリズムの働きをする。膜の厚さを変えると、ピンクで四十四倍と差がある。開発に携わった同社の伊藤正夫さんは、「安定した色を出すのに一般の住宅用より多少値は上がるものの、企業向けに苦労した」。従来型より多少値は上がるものの、一般の住宅にも広まりつつある。

従来と全く違う原理で発電し、太陽電池の次世代を担うといわれる「色素増感型太陽電池」もカラフル。その実用化に挑戦する東北大多元物質科学研究所の内田聡助手は「色素（葉緑素）で化学反応を起こす植物の光合成と同じ原理」という。

光が当たると色素から電子が飛び出し、電気が起きる。両極には二枚のガラス板。薄く白金の膜が塗ってあり、その上に色素を付着させたガラスには、さらに酸化チタンの薄い膜を工夫すれば、電子を工夫することで、色を変えること。岡山県の林原生物化学研究所では実際、色素を変えることで、赤、紫、オレンジ、緑、黒などの太陽電池を実現した。

フィルム状も登場 カーテンに使える？

ガラス板の代わりに樹脂を使えば、曲げるのも自由自在だ。東北大の内田さんは、関西ペイントと協力し、世界に類のないタオル大のフィルム状太陽電池を開発した。

従来、ガラス板に酸化チタンをつけるには電気炉で加熱する方法が一般的。だが樹脂は熱に弱いので、電子レンジに似た電波で酸化チタンを加熱した。ムラがあるとうまくいかないので、均一に酸化チタンの塗装技術で成功。今春の学会でお披露目すると、会場から拍手がわいたという。

「フィルムなら軽くて柔らかいので、服やカーテンなどへの応用も期待できる」と内田さん。開発は一気に花開きそうだ。

太陽電池生産量　日本は昨年の生産量が前年比48%増の二百五十四メガ・ワットに達し、世界の生産量の約半分を占め、世界最高水準。業務用の四・五倍と依然増加中だが、国内は住宅用電力料金の約十三倍と高い。政府はこれを新エネルギーの利用拡大に向け、二〇一〇年度に四百八十二万kw導入目標を掲げている。ただ設置費用の削減が最大の課題。コストは、主流の型で約二十数万、次世代の色素増感型で5~7万と大きな差がある。

従来の太陽電池に対しコストの安さが強み。

シリコン型太陽電池のしくみ
色素増感型太陽電池のしくみ
豊富なカラーバリエーション
色素の種類を変えると、さまざまな色の太陽電池を作れる。手前は、その電力で動くプロペラ模型
薄くて柔らかい太陽電池　フィルム状の太陽電池。より広い用途が期待できる
将来、こんな使い方も？　発電するカーテン　発電する電柱　テント　着る電池
写真協力：林原生物化学研究所、東北大学・内田助手、鹿島建設
デザイン：三原加代子

第17章 プラスチックフィルム色素増感太陽電池

日経産業新聞 2004.7.8 日経産業新聞 第7面

21世紀の気鋭

先端技術

色素増感型太陽電池

世界最大サイズを試作

東北大学助手 内田 聡

（うちだ・さとし）一九六五年生まれ、青森県出身。九一年東北大学大学院工学研究科修了、同大選鉱製錬研究所付属難処理希少資源研究センター助手。同大素材工学研究所助手などを経て二〇〇一年より現職。

次世代の太陽電池と期待されている色素増感型が早くも大学時代から。光が当たるとフィルムのように薄く曲げられるのが特徴。東北大学助手の内田聡（39）はこのタイプでB4判サイズの試作に成功し、注目を集めている。

技術協力先は全国にわたり、平日は二日に一度のペースで企業の研究者が訪れる。この三年間でたまった名刺は厚さ十五ボ以上。頻繁に講師として招かれる学会にはテレホンカード一枚をお礼にもらい「当時は素直に喜んだ」と笑う。

一九九八年に博士課程を修了したのを機に光触媒の応用研究に取り組む現在の研究室に移った。たきらら輝く酸化鉄の粒子を合成した。さびずに輝き続けるので、高級自動車向けの塗料に実用化された。その企業から「何か光触媒をテーマにしたい」と思い研究テーマにしたのが、光触媒まり、何もかも分からないことずくめだった。

そんな中、「自分の研究内容を公表したら、アドバイスがもらえるかもしれない」という軽い気持ちで九九年にホームページを開設した。これが一気に加速した。ホームページを見た企業や大学の研究者の情報が集まり、色素増感型の研究課題が浮き彫りになっていった。電池の作り方に始まり、何もかも分からないことずくめだった。

軽く曲げられる太陽電池を作るには、発電素子を張り付ける基板にプラスチック材料を使う。しかし、素子を塗布する際に粘性を持たせる絶縁性のペースト剤を除去しにくいため、これが邪魔してうまく発電できなかったが、解決でき、熱ムラが起きるためだったが、解決できる技術が見当たらなかった。

これをホームページで見たある企業が共同研究を申し込んできた。均一に塗布が可能となり、ペースト剤だけを除去できることを発見。だが、火花が散るようになった。これが世界最大サイズの試作につながった。

―を走らせることを目標に決めた。

同じ光触媒でも、油などの分解用と太陽光発電用では扱い方が全く異なる。一から研究を立ち上げた。電池の作り方に始まり、何もかも分からないことずくめだった。

国内の戸建て二千五百万戸のうち太陽電池が設置してあるのはまだ約十七万戸。しかし、政府は地球温暖化対策のため普及に取り組んでおり、太陽光による発電量を二〇一〇年に〇三年度の五倍以上、四百八十二万㌗に増やす目標をかかげる。市場は拡大していく見通しだ。次世代太陽電池は屋根置き型以外にも用途のすそ野拡大が見込まれており、企業や大学で研究開発が進んでいる。例えば、色素増感型は丸めてカバンに入れて持ち運び、移動時間などに広げて携帯機器を充電する用途などが考えられている。人工衛星に使われる発電効率が高い化合物半導体タイプは面積が狭くても多く発電できるため、町中に設置するミニ発電所を実現できる可能性がある。

次世代太陽電池
すそ野拡大に期待

て知り合ったつながりで下がるなどの問題がおきて、研究者として認められるようになった。今度はホームページで恩返しをと毎日更新して内容充実に余念がない。アクセス数は約五十万件で、内田は四歳になる子供のお迎えや夕食の用意などもこなす。「手作りのソーラーカーに息子を乗せてドライブしたい」というのが当面の夢だ。

「ホームページを通じ

（横山聡）

=敬称略

第18章　色素増感太陽電池の性能評価技術

菱川善博*

1　はじめに

　色素増感太陽電池は，次世代太陽電池の候補として，活発な研究開発が進められている。小面積では11％を超える光電変換効率が報告されると共に，モジュール化に向けて大面積のサブモジュールの報告も増えており，デバイス技術が着実に進歩している[1,2]。これに伴って，変換効率等の性能を正確に評価する技術の必要性も高まっている。

　太陽電池の種類にかかわらず，その電流電圧（$I-V$）特性や光電変換効率等の性能を正確に評価するためには，ソーラシミュレータ等測定光源の照度・分光スペクトルの調整，スペクトルミスマッチ誤差を防ぐための適切な基準セルの使用，太陽電池面積の正確な定義等の技術が共通して必要である。これらの技術は，結晶Si太陽電池等，従来の太陽電池の評価においては常識となっており，色素増感太陽電池の評価においても実施することが基本となる。加えて，色素増感太陽電池の性能評価には，長い時定数や応答の非線形性等，他の太陽電池とは異なる特有な性質について，いくつかの特別な注意を払う必要がある。これらの点については従来も議論されているが[2〜6]，色素増感太陽電池は現在も高効率化を始めデバイス開発の最中であり，正確な性能評価のために必要な技術もデバイスに合わせてupdateが必要である。本稿では，現在開発されている高効率色素増感太陽電池の測定結果を基に，その特有な性質を反映した$I-V$特性および分光感度特性の正確な評価に必要な技術について述べる。

2　実験およびサンプル

　色素増感太陽電池は，その材料・構造のバリエーションが大きい。本稿の実験に用いたサンプルは，複数の研究機関で独立に，典型的な最新の技術で形成された高効率色素増感太陽電池であり，TiO_2上に形成したN719またはblack dye等のRu系色素とヨウ素系電解質を用いている。面積は約5mm×5mm，変換効率は8％台〜10％台であった。$I-V$特性および分光感度特性の測定時には，サンプルの温度は25℃に制御した。温度制御は，水冷で温調した金属板に，サン

＊　Yoshihiro Hishikawa　㈱産業技術総合研究所　太陽光発電研究センター　主任研究員

第18章 色素増感太陽電池の性能評価技術

プルを熱伝導良く固定することにより行った。I-V特性の測定は，アドバンテスト製R6245/6 current-voltage sourcemeterを用いた電流電圧特性測定システムを用いて行った。I-V特性測定用の光源として，WACOM製Xeランプ1灯／ハロゲンランプ2灯の超高近似ソーラシミュレータ(WHSS)を用い，照度は100 mW/cm^{2}とした。分光感度測定には，分光計器製CEP2003Wを用いた。

3 性能評価技術各論

3.1 I-V特性の測定時間

性能評価において，色素増感太陽電池の最も顕著な特性は，電圧または光の印加に対する出力電流・出力電圧の時間的応答が非常に遅いことである。結晶Si・アモルファスSi等，従来の太陽電池では時間的応答は1ミリ秒以内で十分安定することが普通であるが，色素増感太陽電池の時間的応答は以下に示すように，1秒以上かけても十分安定しないことが多い。

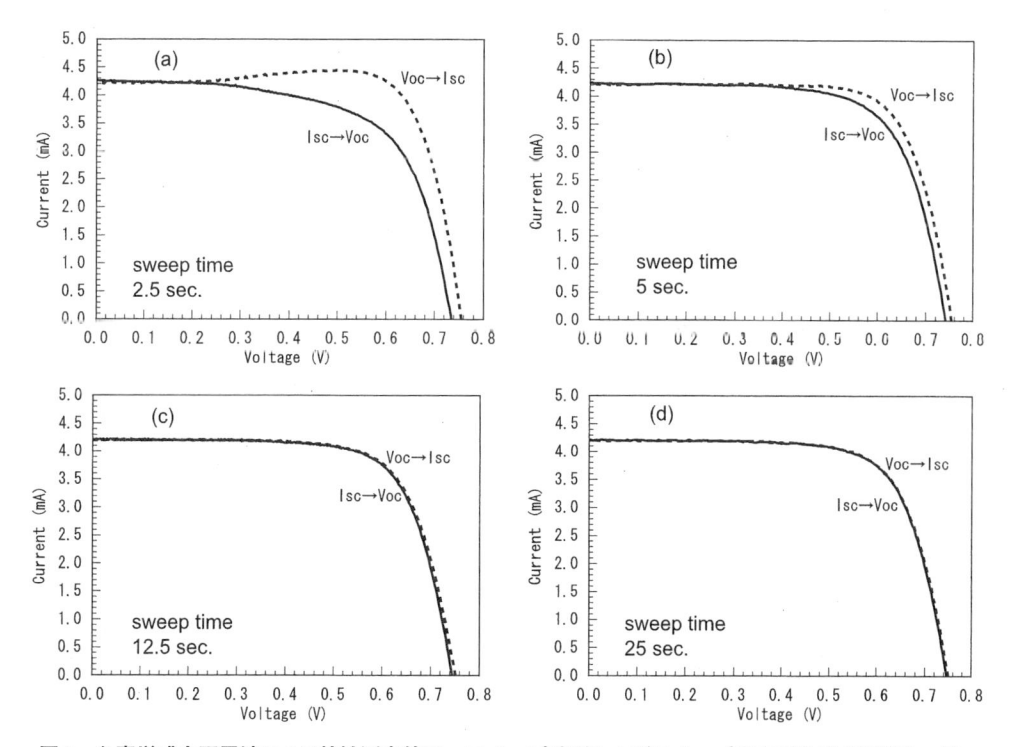

図1 色素増感太陽電池のI-V特性測定値に，スイープ時間およびスイープ方向が及ぼす影響の一例
実線は電圧が増す方向にスイープした場合($I_{sc} \rightarrow V_{oc}$)であり，破線は電圧が減少する方向にスイープする場合($V_{oc} \rightarrow I_{sc}$)である。各々のI-V特性は，250の測定点からなる。各測定点における積分時間は10ミリ秒。測定時間は，各測定点における測定前の遅延時間を変化させることにより制御した。

色素増感太陽電池の最新技術 II

　図1(a)～(d)に，色素増感太陽電池のI-V特性を測定する際のスイープ時間とスイープ方向が，I-V特性の測定結果に及ぼす影響を示す。ここで，スイープ時間はI-V特性全体を測定するのに必要な時間である。スイープ方向は，電圧が増す方向にスイープする場合($I_{sc}\to V_{oc}$)と，電圧が減少する方向にスイープする場合($V_{oc}\to I_{sc}$)の2種類で測定を行った。図1(a)からわかるように，スイープ時間が2.5秒と比較的短い場合には，$I_{sc}\to V_{oc}$スキャンのI-V特性(実線)と$V_{oc}\to I_{sc}$スキャンのI-V特性(破線)は大きく異なる。その差はスイープ時間が長くなるにつれて小さくなり，図1(d)に示すように，スイープ時間25秒でほぼ一致する。同様の実験結果を，短絡電流I_{sc}，開放電圧V_{oc}，最大電力P_{max}および曲線因子FFについて示したものが図2(a)～(d)である。この結果は，色素増感太陽電池のI-V特性を正確に測定するためには，25秒程度もしくはそれ以上の長いスイープ時間が必要であることを示しており，従来の報告[6]と一致している。スイープ時間25秒では，図2(a)～(d)のすべてのパラメータが，異なるスキャン方向でほぼ一致してい

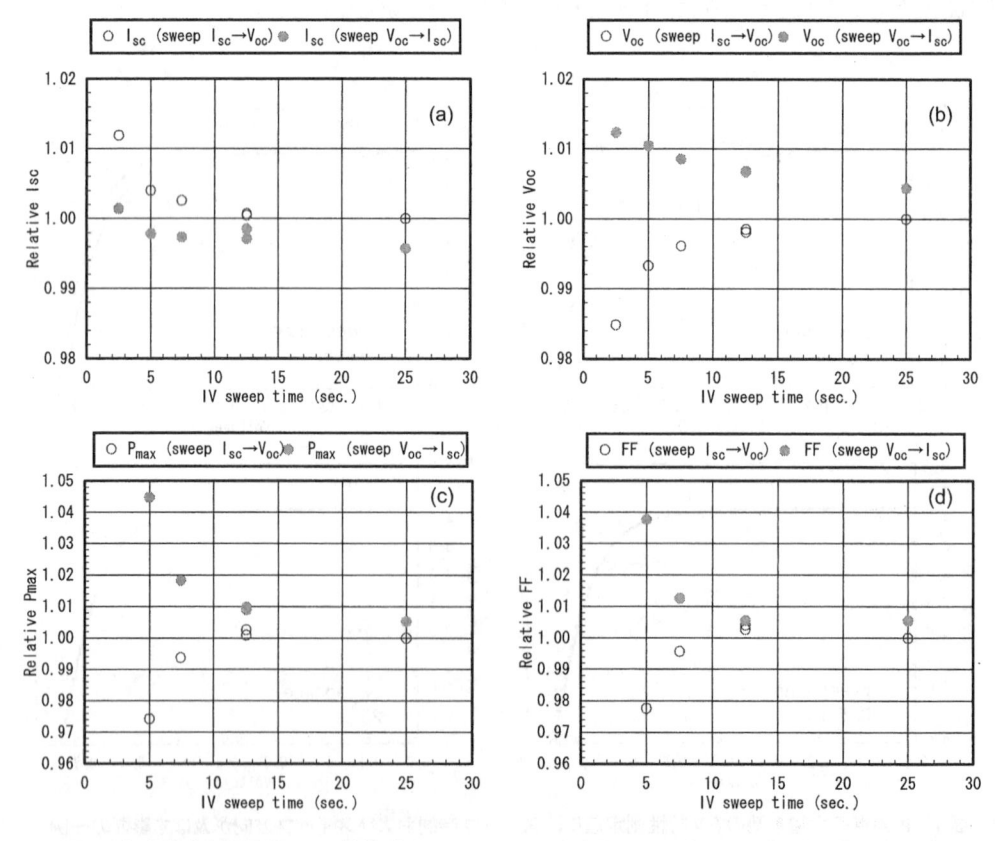

図2　色素増感太陽電池のI-V特性パラメータのスイープ時間およびスイープ方向依存性の一例
白丸は電圧が増す方向にスイープした場合($I_{sc}\to V_{oc}$)であり，黒丸は電圧が減少する方向にスイープする場合を示す。

第18章　色素増感太陽電池の性能評価技術

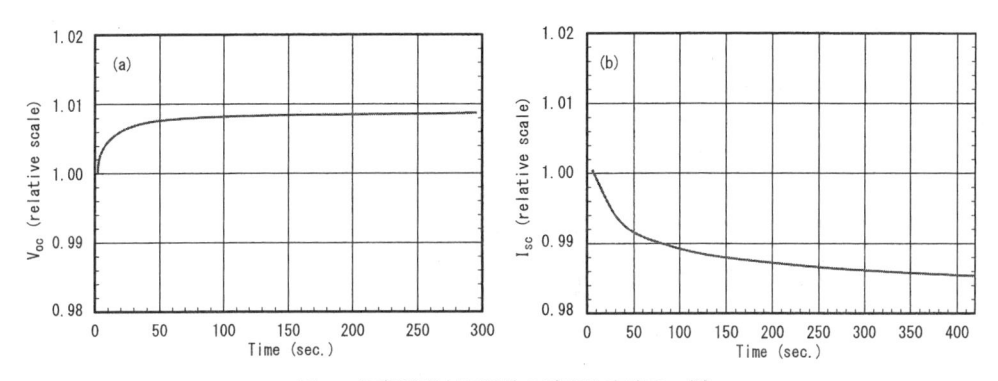

図3　色素増感太陽電池の時間的応答の一例
(a)は，接続を短絡(0V)から開放に切り替えた場合の出力電圧，すなわち開放電圧 V_{OC} の時間変化。
(b)は同じく開放から短絡に切り替えた場合の短絡電流 I_{SC} の時間変化。照度，温度はいずれも 100 mW/cm^2, 25℃。

るが，厳密には ±0.2～0.3%程度の差が見られる。V_{OC} と I_{SC} に関して，0.1%オーダーの小さな変化に注目して，更に長時間の変化を測定すると，図3(a)，(b)に示すように，100 mW/cm^2, 25℃における V_{OC}, I_{SC} 共に数百秒の長時間にわたって変化を続けることが明らかになった。従って，色素増感太陽電池の性能評価においては，スイープ時間を数十秒以上とし，異なるスイープ方向の測定で I-V 特性がほぼ一致することを確認することが必要である。スイープ方向によって I-V 特性に差がある場合には，応答時間に起因して，測定結果がその差の程度の誤差を含むことを示している。更に正確に P_{max} や変換効率を測定するためには，実際に最適動作電圧に電圧を保持して P_{max} を確認する必要がある。

通常の結晶 Si 太陽電池では，特殊な場合を除いてこのような長い時定数の時間応答は見られない。結晶 Si 太陽電池では，スイープ時間がミリ秒オーダーもしくはそれ以下と非常に短いと，同様に I-V 特性がスイープ時間によって変化することが知られている[7～9]。この現象は，pn 接合に起因する拡散容量等の静電容量による効果とされている。ちなみに，最近の変換効率20%を超える高効率単結晶 Si 太陽電池では時間応答が長くなる傾向があり，100ミリ秒程度のものが報告されているが，本稿の色素増感太陽電池に比べればそれでも非常に高速といえる。色素増感太陽電池でも容量(capacitance)の効果として時間的応答の議論がなされている[6]が，新しいデバイスであり，様々なデバイス構造と応答速度の関係が，完全に解明されているわけではない。図1とは異なる機構に起因すると思われる，更に長時間の応答も観測されている。

3.2　I-V 特性の照度依存性

通常は，太陽電池の性能は Standard Test Conditions STC，すなわち AM1.5G，100 mW/cm^2,

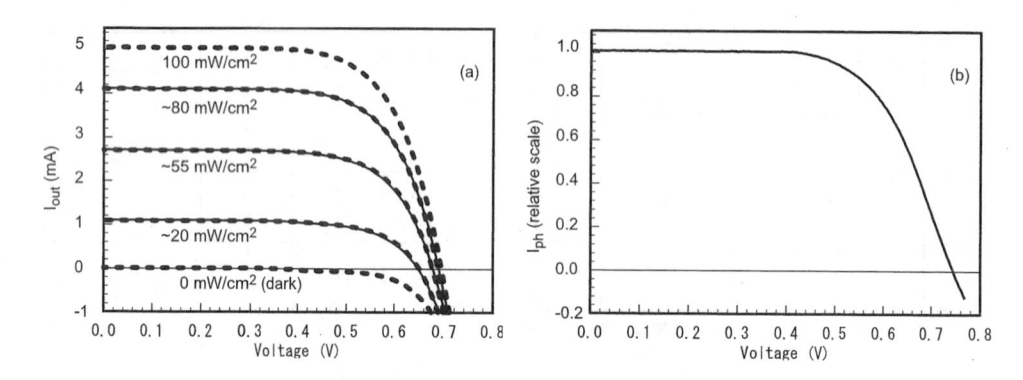

図4　色素増感太陽電池の $I-V$ 特性の照度依存性の一例
破線は実験結果を示す。実線は 100 mW/cm² と 0 mW/cm² の実験結果と本文中(1)式を用いて計算した結果を示す。実験結果と計算結果は良く一致している。

25 ℃において評価されるが，実際の屋外では太陽電池が動作する照度・温度・スペクトルは様々に変化する。この意味で，太陽電池特性の照度依存性を知ることは，実用上重要である[10,11]。図4(a)は，色素増感太陽電池の $I-V$ 特性の照度依存性の一例である。照度はソーラシミュレータ光を金属薄膜 ND フィルタ（TND フィルタ）で減光することにより，0 mW/cm²（暗状態）から 100 mW/cm² まで変化させた。サンプルの温度は常に 25 ℃とした。

$$I_{out}(V) = I_d(V) + I_{ph}(V) = I_d(V) + E \times I_{ph0}(V) \tag{1}$$

ただし(1)式で，$I_{out}(V)$ はバイアス電圧 V における出力電流，$I_d(V)$ は暗電流，$I_{ph}(V)$ は，電圧に依存して照度に比例する光電流，E は照度，$I_{ph0}(V)$ は単位照度あたりの光電流である。$I_{ph}(V)$ を図4(b)に示す。破線で示す実験結果と，実線で示す(1)式を用いた計算値は1％以内の良い一致を示した。(1)式はアモルファス Si(a-Si) の pin 接合太陽電池の照度依存性を記述する式として提案され，結晶 Si の pn 接合を含む，多くの太陽電池でも成立することが知られている[11]。$I_{ph}(V)$ の形は太陽電池の種類によって特徴的であり，結晶 Si 太陽電池では $I_{ph}(V)$ が電圧によらずほぼ一定であるのに対し，a-Si 太陽電池では電圧によって大きく変化する。色素増感太陽電池の $I_{ph}(V)$ も電圧による依存性が大きく，この意味で a-Si 太陽電池と類似している。なお，$I_{ph}(V)$ の電圧依存性が図4(b)のように大きいと，(1)式の $I_d(V)$ の形との兼ね合いで，50〜100 mW/cm² 付近で照度が下がると FF が増加し，結果として，低照度における変換効率の低下が少なくなる。なお，今回検討した色素増感太陽電池の I_{SC}，V_{OC}，FF，P_{max} は，同一の温度・照度下で数時間繰り返し測定する間に，初期値に比べて 0.5 ％〜2 ％程度変化することが普通であった。性能変化の程度はデバイス構造に大きく依存すると思われる。特に屋外での実用を念頭におくと，将来的には色素増感太陽電池も性能評価において安定性の要素が重要になると思われる。

第18章　色素増感太陽電池の性能評価技術

3.3　分光感度特性の評価

色素増感太陽電池の分光感度は，3.1で述べた遅い時間応答の他に，バイアス光依存性，バイアス電圧依存性等，いくつかの要素に影響される。

典型的な測定結果を図5(a)〜(c)に示す。ACモード，バイアス光なしで測定した場合，図5(a)に示すように，分光感度の測定結果は単色光をチョップする周波数によって大きく変化した。具体的には，チョップ周波数が3.4 Hzから1.7 Hz，1.1 Hzと低下するにつれて，分光感度の測定値が増加する。変化の程度は波長によって異なり，長波長側ほど増加が顕著であった。これは，単色光のon/offに対して，太陽電池の出力電流波形が時間的に十分追随していないことに起因する。約100 mW/cm^{2}のバイアス光を印加したAC測定でも，図5(b)に示すように同様の傾向であったが，約5.1 Hz以下の周波数では測定値がほぼ一定となった。この結果は，バイアス光の印加によって，チョップ光に対する色素増感太陽電池の時間応答が速くなり，5.1 Hz以下のチョップ光には十分に追随していることを示している。AC測定とDC測定の両方で，バイアス光印加によって，約500 nmより短波長側の分光感度が低下した。これはバイアス光の印加により，I_3^-イオンの濃度が増して光吸収も増加することに起因すると考えられる。分光感度の評価に

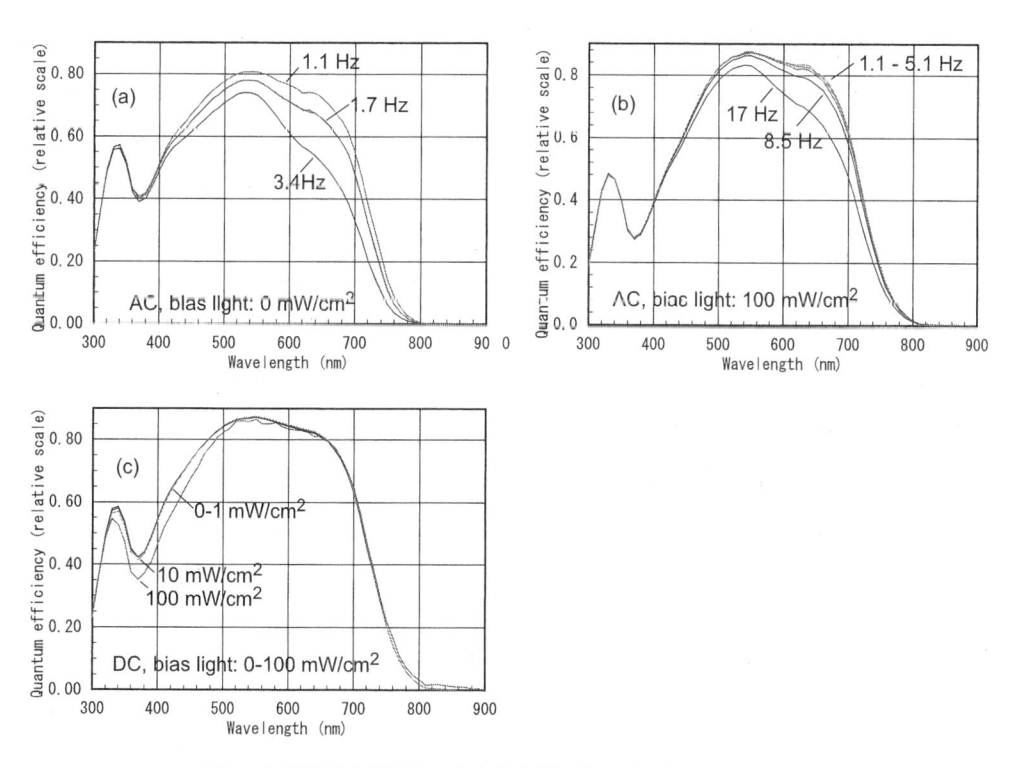

図5　色素増感太陽電池の分光感度特性(量子効率)測定結果の一例
(a) バイアス光なしでのAC測定，(b) バイアス光100 mW/cm^{2}下におけるAC測定，(c) DC測定

際して，バイアス光の印加によって分光感度が変化することを念頭に置く必要がある。

　結果として，動作状態における色素増感太陽電池の分光感度を正確に評価するには，バイアス光を印加した状態で十分低い周波数で AC 測定を行うか，もしくはバイアス光印加での DC 測定を行うことが必要である。AC 測定の場合は，チョップ周波数を変化させて測定結果が変化しない周波数領域で測定を行うことが重要である。バイアス光を印加した DC 測定は，バイアス光の僅かな変化が測定誤差につながる点と，図3(b)で示したような，光電流の長時間にわたる変化が，測定の再現性を悪化させる可能性がある。今回用いた装置でバイアス光を印加した測定を行う場合には，3 Hz 程度の AC 測定が最も安定した測定が可能であった。バイアス光を印加しない場合には DC 測定も再現性が良いが，図5(c)に示すように，短波長側の分光感度を過大評価しており，スペクトルミスマッチ計算等に誤差が生じることを念頭におく必要がある。

4　おわりに

　色素増感太陽電池の $I-V$ 特性は，秒オーダーのスイープ時間においても，スイープ方向および時間に大きく影響される。スイープ時間が短い場合には，$I-V$ 特性の測定結果に誤差が生じる。従って，$I-V$ 特性を正確に評価するためには，スイープ時間を数十秒以上に設定すると共に，測定結果がスイープ方向および時間に依存しない条件で測定することが必要である。分光感度測定においては，500 nm 以下の短波長域において，測定結果がバイアス光の印加の有無および強度によって変化することに留意する必要がある。また，AC 測定においては，測定結果が単色光のチョップ周波数に大きく依存する。正確な評価には，バイアス光を印加した上で，チョップ周波数に測定結果が依存しない十分遅い周波数(数 Hz 以下)での測定が重要である。また，暗状態から 100 mW/cm^2 の様々な照度での $I-V$ 特性を検討した。その結果，今回測定した色素増感太陽電池の $I-V$ 特性の照度依存性は，本文中の(1)式で示されるように，暗電流と電圧に依存して照度に比例する光電流の和で表される。色素増感太陽電池は研究開発が盛んなデバイスであり，これらの特性もデバイス構造等に大きく依存すると予想されるが，これらの結果は色素増感太陽電池の $I-V$ 特性，分光感度等の性能を正確に評価するための基礎となるものである。

謝辞

　色素増感太陽電池の提供および有用な議論をいただいたシャープ㈱エコロジー技術開発センター 小出氏および AIST エネルギー技術研究部門 柳田氏に感謝する。本研究の一部は新エネルギー・産業技術総合開発機構（NEDO）から委託され実施したものであり，関係各位に感謝する。

第 18 章　色素増感太陽電池の性能評価技術

文　　献

1) M. Graetzel, "Conversion of sunlight to electric power by nanocrystalline dye-sensitized solar cells", *J. Photochemistry and Photobiology A 164*, 3-14 (2004)
2) Liyuan Han, Atsushi Fukui, Nobuhiro Fuke, Naoki Koide and Ryohsuke Yamanaka, "High Efficiency of Dye-Sensitized Solar Cell and Module", Proceedings of the 4th World Conference on Photovoltaic Energy Conversion (2006) Waikoloa, Hawaii
3) P. M. Sommeling, H. C. Rieffe, J. A. M. van Roosmalen *et al.*, "Spectral response and IV characterization of dye-sensitized nanocrystalline TiO_2 solar cells", *Sol. Energy Mater. Sol. Cells*, **62**, 399-410 (2000)
4) J. Hohl-Ebinger, A. Hinsch, R. Sastrawan *et al.*, "Dependence of spectral response of dye solar cells on bias illumination", Proceedings of the 19th EUPVSEC, Paris (2004)
5) Y. Tachibana, K. Hara, S. Takano, K. Sayama and H. Arakawa, "Investigations on anodic photocurrent loss processes in dye sensitized solar cells: comparison between nanocrystalline SnO_2 and TiO_2 films", *Chem. Phys. Lett.*, **364**, 297-302 (2002)
6) N. Koide and L. Han, "Measuring methods of cell performance of dye-sensitized solar cells", *Rev. Sci. Instrum.*, 75-9, 2828-2831 (2004)
7) Y. Hishikawa, M. Yanagida and N. Koide, "Peformance characterization of dye-sensitized solar cells", Proceedings of the 31st IEEE PVSC, Orlando (2005)
8) J. Metzdorf, A. Meier, S. Winter and T. Wit-tchen, "Analysis and correction of errors in current-voltage characteristics of solar cells due to transient measurements", Proceedings of the 12th EC PVSEC, 496 (1994)
9) D. L. King, J. M. Gee and B. R. Hansen, Proceedings of the 20th IEEE PVSC, 555 (1988)
10) H. A. Ossenbrink, W. Zaaiman and J. Bishop, "Do multi-flash solar simulators measure the wrong fill factor?", Proceedings of the 23rd IEEE PVSC, 1194 (1993)
11) Y. Hishikawa and S. Okamoto: "Dependence of the $I-V$ characteristics of a-Si solar cells on illumination intensity and temperature", *Sol. Energy Mater. Sol. Cells*, 33-2, 157-168 (1994)
12) Y. Hishikawa, Y. Imura and T. Oshiro: "Irradiance-dependence and translation of the $I-V$ characteristics of crystalline silicon solar cells", Proc.28th IEEE Photovoltaic Specialists Conference (2000) Anchorage, 1464-1467

第19章　色素増感太陽電池の内部抵抗解析

小出直城[*]

1　はじめに

　資源的な制約が少ない廉価な材料で構成される色素増感太陽電池は，高温・高真空プロセスを使用しないことからも，次世代太陽電池の有力な候補として位置づけられ，日本やヨーロッパ諸国を中心に活発な研究開発が行われている[1]。色素増感太陽電池のエネルギー変換効率に関しては，2001年，国際的な標準試験機関の一つである米国再生エネルギー研究所(NREL)における測定結果として変換効率10.4％が報告されたが[2]，10％以上の高い変換効率を再現することは非常に困難であった。その理由として，色素増感太陽電池の研究開発は，光化学，電気化学，合成化学の研究者を中心に開発が進められてきており，動作原理に関する物理的な理解が不足していた点があげられる。そこで，色素増感太陽電池の物理的な理解を深めつつ，変換効率を確実に向上させるための研究開発が求められている。

　本章では，著者らによる色素増感太陽電池の等価回路モデルに関する研究や高効率化に向けた研究成果について紹介する。

2　色素増感太陽電池の内部抵抗

2.1　動作原理—色素増感太陽電池とpn接合型太陽電池の比較—

　一般に，色素増感太陽電池はSnO_2などの導電性透明電極(TCO)，光を吸収する役割を担う増感色素，増感色素が化学的に結合した酸化チタンなどの多孔質半導体電極，ヨウ化物イオン(I^-)およびトリヨウ化物イオン(I_3^-)を含む電解質溶液，白金または黒鉛などの触媒機能を有する対極から構成されており，その動作原理は以下のように説明されている。増感色素が光を吸収することで発生した光励起電子は，酸化チタン電極に注入され，TCO電極から外部回路を通して対極に移動する。一方，電子を放出して酸化状態にある増感色素は，電解液中のI^-から電子を受け取り再生される。その際I^-はI_2に酸化され，さらには過剰のI^-との結合でI_3^-の形になる。対極

---

[*] Naoki Koide　シャープ㈱　ソーラーシステム事業本部　次世代要素技術開発センター　主事

第19章　色素増感太陽電池の内部抵抗解析

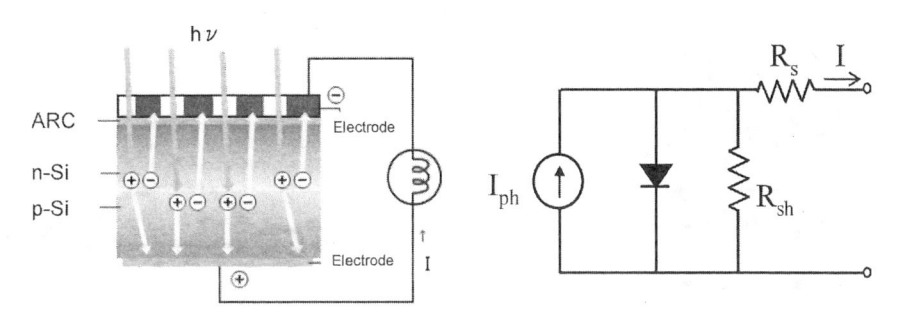

図1　pn接合型太陽電池の構造と等価回路モデル

表面に達したI_3^-は対極からの電子によって還元されI^-を再生する。このように，色素増感太陽電池では，電子と正孔が別々の場所(酸化チタン電極，電解液)を移動して外部に取り出される。この機構は，従来のpn接合型太陽電池とは異なっており，むしろ光合成の動作原理に似ている。

一方，シリコン太陽電池をはじめとする従来のpn接合型太陽電池は，図1の右図に示す単純な等価回路に基づく解析がなされ，変換効率が改善されてきた[3]。この等価回路は，pn接合の特性を表すダイオードと，主にセル構成材料の抵抗に起因する直列抵抗成分(R_s)，主に結晶欠陥や不純物を介したリーク電流に起因する並列抵抗成分(R_{sh})，光照射による光励起キャリアを表す定電流源(I_{ph})から構成されている。太陽電池特性をより正確に表示するために，複数のダイオードを用いた等価回路の研究も進んでいる。

しかしながら，色素増感太陽電池の動作原理は従来の太陽電池と異なるため，色素増感太陽電池に適した新たな等価回路の構築が求められていた。

2.2　セル内部抵抗

このような背景の下，色素増感太陽電池の等価回路を検討するために，交流インピーダンス法[4]によるセル内部抵抗の研究が数多く報告されてきた[5〜11]。しかしながら，これらの研究は変換効率の低いセルを用いて検討されてきたため，高効率化に向けた指針につながる有益な等価回路は構築されていなかった。

そこで著者らは，安定して変換効率8％以上のセルを作製する技術を確立した上で，交流インピーダンス測定に基づき，色素増感太陽電池の等価回路モデルの構築を試みた[12]。図2に，色素増感太陽電池の典型的なインピーダンススペクトルの結果を示す。3つの円弧(高周波側からZ_1，Z_2，Z_3)と高周波抵抗成分R_hが観測され，詳細な検討の結果，Z_1は対極界面における酸化還元反応に，Z_2は酸化チタン／色素／電解質界面の電荷移動反応に，Z_3は電解液中の電解質の拡散に，R_hは主にTCO電極の抵抗に起因したインピーダンスであることが判明した。

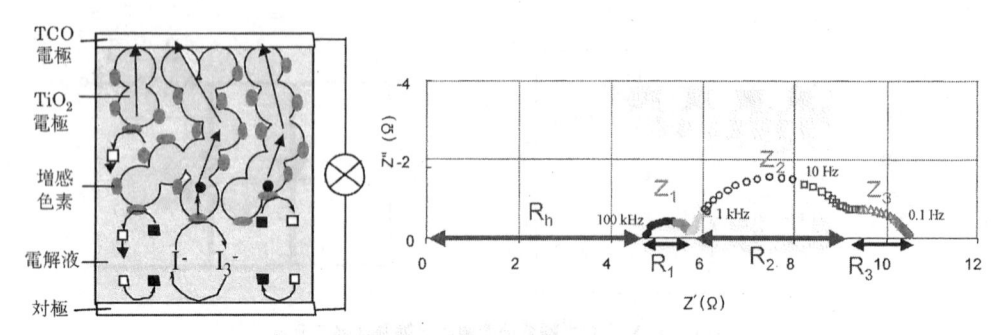

図2 色素増感太陽電池の構造と交流インピーダンススペクトル

3 色素増感太陽電池の等価回路モデル

3.1 等価回路モデルの提案

セルが太陽電池として機能するためには，光励起電荷を効率良く分離し，外部回路に取り出す必要があり，セル内部には整流性を示すダイオード成分が必ず存在するはずである。そこで我々は，各内部抵抗成分の電流電圧特性を検討し，R_1成分(Z_1の抵抗成分)，R_3成分(Z_3の抵抗成分)，R_h成分はほとんど電圧依存性を示さず，R_2成分(Z_2の抵抗成分)が指数関数的な電圧依存性を示すことを見出した(図3)。その結果として，図4に示す色素増感太陽電池の等価回路モデルを提案した[12]。

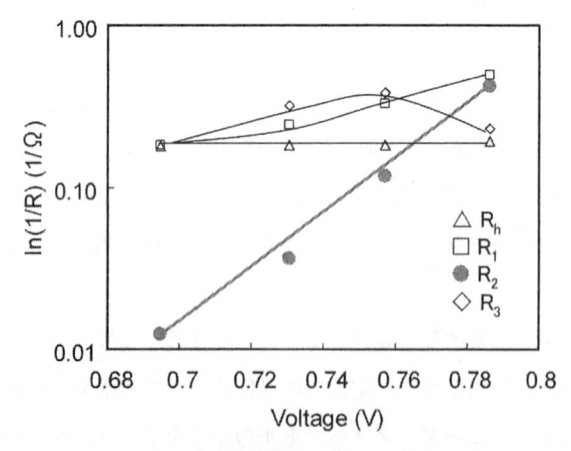

図3 色素増感太陽電池の内部抵抗の電圧依存性

第19章　色素増感太陽電池の内部抵抗解析

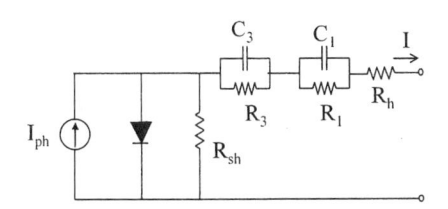

図4　色素増感太陽電池の等価回路モデル

3.2　等価回路モデルの検証

上記モデルを検証するため，実測された電流電圧(I–V)特性と，等価回路および内部抵抗値から計算したI–V特性との比較を行った(図5)。実測された暗時I–V特性(a)をI_{ph}だけ電流方向にシフトし，直列抵抗R_s ($= R_1 + R_3 + R_h$)による電圧降下を考慮したI–V特性(c)は，光照射時のI–V特性(b)とほぼ一致していることがわかる。

また，太陽電池の直列抵抗成分は，I–V特性における開放電圧近傍の傾きの照射光強度依存性から求めることができる[3]。我々は，そのようにして求めた色素増感太陽電池の直列抵抗値と，交流インピーダンス測定による内部抵抗(R_1, R_3, R_h)の和が良く一致することも確認している。これらの結果は，図4に示す等価回路モデルの妥当性を支持している。

ここで，図4に示す色素増感太陽電池の等価回路は，従来のpn接合型太陽電池の等価回路(図1　右図)と直列抵抗成分だけが異なっている。すなわち，色素増感太陽電池では比較的大きな電気容量成分が抵抗成分に並列に接続されている。この電気容量成分は，セルの時定数を増大させ，応答速度を低下させる原因となっている。

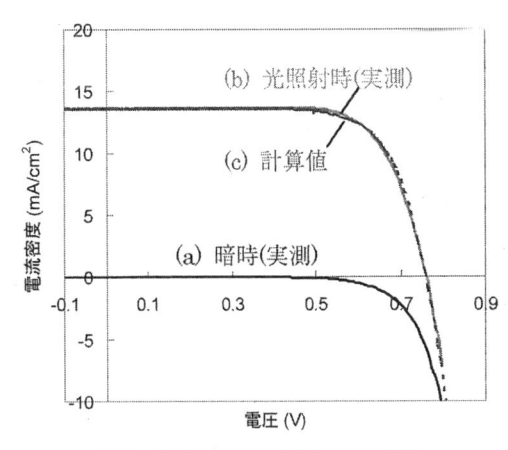

図5　色素増感太陽電池のI–V特性
(a) 暗時(実測)，(b) 光照射時(実測)，(c) 等価回路モデルに基づく計算値。

4 等価回路モデルの応用

　一般に太陽電池は直流動作するため,定常状態においては電気容量成分を無視して考えることができる。その場合,色素増感太陽電池の直列抵抗成分 R_s は,R_1,R_3,R_h の和で表されることになる。このことは,動作原理が異なるにもかかわらず,従来型の pn 接合型太陽電池で培われた等価回路による変換効率向上の知見が,色素増感太陽電池にも適用可能であることを強く示唆している。太陽電池の性能は短絡電流密度(J_{SC}),開放電圧(V_{OC}),および曲線因子(FF)の積によって表されるが,本節では,等価回路の分析に基づく FF 改善技術,セル評価技術,およびそれらに基づいて得られた高効率化技術の現状と展望について述べる[13]。

4.1 FF 改善技術

　シリコン太陽電池の場合,Green は,図1に示す等価回路に基づき,内部抵抗 R_s,R_{sh} の FF への影響を下記のように見積もった[14]。

$$FF = FF_0 \left(1 - \frac{1}{R_{sh}} \frac{V_{mp}}{I_{mp}}\right) \tag{1}$$

$$FF = FF_0 \left(1 - R_s \frac{V_{mp}}{I_{mp}}\right) \tag{2}$$

　ここで,FF_0 は内部抵抗に依存しない曲線因子成分,V_{mp} は最大出力動作電圧,I_{mp} は最大出力動作電流である。この式を色素増感太陽電池に適用することを考える。典型的な色素増感太陽電池の R_{sh}(10^3 Ω cm^2 オーダー),V_{mp}($0.5 \sim 0.6$ V),I_{mp}($15 \sim 20$ mA/cm^2)を(1)式に代入すると,並列抵抗 R_{sh} 改善だけでは1%未満の FF 向上効果しか期待できないことがわかる。一方,直列抵抗 R_s,すなわち内部抵抗 R_1,R_3,R_h の和は,変換効率8%のセルで3 Ω cm^2 程度であり,(2)式から一割程度の FF 向上の余地が残されていることがわかる。

　そこで,我々は R_1,R_3,R_h の低減を検討した。まず,対極表面での酸化還元反応を促進するべく,R_1 と対極表面積の関係を詳細に検討し,対極のラフネスファクター(表面積/射影面積)を増大させることで R_1 を低減可能であることを見出した(図6)。また,電解液部分の膜厚の減少により R_3 を低減させると共に,TCO 基板シート抵抗の検討も行い,直列抵抗成分を 1.6 Ω cm^2 まで低減(FF を約3%改善)することができた[15]。

4.2 セル評価技術

　色素増感太陽電池では比較的大きな電気容量成分が抵抗成分に並列に接続されており,セルの時定数を増大(応答速度を低下)させるため,従来のシリコン太陽電池と同様の評価方法でセル特

第 19 章　色素増感太陽電池の内部抵抗解析

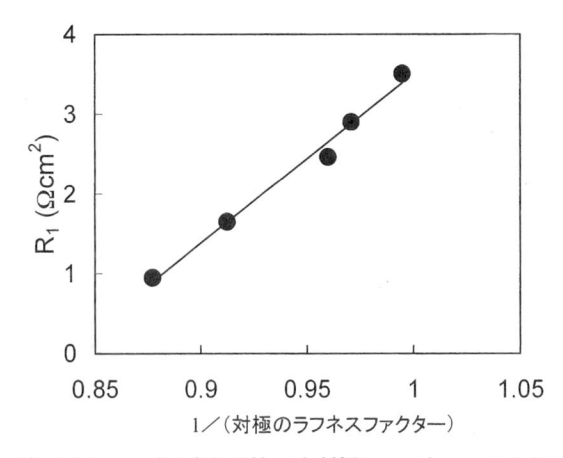

図6　色素増感太陽電池の内部抵抗 R_1 と対極のラフネスファクターの関係

性を評価したのでは結果を見誤る可能性がある。また，セル発電領域(一般には色素が吸着した酸化チタン電極の面積に相当)以外にも光が照射された場合，周囲からの散乱光が発電領域に照射し発電に寄与するため，セル特性を過大評価してしまう。正確な特性を把握するためには，10 mm 角以上のセルサイズで発電領域と同じ開口部を有する遮蔽マスクを用いて評価を行うことが好ましい。また，評価結果の国際整合性を確保するためには，基準太陽光スペクトル，温度などの測定環境が整備された標準試験機関における特性評価が必要である[16〜18]。

4.3　変換効率の現状と展望

上記の検討に加え，J_{SC}，V_{OC} に関する最適化も行った結果，我々は小面積ながら 10〜11 ％台の変換効率を安定して製造する技術を確立している[19,20]。我々は，色素増感太陽電池の特性を正確に評価するために，国際的な標準試験機関の一つである，独立行政法人産業技術総合研究所(AIST)太陽光発電研究センターの評価チームにセル特性評価を実施いただいた。その結果，10 mm 角以上のセルサイズの色素増感太陽電池として世界最高となる変換効率 10.4 ％を達成している(図7)[19〜21]。

今後，実用化に向けて変換効率を更に向上していくためには，色素増感太陽電池の動作原理の理解を深めると同時に，光吸収能の高い新規色素材料や，ヨウ素系に替わる新規電解質，高性能な固体化電解質などの各種材料開発，さらには，大面積化，高信頼性を可能にする製造技術開発を推進していく必要がある。

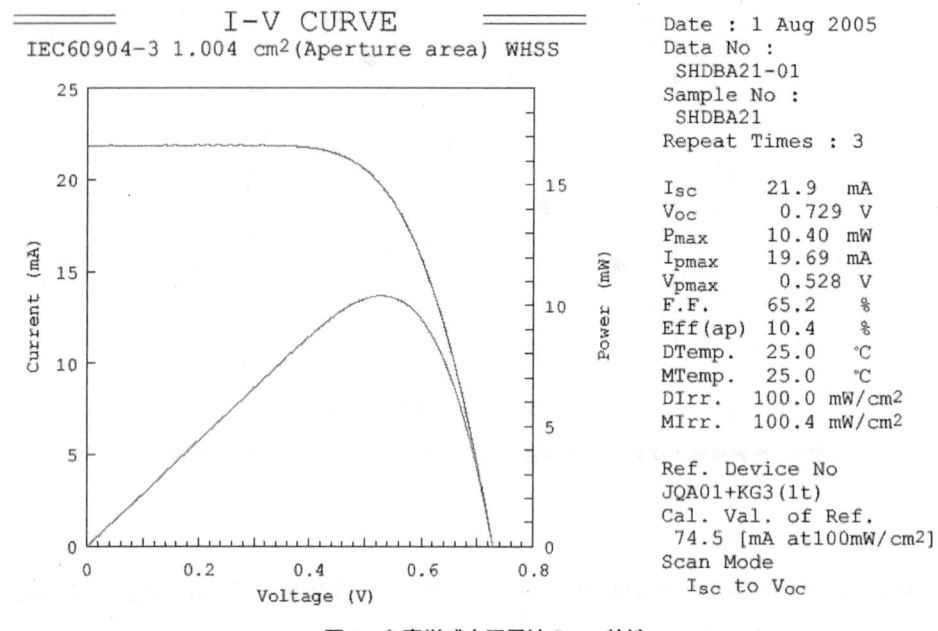

図7 色素増感太陽電池の I–V 特性

5　おわりに

　色素増感太陽電池の分野において，変換効率10％を超えるセル作製技術が複数の研究機関から報告されており，実用化を目指すデバイスとして評価できるレベルに達してきた。一方，更なる変換効率の向上，大面積化，信頼性の向上など，実用化に向けた多くの課題も残されており，解決には暫くの時間が必要であろう。今後も，日本がこの分野をリードしていくためには，産官学の叡智を結集し，それぞれの役割を適切にかつ着実に推進していく必要がある。この太陽電池技術が21世紀のエネルギー問題解決の一助となるよう，多くの研究者が課題解決に積極的に挑戦していくことを期待する。

謝辞

　本稿で紹介した研究の一部は，独立行政法人新エネルギー・産業技術総合開発機構（NEDO技術開発機構）から委託され実施したもので，関係各位に感謝する。

第 19 章　色素増感太陽電池の内部抵抗解析

文　　献

1) B. O' Regan and M. Grätzel, *Nature*, **353**, 737(1991)
2) M. K. Nazeeruddin, *et al.*, *J. Am. Chem. Soc.*, **123**, 1613(2001)
3) See, for example, T. Markvart and L. Castaner, *Practical Handbook of Photovoltaics — Fundamentals and Applications*(Elsevier, Oxford, 2003)
4) See, for example, A. J. Bard and L. R. Faulkner, *Electrochemical Methods : Fundamentals and Applications, second edition*(John Wiley & Sons, New York, 2001)
5) A. Hauch and A. Georg, *Electrochim. Acta.*, **46**, 3457(2001)
6) R. Kern *et al.*, *Electrochim. Acta.*, **47**, 4213(2002)
7) T. Hoshikawa *et al.*, *Electrochemistry*, **70**, 675(2002)
8) M. C. Bernard *et al.*, *J. Electrochem. Soc.*, **150**, E155(2003)
9) M. Radecka, M. Wierzbicka and M. Rekas, *Physica B*, **351**, 121(2004)
10) F. F-Santiago *et al.*, *Sol. Energy Mater. Sol. Cells*, **87**, 117(2005)
11) Q. Wand, J-E. Moser and M. Grätzel, *J. Phys. Chem. B*, **109**, 14945(2005)
12) L. Han *et al.*, *Appl. Phys. Lett.*, **84**, 2433(2004)
13) N. Koide *et al.*, *J. Photochem. Photobiol. A*, **182**, 296(2006)
14) M. A. Green, *Solar Cells*(Prentice-Hall, 96, 1982), chap.5.
15) L. Han *et al.*, *Appl. Phys. Lett.*, **86,** 213501(2005)
16) 小出直城ほか：シャープ技報, **93**, 42(2005)
17) 原浩二郎ほか：電気化学, **73**, 887(2005)
18) 菱川義博ほか：電機, 2002 年 8 月号, 2(2002)
19) M. A. Green *et al.*, *Prog. Photovolt: Res. Appl.*, **14**, 455(2006)
20) Y. Chiba *et al.*, *Proc. International Photovoltaic Science & Engineering Conference*(*PVSEC-15*), 665(Shanghai, 2005)
21) Y. Chiba *et al.*, *Jpn. J. Appl. Phys.*, **45**, L638(2006)

実用化編

第1章　プラスチックフィルム色素増感太陽電池

宮坂　力[*1]，池上和志[*2]

1　はじめに

　屋根に設置し太陽直射と高温に曝される結晶シリコン型太陽電池モジュールはJIS規格の厳しい耐久性試験(耐熱性：85℃，1000時間で劣化10%以下)を通過し，20年以上の耐久性を確保した商品である。一方，色素増感太陽電池はGrätzelら[1]，シャープの研究者ら[2]の努力により11%を超えるエネルギー変換効率に届いているが，耐久性においては色素の溶出や分解，電解液に接する導電膜の劣化など，多くの不安定要因をまだ除ききれていない。しかし実用特性では，曇天下の散乱光を効率よく吸収する，温度上昇による性能低下が小さいなど従来シリコン太陽電池にない特長をもつことで，積算発電力としてシリコン系とも十分に競争できるレベルにあると期待できる。色素増感太陽電池がシリコン並みの耐久性を将来的に実現することは可能であるとしても，まずはこれらの特長を最大限に活かした低コストの太陽電池を実現したいというのが研究者のねらいである。民間生活を見れば，低消費電力のデバイス開発にもかかわらずIT社会に依存する個人のエネルギー消費は増えつつあり，大量に消費される電池に代わってエレクトロニクス機器を支えるユビキタスソーラーパワーへのニーズが高まっている。このような状況のもとで，色素増感太陽電池が向かう産業出口の1つと考えられるのが，コンピュータや携帯電話などの消費者エレクトロニクスに電力供給する低価格の軽量フレキシブル太陽電池である。この目的には，まず電極基板をガラスからプラスチックに換えて素材と構造の安全性を強化すること，印刷方式の電極製造法を確立して大幅なコストダウンを実現すること，エレクトロニクス製品として少なくとも数年の耐久性を確保すること，さらには環境リサイクルまでを考えた材料設計を行うことが必要となる。以上の観点に加えて，高い屋外耐久性を目標に加えた開発は，大型の電力源としてのフレキシブル色素増感太陽電池の開発にもつながる。

　筆者らはプラスチック色素増感太陽電池の電極製作に必要となる半導体膜の低温成膜法の検討を行ってきた。この低温成膜技術をもとにフルプラスチックの太陽電池モジュールを試作し，屋

[*1]　Tsutomu Miyasaka　桐蔭横浜大学　大学院工学研究科　教授；
　　　ペクセル・テクノロジーズ㈱　代表取締役
[*2]　Masashi Ikegami　桐蔭横浜大学　大学院工学研究科　助手

外太陽光環境を含めた性能評価と耐久性試験，ならびにエレクトロニクス機器の駆動試験を行なうことで，実用化の可能性を測る開発を進めてきた。2005年の世界博覧会「愛・地球博」(愛知万博)では，光透過型の試作モジュールを緑化壁に設置して，発電と透過光による植物育成の共存を実証することに成功した。モジュールの製作，様々な光量の環境下に置かれた太陽電池の特性評価を通じて，軽量プラスチックの色素増感太陽電池が，低コスト生産に適し，設置が容易であり，従来シリコンと差別化できるユニークな特性を持つことを検証している。唯一の"大気中で作れる"太陽電池である色素増感太陽電池に，印刷方式で量産のできる利点を加えたプラスチック型は，色素増感型の優位性を機能とコストの両面で引き出すことのできる次世代太陽電池といえる。

2 プラスチック電極と半導体膜の低温成膜

色素増感プラスチック電極の作製には，プラスチックを変形させず表面導電膜の物性を変化させない低温成膜の技術がキーとなる。われわれは半導体膜を成膜する透明導電プラスチックの支持体に，安価であり，ポリエステル系のPETフィルムより優れた耐熱性，ガスバリア性をもつポリエチレンナフタレート(PEN，ガラス転移点121℃)を選択した。これに低抵抗のITO(酸化インジウムスズ)導電膜をイオンプレーティング法によって被覆して作るITO-PENフィルム(シート抵抗13 Ω/□，可視光透過率80％，厚さ200 μm，ペクセル社製PECF-IP)を透明電極基板として用いた。透明支持体には，高温まで耐えるポリイミド系フィルムなども使えるが，高コストの問題に加え，電解液溶媒への耐性，水分などのガス透過性が耐久性を大きく減じる点が問題となる。PENフィルム(厚さ200 μm)は水蒸気透過率が1g/m^2·24h以下であり，紫外線を390 nm以下でシャープにカットし光触媒効果をもつ酸化チタン膜を直接励起することがない。ITO膜は低温で蒸着できることからプラスチック用導電膜に選ばれた材料であるが，高温(＞300℃)では結晶化を起こして抵抗値が上昇する傾向にあり，工程上はITO-PENへの半導体膜の成膜温度はガラス転移点より少し高い150℃近辺が限度である。

色素増感の半導体膜には，セルの実用耐久性を考慮すると，化学的，光電気化学的に安定な二酸化チタン(TiO$_2$)膜が良好と考えられる。成膜に使う塗布用TiO$_2$ペーストは150℃以下の熱処理で基板上に強い密着力で塗工でき，かつ高い光電変換効率を引き出せることが要求される。低温で成膜できる光触媒用のTiO$_2$含有ペーストがあるが，絶縁性の無機，有機のバインダーをコーティング助剤として含むため，これらが電子伝導を阻害してしまう。ここで色素増感の目的に特化した低温成膜用の塗布用ペースト，すなわちバインダーを極力含まず多孔性と基板密着性に優れた成膜を低温においてできる粘性ペーストが必要となる。従来，低温成膜の目的で水熱合

第1章 プラスチックフィルム色素増感太陽電池

成法[3]やプレス法[4]による色素増感用多孔性チタニア膜の製造が試みられた。前者は脱水縮合反応によって化学的に酸化チタンの連結構造を作る方法，後者は機械的圧力によって粒子を繋げる方法である。われわれは当初，泳動電着法に基づく低温成膜を研究し，効率を高めるための化学的な粒子結合（ネッキング）方法の検討を進めてきた[5〜7]。アルコール溶液中に分散し正に荷電した TiO_2 ナノ粒子を約 -1.2 kV/cm の DC 電界に曝して全粒子を ITO 表面に静電的に付着させる。気相合成法で作られる高結晶性の TiO_2 ナノ粒子（昭和電工製）を用いて電着し，これに化学的な粒子結合処理として，酸化チタンナノ粒子を含む酸性の水分散ゾル溶液を 150℃で反応させて 5 分ほどの加熱処理を行う[6]。このようにネッキング処理を施すことで密着のよい多孔膜が得られる。ネッキングは，図 1 に示すように，水素結合で連結した粒子の表面を脱水することで表面どうしが接着する現象であると考えられる。しかしながら 150℃という加熱条件のみでは水和した表面を短時間で完全に脱水することは困難であり，これに必要な工程を組み合わせて低温成膜を完成する。

セル作製を，電極封止を含めて roll-to-roll の連続工程で行うことを想定すると，半導体膜を塗布法あるいはスクリーン印刷法で設置することが有利である。この目的でネッキング剤をあらかじめナノ粒子とともに分散した粘性の酸化チタン分散物を調製し，塗布と乾燥という単純な操作でメソポーラス膜を形成しようとして開発したのが低温成膜ペーストである。分散技術を検討した結果，酸化チタンゾルの水溶液と分岐状アルコールの混合物に粒子径が 20〜70 nm の結晶性 TiO_2 ナノ粒子を 10〜20 重量％の高濃度で分散し溶媒組成を最適化する方法によって粘度 2000 mPa s 以上のバインダーフリーペーストを得ることができた。このバインダーフリーペーストは，ペクセル・テクノロジーズ社から現在研究用として供給を行っている。1 回の塗布と 150℃で 5 分間の処理によって，膜厚 10〜20 μm 以上のメソポーラス膜が得られ，Ru 錯体色素吸着浴に

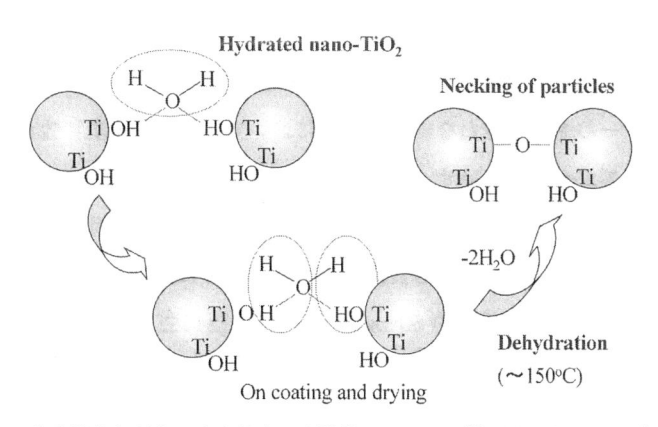

図1 水素結合と脱水反応を経由した酸化チタンナノ粒子間のネッキング現象

色素増感太陽電池の最新技術 II

図2 酸化チタン多孔膜を被覆した ITO-PEN プラスチック電極
多孔膜上に硬度 H の鉛筆（1 行目）とボールペン（2 行目）で字が書ける密着強度をもつ。

攪拌下 40 ℃で 30 分以上浸漬することで深紅に染まったフィルム電極が作られる。図 2 は，プラスチックフィルム上に被覆し，鉛筆引っ掻き硬度 H を達成した TiO_2 塗布膜の写真である。

図 3 は，このペーストを塗布して作られる Ru 錯体（N719）増感フィルム電極の光電流密度―電圧（$I-V$）特性である。メトキシプロピオニトリルを溶媒とするヨウ素含有有機電解液を用いた小型の太陽電池（受光面積 0.23 cm^2）において強い光量（1 sun = 100 $mAcm^{-2}$）で 5.9 ％，低い光量（1/8 sun = 12.2 $mWcm^{-2}$）では 6.7 ％の変換効率が得られている。光電流の EQE（外部量子効率）作用スペクトルは可視波長領域の 800 nm まで広がり，極大値（約 0.65）は吸着色素の吸収ピークである 530 nm 付近に生じる。加熱の効果を調べるために，この低温成膜用のバインダーフリーペーストを透明酸化スズ（FTO）導電ガラスに被覆し，550 ℃まで加熱（焼成）を行って低温成膜による $I-V$ 特性と比較した結果，両者に実質的に差異がないことが判明した。すなわち，バインダーを含有しないペーストを用いる方法では，本研究の 150 ℃処理においてネッキングの効果は上限にきていると言える。逆に言えば，樹脂バインダーを燃焼するという工程はガラス型太陽電池において，粒子のネッキング構造を強めて高い効率を引き出すことを助けていると考えられる。このようなバインダーの焼成を行わない低温成膜においては，光電変換特性が最大値を与える酸化チタンの粒子サイズがやや大きいサイズ領域にシフトする傾向が見られた。図 4 はこの傾向を光電流値の粒径依存性としてプロットしたものである。図には粒径に対する色素吸着量の変化も示したが，色素吸着量は粒径増加による表面積減少で一方的に減少している。色素吸着量が減少するが，色素増感光電流の最高値は約 60 nm の平均粒子径に生じることがわかった。焼成膜では通常 20 ～ 30 nm 付近の平均粒径が最高効率に相当するが，低温成膜の場合は状況が異なる。焼成では樹脂成分を焼くことで細孔径を増加させるのに対して，低温成膜においてはこれができないために比較的大きな粒子で電解液の浸透拡散に有利な細孔構造が得られたと考えられる。図

第1章　プラスチックフィルム色素増感太陽電池

5には，平均粒径の異なるフィルム電極のEQEスペクトルを比較した。短波長側でシャープに応答がカットされているのは基板のPENの紫外線吸収効果によるものである。

TiO$_2$ナノ粒子を用いるバインダーフリーペーストの作製は韓国のParkらのグループによっても試みられ低温成膜に応用されている[8]。TiO$_2$ナノ粒子のコロイドにアンモニアを添加することによる増粘効果によって高粘度のペーストが得られ，これを用いた塗布膜で3.5％の変換効率が得られている（ガラス電極上）。このほか，プラスチック上への低温成膜の手段としては，マイクロ波照射の方法によって，短時間局部加熱のための照射条件を最適化することによって，多孔膜

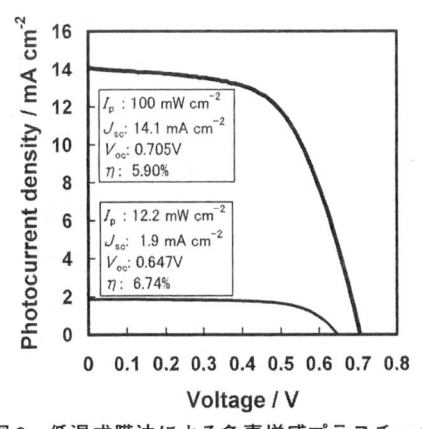

図3　低温成膜法による色素増感プラスチック電極の光電流密度―電圧（I-V）特性
高光量と低光量で出力される2つの特性を比較。

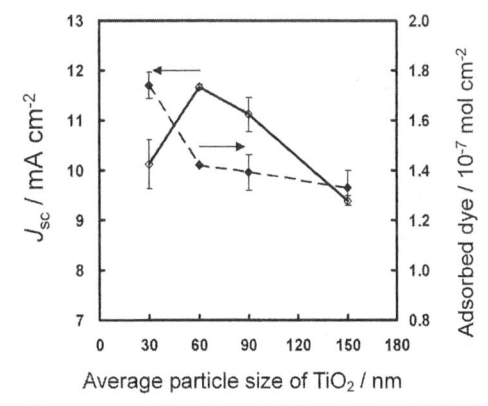

図4　N719色素を用いるプラスチック色素増感電極の光電流密度（実線）と色素吸着量（破線）のTiO$_2$平均粒径に対する依存性

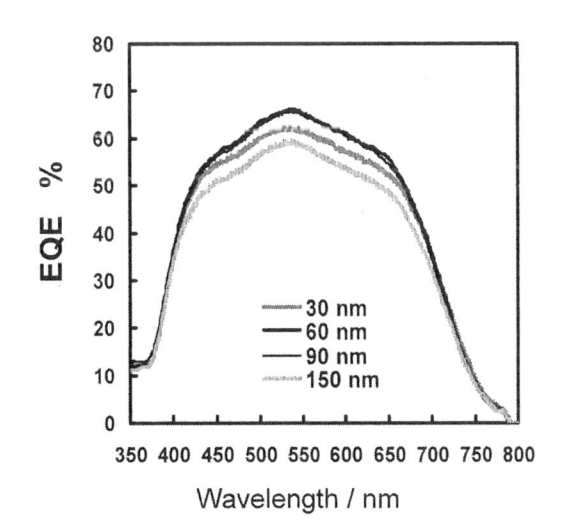

図5　N719色素を用いるプラスチック色素増感電極の外部量子効率の作用スペクトル
4種のTiO$_2$平均粒径の多孔膜を被覆した電極で比較。

を成膜する技術が内田らにより報告されている[9]。

3 プラスチック色素増感太陽電池モジュールの開発

　太陽電池製作の実用化の入口は，直列結合によって十分な電圧を取り出すモジュールの製作である。特に色素増感においてモジュールの試作は実力を把握する上で重要であり，モジュールの特性評価を通じて太陽電池のもつ多くの特徴，従来シリコンとの違いを経験することができる。プラスチックモジュールの製作では，ITO-PEN などの透明導電性フィルム基板上の導電膜をカッティングし，短冊状の電極の複数をパターニングし，これを外部端子で直列に連結して出力電圧を高める方法をとる。半導体多孔膜の低温成膜に加えて，集電のための金属グリッド線，封止剤もスクリーン印刷等によって低温でパターン印刷して最終的に色素増感膜の配列したフィルム電極を作製する。これにパターニングした対向電極を貼り合わせ，その間隙（約 20～70 μm）に電解液を注入してセルを完成する。このように 2 枚のフィルム間にはさまれた電解液層は，固いガラス電極の場合と異なり，2 枚のフィルムを厚み方向に軽く圧することでほとんど厚みがなくなる。フィルム電極がかろうじて超薄の液膜によって隔てられている状態となり，実際にヨウ素電解液による着色はほとんど見られない。これはフレキシブルな金属箔を電極に用いるリチウムイオン電池などの場合と同様であり，電解液が存在するのは活物質層とセパレータの厚み部分のみ，ここでは半導体多孔膜の厚みに相当する部分のみである。またフィルム型色素増感太陽電池の場合はセパレータの使用も必須でないことがわかった。フレキシブルである両電極は接触しても液膜で押し戻されて短絡に至ることもない。このような構造はプラスチックモジュールに独特のものである。電解液として，ナノ材料等を分散して高粘度化したもの，あるいはゲル化したものを用いれば，電解液層自体も封止剤とともにスクリーン印刷によって設置することができる。封止にはシート状のシーラーを用いるより，液状の硬化性材料を塗布して透明導電膜の構造中にも進入させ熱硬化，光重合などによってラミネートすることがガスバリア性の確保に必要であることが一般に指摘されている。

　以上の方法に従って大型のフルプラスチックモジュールをナノ粒子層のもつ光透過性を活かしたシースルーの形で作製した。大面積化には電流を抵抗ロスなく集める集電の技術が重要なポイントとなる。集電用グリッドとして，銀ペーストをスクリーン印刷し熱硬化させて作る銀膜を長尺状の単セルの長辺に沿って配置させた。対極にはヨウ素含有電解液に対して高い高温耐腐食性を持つチタン系合金薄膜を被覆した PEN フィルム（ペクセル社製 PECF-CAT）を用いた。対極の導電膜を光透過型に加工してこれを色素増感 ITO-PEN 電極と組み合わせ，単セル 10 個を 1 枚のシートの形で電気的に連結して，シースルー性のあるフレキシブルなフルプラスチックモ

第1章 プラスチックフィルム色素増感太陽電池

ジュール(図6)を製作した。このモジュールは,プラスチック色素増感太陽電池としては最大サイズの 30 cm 正方であり,厚さ 0.4 mm,重さ 60g と軽量である。太陽光 1sun(100 mWcm^{-2})のもとで電流 0.3A,電圧 7.2V,電力として 0.6〜0.8W を出力する。集電抵抗の影響で強い光量ではエネルギー変換効率が低下するが,日中の平均光量に相当する 1/4 sun の照射条件では 2.4% 以上の効率ではたらく。光発電による電力をキャパシタや二次電池に蓄電することにより,小型のカラー液晶 TV を駆動できることも検証した。このモジュールは 2005 年「愛・地球博」において,バイオラング(緑化壁)の植物群の上に湾曲してかぶせた状態で 1ヶ月間設置し,この出力で LED モジュールを点灯させるデモを実施した(図7)。この野外展示を通じて,太陽光照射,風雨,

図6 色素増感プラスチック太陽電池モジュール(光透過型,10 セル直列,30×30cm,最大電圧 7.2V)
左はモジュールを構成する長尺状の単セル(面積 48 cm^2)

図7 2005 年「愛・地球博」において緑化壁「バイオラング」に野外展示した 30cm 正方の
10 セル直列プラスチック色素増感太陽電池モジュール

温度変動等に曝す1ヶ月間の実証試験を行った。

4　従来シリコン太陽電池との特性比較

このように試作した各種のプラスチックモジュールを使って，色素増感太陽電池の特長である太陽光散乱光(拡散光)の吸収能力を評価した。比較対象として多結晶シリコンの太陽電池を同時に測定し，電池を屋外の太陽光の直射に曝して，光入射角度を変えて短絡光電流値の入射角度依存性を比較した。図8はこの比較の結果であり，垂直入射における両モジュールの光電流値を1として規格化した。この結果から明らかなように，色素増感フィルム太陽電池では直射光の入射角が大きい条件(浅い角度からの入射)においても光電流の低下が小さい。一方，多結晶シリコンでは入射角の増加によって光電流は大きく低下している。すなわち，高屈折率のシリコンでは表面反射によるロスが大きいのに対して，ナノ粒子が作る色素吸着メソポーラス膜はより低屈折率であり表面多孔膜が光沢を持たないために反射ロスが小さい。同様な効果は，ガラス基板を用いる色素増感太陽電池モジュールにおいても測定されている[10]。このように，屋内の照明を含めた散乱光の利用に有利な色素増感光電池は，直射光が当たりにくい構造体，たとえば建物の壁，看板などに用いると大きな発電能力を発揮する。

大型モジュールを窓に用いた発電能力の比較実験も行った。アモルファスシリコン(a-Si)系の太陽電池モジュールを30 cm角フィルム色素増感太陽電池モジュールとともにガラス窓に設置

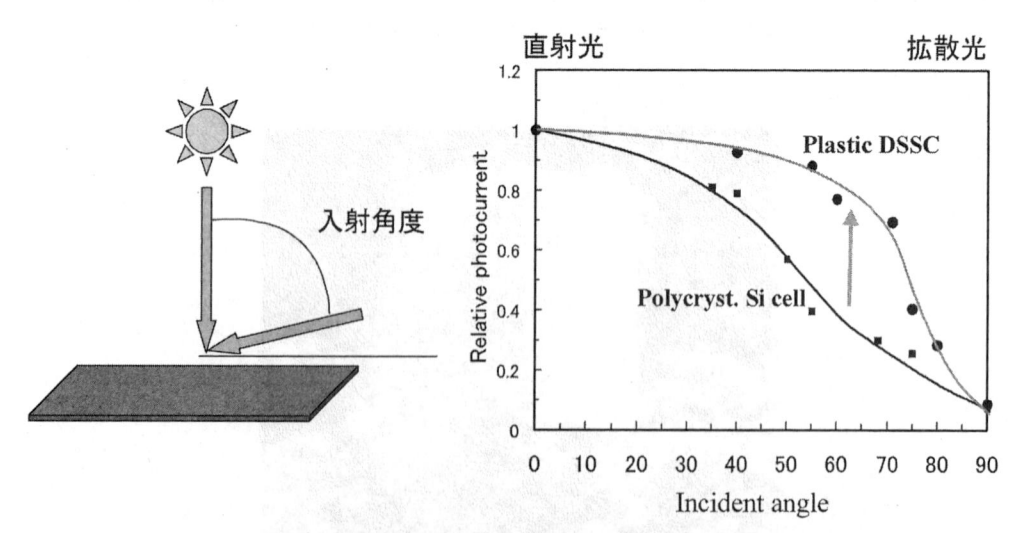

図8　晴天時の太陽直射光の入射角度に対する太陽電池の電流出力の変化
多結晶シリコン太陽電池との比較で，色素増感太陽電池(DSSC)が優れた拡散光利用能力をもつことが示される。

第1章 プラスチックフィルム色素増感太陽電池

し，太陽光輻射の変化にともなう発電能力を計測した。図9は冬の寒冷時に，光電流出力の変化とモジュールの温度変化をモニターした結果を示す。実線が色素増感モジュール，破線がa-Siモジュールの値を示しており，上下する出力は雲の通過による日射量の変動を表している。この結果が示すように，a-Si太陽電池では，直射光があたったときと曇天の散乱光があたったときで電流値の差が大きいのに対して，色素増感モジュールでは，その差が小さい。この結果は，上記の散乱光取得に対する優位性を示している。また，セルの表面温度は日射を受けて敏感に変化する。冬の窓際でも日射を受けるとセル温度は急速に約50℃まで上昇する。この温度上昇に対して，a-Siモジュールの電流値は低下するのに対して，色素増感モジュールでは上昇する。このような正の温度依存性は色素増感型に共通の特長である。

　日照変化に対する出力変動が少ない特長から，光が多様な角度で入射する曲面に設置することのメリットが色素増感モジュールには期待できることがわかる。曲面設置については，もう1つの大きなメリットが明らかになった。曲面のみならず大面積の太陽電池パネルのもつリスクは，面内の照射強度の分布による影響が大きいことである。pn接合太陽電池はフォトダイオードと同様，光で励起されなければ伝導性を持たない絶縁物と化す。直列モジュールを構成する一部の単セルが遮光されると，モジュール全体の出力はゼロに等しく低下する。一部が陰で覆われた場合も出力低下の影響は甚大である。しかし色素増感モジュールは状況が異なる。図10は，8セ

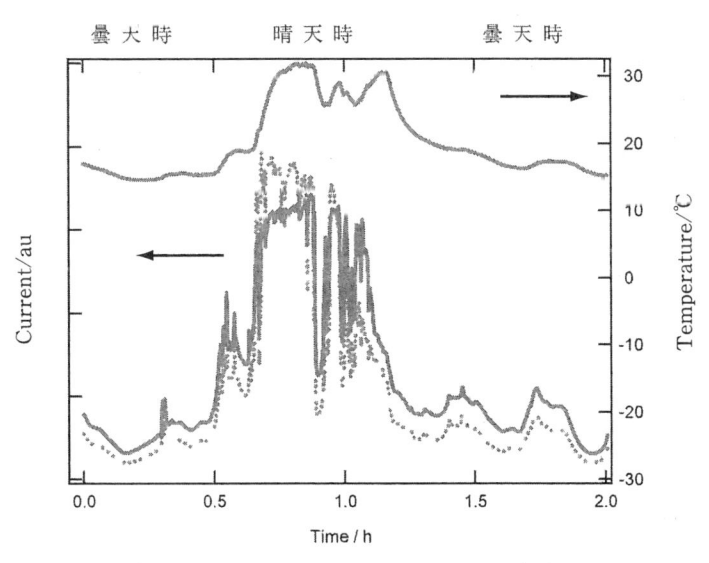

図9　太陽電池モジュールの日射量変化にともなう温度変化(上)と光電流出力の変化
色素増感プラスチックモジュール(下の太線)とa-Siモジュール(下の破線)の比較において、色素増感モジュールは晴天(中央部)と曇天(左右)の出力差が小さく、温度変化に対しては正の温度依存性を示す。

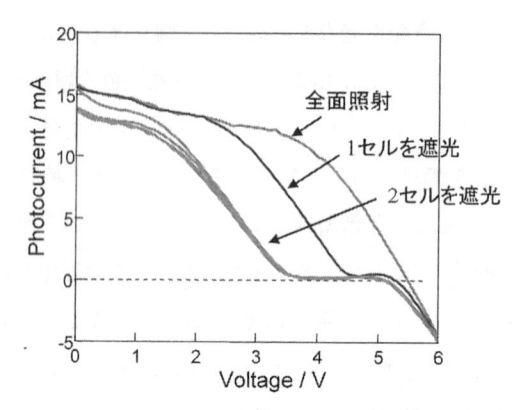

図10 8セル直列の色素増感太陽電池モジュールにおいて、モジュールを構成する単セルを任意に遮光したときの$I-V$特性に与える影響

ルから成る直列モジュール(出力約6V)のなかの単セルの1個,2個をマスクで完全遮光した場合の$I-V$特性への影響を比較したものである。この遮光の影響によって出力電圧は光発電を行わないセルの数だけ低下するが,出力電流はほぼ維持されている。すなわち,実用上,モジュールの一部に直射と影が投じられることによっても出力が電流を失ってブレークダウンすることはない。これは言うまでもなく,暗所でも電気伝導体である電気化学セルが光発電を担っていることによる結果であり,曲面を使用する色素増感プラスチックモジュールの優位点である。

5 蓄電とユビキタス性が意味をもつプラスチック色素増感太陽電池

晴天においても直射が占める照射強度は7～8割で残りは散乱光である。曇天では散乱光の寄与がずっと高まる。持ち歩く太陽電池,看板や標識など縦型に設置する太陽電池においては直射入射を受ける時間は極めて限られている。モバイル機器に搭載する場合は,光のほとんどは屋内照明を含めた拡散光と想定できる。このような環境下において,弱い拡散光,散乱光による発電を色素増感太陽電池を用いて無駄にすることなく,蓄電という形で利用することができれば積算電力としての実用効率はいっそう高まる。軽量で設置が容易なフレキシブル太陽電池はとくにこのメリットが大きい。このメリットを活かした応用へ向けて,われわれは炭素材料を蓄電材料として色素増感太陽電池の層構成のなかに一体型で組み込んだ"光キャパシタ"の開発も行っている[11,12]。蓄電という機能は,電解液(電気二重層)が存在してはじめて実現する。この考えも,上記のようにイオン伝導体としての電解液の存在を活用するメリットに立ったものであり,固体pn接合の太陽電池にはできない応用展開である。色素増感技術を用いて作製する光キャパシタの高性能化については別の章で解説するので参照されたい。様々な環境光を太陽電池に吸収させ

ようとするとき，色素増感多孔膜という反射率の小さい材料に加えて，屈折率の低いプラスチック基板を支持体に用いることのメリットも大きい。プラスチックに反射防止層を被覆することは容易であり，また表面の凹凸テクスチャー構造なども低コストで加工できる。蓄電のできる光キャパシタ自体のフルプラスチック化の開発も進行中であり，三電極からなる薄い素子を試作して光蓄電機能の実証を行っている。

6 プラスチックモジュールの耐久性

プラスチックモジュールは印刷方式の連続成膜工程を用いて低コストで生産できることを特長とする。しかしプラスチックを基板とすることによる耐久性の低下が対策課題となる。耐久性への影響は主に，酸化チタン膜のITO導電膜からの微小剥離，透明導電膜の抵抗上昇が原因であり，前者はプラスチック基板を通過する水分による影響とプラスチックの機械的変形がもたらすストレスが引き金となっている。後者は，ITO膜の化学的安定性の問題であり，ヨウ素電解液の組成によっては高温保存においてITOの溶出が起こる。白金膜と同様な問題であると考えてよい。対策としては，水蒸気透過をブロックするバリア層の設置，透明導電膜と酸化チタン膜の密着強化，そして導電膜材料の改良が重要である。現在，これらの対策を施さない試作モジュールの場合，性能が2/3に劣化する耐久寿命は数ヶ月間にとどまっている。しかし電解液にイオン液体を用いたフルプラスチックセルでは，酸化チタン膜の剥離が大きく抑えられ，耐久性が向上する傾向が得られている。不燃性という安全性を追求すると，実用化はイオン液体に頼らざるを得ない。イオン液体をナノ粒子と複合して得られる高粘度のゲル電解質が，高い性能を維持しながらセルを固体化する目的で有効であることがガラス系のセル製作において報告されている[13]。筆者らはまた，色素増感太陽電池の固体化を試みる研究の中で，イオン液体とポリマー／カーボンの複合材料を混練してできるヨウ素を含まない固体導電材料が従来の電解液を置き換える能力のあることを見出している[14,15]。このヨウ素フリーの導電材料の一種は，プラスチックセルの全固体化にも有効であることもわかってきた。これらの新しい素材によって従来の有機溶媒電解液層を置き換えることが，耐久性の大きな向上につながる可能性は高い。素材面での改良に加えて，上記のバリア層などの対策を施すことによって素子の耐久性のレベルアップを図り，モバイル機器搭載を考えた55℃の耐久性試験ならびにJIS規格C8938に従った85℃の環境試験によってこれを実証していく計画である。フレキシブル化と耐久性確保の両立は難題の1つである。たとえば，フレキシブル太陽電池を製作する目的で，基板にステンレスなどの金属箔を用いる方法が提案されている[16]。この場合は，ステンレスの耐熱性の範囲でステンレス上の酸化チタン塗布膜を焼成し，対極側を透過型にして光照射するセルを作製する。しかしヨウ素系電解液を用い

るかぎりは，ステンレス基板が高温下で容易に腐食し不導体化する問題が判明している。この観点でも，耐久性を確保したフレキシブル化は，プラスチック材料の改良をもって実現したいとの要望は大きい。

7 おわりに

従来太陽電池に無い特性に加えて，色素を変えてカラフルにかつ自由な形にできるというプラスチック色素増感太陽電池のアートデザイン性も特記すべきである[17]。これらの特長も太陽電池をさまざまな目的，用途に活用して産業の新市場を創出することにつながる。

プラスチック色素増感太陽電池のエネルギー変換効率は，目的を同じにするフレキシブル a-Si 太陽電池と競争するレベルにまで向上したが，小型セルの変換効率は 6 ％レベルとガラス型に比べて低く，光電流外部量子効率(EQE)も 60 〜 70 ％と改善の余地がある。実用化には，モジュールサイズで効率 5 ％以上，好ましくは 7 ％以上が必要である。長期耐久性を確保する点でも，開発は厳しい課題と向かい合っているが，仮に 2 〜 3 年の短期使用型であっても極めて低コストで供給でき，環境リサイクルも可能なシート型光発電材料というアイテムならば需要は広がる。自然界を見れば環境負荷ゼロの光合成は半年〜 1 年のリサイクル再生型である。光合成のモデルとして提案され，いよいよ実用化の入り口に近づいた色素増感太陽電池が，緑葉のようなしなやかさを持った低コストのフィルム太陽電池として活用されるときを期待したい。

謝辞

本研究の一部は，文部科学省科学研究費補助金特定領域研究 417 の助成によって行われた。

文　　献

1) M. Grätzel, *Chem. Lett.*, **34**, 8 (2005)
2) Y. Chiba, A. Islam, Y. Watanabe, R. Komiya, N. Koide and L. Han, *J. J. Appl. Phys.*, **45**, L638 (2006)
3) D. Zhang, T. Yoshida and H. Minoura, *Adv. Mater.*, **15**, 814 (2003)
4) G. Boschloo, H. Lindström, E. Magnusson, A. Hormberg and A. Hagfeldt, *J. Photochem. Photobiol. A.*, **148**, 11 (2002)：ならびに国際特許 WO 00/72373A1.
5) T. Miyasaka, Y. Kijitori, T. N. Murakami, M. Kimura and S. Uegusa, *Chem. Lett.*, **31**, 1250

(2002)
6) T. Miyasaka and Y. Kijitori, *J. Elecrochem. Soc.*, **151**, A1767 (2004)
7) T. N. Murakami, Y. Kijitori, N. Kawashima and T. Miyasaka, *J. Photochem. Photobiol. A.*, **164**, 187 (2004)
8) N.-G. Park, K. M. Kim, M. G. Kang, K. S. Ryu, S. H. Chang, Y.-J. Shin, *Adv. Mater.*, **17**, 2349 (2005)
9) S. Uchida, M. Tomiha, H. Takizawa, M. Kawaraya, *J. Photochem. Photobiol. A.*, **164**, 93 (2004)
10) T. Toyoda, *et al.*, *J. Photochem. Photobiol.A.*, **164**, 203 (2004)
11) T. Miyasaka and T. N. Murakami, *Appl. Phys. Lett.*, **85**, 3932 (2004)
12) T. N. Murakami, N. Kawashima and T. Miyasaka, *Chem. Commun.*, 3346 (2005)
13) H. Usui, H. Matsui, N. Tanabe and S. Yanagida, *J. photochem. Phobiol. A.*, **164**, 97 (2004)
14) N. Ikeda and T. Miyasaka, *Chem. Commun.*, 1886 (2005)
15) N. Ikeda, K. Teshima and T. Miyasaka, *Chem. Commun.*, 1733 (2006)
16) M. G.Kang, N.-G. Park, K. S. Ryu, S. H. Chang, K. M. Kim, *Chem. Lett.*, **34**, 804 (2005)
17) 吉田 司, コンバーテック, **386**, 33 (2005)

第2章　高性能・集積型色素増感太陽電池モジュール

韓　礼元[*]

1　はじめに

将来の太陽光発電の大量普及を実現するため，低価格化の可能性を持った色素増感太陽電池の技術革新が期待されている。本章では著者らによる色素増感太陽電池モジュールの高効率化に向けた研究成果を紹介する。まず第2節では単セルの高効率化技術について概観し，第3節では単セルを集積した色素増感太陽電池モジュールの高効率化技術について説明する。

2　単セルの高効率化技術

太陽電池モジュールの変換効率を向上させるためには，まず単セルの変換効率を向上させる必要がある。本節では，単セルの短絡電流密度(J_{sc})改善技術と単セル大面積化技術について述べる。

2.1　単セルの J_{sc} 改善技術

短絡電流密度 J_{sc} を向上させるためにはセルの分光感度特性(外部量子効率)の向上が重要となる。ここで，外部量子効率は光吸収効率と内部量子効率の積で表されるが，これまでの研究から，増感色素にルテニウム錯体，多孔質電極に酸化チタンを用いた場合の内部量子効率は，ほぼ1に近いとの報告がある[1~3]。したがって，光吸収効率の向上が重要な課題となる。セルの光吸収効率を向上させるためには，①色素の吸収量を増大させる，②膜内の光路長を増大させる，の2通りの方法が考えられる。前者の技術に関しては，本書の第9～11章で詳細な説明がなされている。以下では後者の技術について説明する。

色素増感太陽電池セルの光吸収効率を増大させるために，多孔質電極にサブミクロンサイズの酸化チタン微粒子を導入する手法が広く検討されている[2,4]。スイスのGrätzel教授らは粒径20 nmの酸化チタン微粒子から構成される透明酸化チタン層と，粒径400 nmの酸化チタン微粒子から構成される散乱酸化チタン層を積層させることで，10％以上の変換効率が得られることを

---

[*] Liyuan Han　シャープ㈱　ソーラーシステム事業本部　次世代要素技術開発センター　第3開発室　室長

第2章　高性能・集積型色素増感太陽電池モジュール

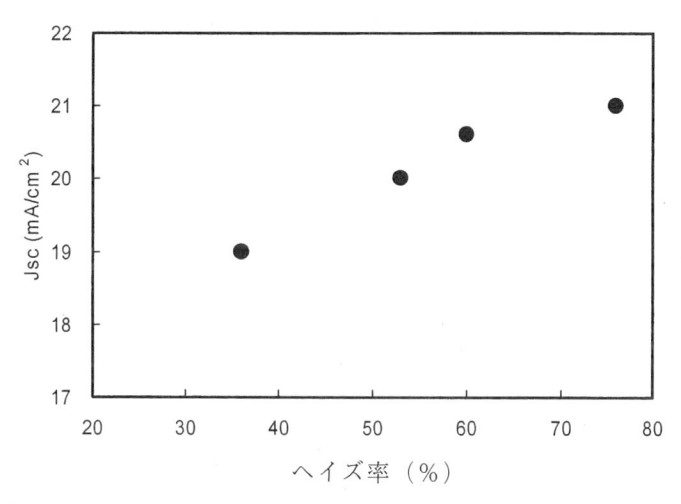

図1　多孔質酸化チタン電極のヘイズ率と短絡電流密度の関係

報告している[5]。しかし，この高い変換効率は他の研究グループによってなかなか再現されなかった。これは，たとえ粒径を制御したとしても，酸化チタン電極の形成方法，形成条件，酸化チタン粒子の粒径分布などの微妙な差が，多孔質酸化チタン電極の特性に大きく影響するためだと考えられている。

一方，薄膜太陽電池の分野では，透明導電膜付き基板（TCO基板）のヘイズ率の制御により，光電変換層内の光路長を増大させる手法が広く用いられている[6]。著者らは，同様なコンセプトを，多孔質酸化チタン電極のヘイズ率として色素増感太陽電池に適用した[7]。ここで，ヘイズ率は拡散透過光と全透過光の比として定義される。図1に，増感色素としてブラックダイを用いたセルのJ_{sc}と，酸化チタン電極の800 nmにおけるヘイズ率との関係を示した。ヘイズ率の増大に伴いJ_{sc}は増加していく。著者らは酸化チタン電極のヘイズ率を60 %以上に高めることで，再現性良く20 mA/cm^{2}以上のJ_{sc}が得られることを実証している。

2.2　単セル大面積化技術

一方，実用化に向けたモジュールの高効率化を目指す場合，変換効率を低下させることなくセル面積を増大させる必要がある。TCO基板を用いた太陽電池の場合，大面積化によりTCO基板における抵抗損失が増大し，変換効率が低下してしまうという課題がある。近年，抵抗損失を抑制し，電流を効率よく収集するためのグリッド電極を用いた大面積色素増感太陽電池単セルの開発が報告されている[8, 9]。この電流収集型セルの利点は，比較的容易に面積を増大させることが可能な点であり，著者らも初期の検討により，銀グリッド電極を形成した100 mm × 100 mmの

表1 色素増感太陽電池の単セル変換効率の動向

種類	効率(%)	サイズ(cm^2)	J_{sc}(mA/cm^2)	V_{oc}(V)	FF	色素	評価機関	研究機関	報告年	出典
単セル	10.4	1.004(ap)	21.8	0.729	0.652	ブラックダイ	産総研	シャープ	2005	12)
	11.1	0.219(ap)	20.9	0.736	0.722	ブラックダイ	産総研	シャープ	2006	13)
	10.4	0.186(ap)	20.5	0.721	0.704	ブラックダイ	NREL	EPFL	2001	11)
	11.2	0.158	17.7	0.846	0.745	N719	(自社)	EPFL	2005	14)
	10.5	0.240	21.5	0.700	0.699	ブラックダイ	(自社)	産総研	2004	15)
	7.5	102	16.3	0.675	0.682	ブラックダイ	(自社)	シャープ	2006	16)
	6.9	81	14.6	0.69	0.69	ブラックダイ	(自社)	東京理科大	2006	17)
	6.8	72	12.9	0.778	0.68	ブラックダイ	(自社)	新日石	2006	18)
	6.3	140.1(act)	12.1	0.745	0.695	N719	(自社)	フジクラ	2005	19)

NREL:米国再生エネルギー研究所/EPFL:スイスローザンヌ工科大学/(ap):aperture area/(act):active area

単セルにおいて,短絡電流1.66 A,開放電圧0.675 V,曲線因子0.682,アパーチャー変換効率7.5%を得ている[16]。

しかしながら,メートル角以上の大面積化を考えた場合,短絡電流は面積の増大とともに2×10^2 A以上へ増大することになるため,この大電流を微細なグリッド電極で効率よく収集することは極めて困難となる。そこで,バルク結晶太陽電池のように,10 cm角程度の単セルを直列に接続したモジュール構造が検討されている[10]。

2.3 単セル変換効率の現状

単セル変換効率の現状を表1にまとめる。小面積セルにおいては,複数の研究機関で10%を超える変換効率が確認されている[11~15]。近年では,実用化を目指した大面積化の研究も活発になってきており,数センチ角の単セルにおいても6~7%台の変換効率が複数報告されている[16~19]。将来の実用化に向けては,単セル性能の更なる向上に加え,集積型モジュールの開発が必要不可欠である。

3 集積型色素増感太陽電池モジュールの高効率化技術

一方,色素増感太陽電池と同様にTCO基板を用いるアモルファス太陽電池では,1枚の基板上に短冊状の単セルを直列に集積した電圧収集型の集積型モジュールが開発されている。この方法では,モジュール面積を拡大しても電流の増加が小さいため,理論上,抵抗損失による面積の制限はない。また,1枚の基板上に複数のセルからなるモジュールを一度に形成することができるため,10 cm角程度の基板上に作製した単セルを複数個接続する方法に比べ,生産効率の向上

第 2 章　高性能・集積型色素増感太陽電池モジュール

が期待できる。

　本節では，色素増感太陽電池モジュールの集積構造を考察し，高性能な単セルを集積した，高性能・集積型色素増感太陽電池モジュールの高効率化の現状を紹介する。

3.1　色素増感太陽電池モジュールの集積構造

　色素増感太陽電池モジュールの集積構造として提唱されている2種類の集積構造を図2に示す。図2(a)に示すZ型集積構造は，基本的にアモルファス太陽電池モジュールと同様に，短冊状の単セルを直列に接続したもので，モジュール面積の拡大に伴い出力電圧が増加する。あるセルのTCO電極と隣接したセルの対極を電気的に接続するためには，隣接セル間に導電層を導入する必要がある。しかし，色素増感太陽電池には腐食性のヨウ素系電解質が広く用いられており，一般的な金属材料(金，銀等)を導電層として用いる場合には，電解質による腐食を防止するための絶縁層を導電層の表面に設ける必要がある。したがって，隣接セル間には絶縁層，導電層，絶縁層の3層からなる非発電領域が存在するため，この構造はモジュールの有効発電面積の低下を招きやすく，高いモジュール出力を得ることが困難という課題を有している。

　一方，図2(b)に示すW型集積構造は，セルを交互に逆配列し，隣接セルをTCO層で接続しているのが特徴である。この構造はZ型構造に比べて導電層が不要となるため，構造が簡単であり，有効面積と曲線因子の向上によるモジュール変換効率の向上が期待できる。そのため，電解液を用いた色素増感太陽電池に適した構造と考えられる。ただし，全体の約半分の短冊状単セルは対極側が受光面となるため，対極や電解液の光吸収ロスにより J_{sc} が低下するという課題が存在している。

3.2　高性能・集積型色素増感太陽電池モジュールの高効率化

　著者らは，W型集積モジュールの高効率化を検討した。集積型モジュールを構成する単セルとして，5 mm × 5 mm，5 mm × 50 mm，5 mm × 100 mm の短冊状単セルを作製し，酸化チ

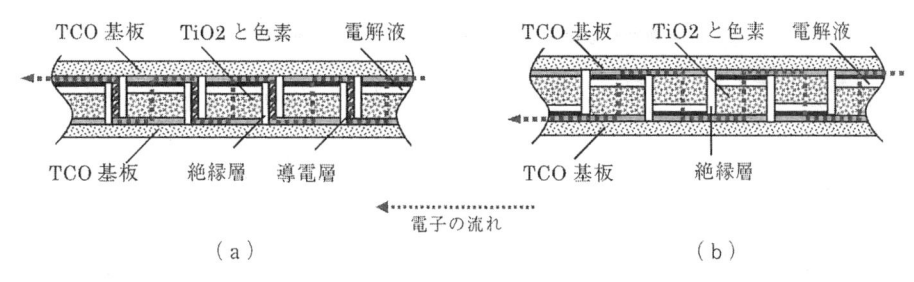

図2　色素増感太陽電池の集積モジュール構造

タン電極の均一性，セル間距離，酸化チタン電極構造，電解液の構成などを検討した結果，長辺の長さによらず，安定して 8％以上の変換効率が得られることを確認した。

そこで，ブラックダイを用いて，50 mm × 53 mm（単セル 9 直列）および 100 mm × 100 mm（単セル 17 直列）の W 型集積モジュールを作製した。その結果，いずれの面積においてもアパーチャー変換効率 6.3％（自社測定）を得ることができた。ここで，短冊状の単セルの均一性さえ確保できれば，長辺を長くしてもモジュールの変換効率の低下は観測されなかった。これは，W 型集積構造が更なる大面積化にも適した構造であることを示唆している。

また，集積型色素増感太陽電池モジュールの特性を公正に評価するために，国際的な標準試験機関の一つである，独立行政法人産業技術総合研究所（AIST）太陽光発電研究センターの評価チームにより，標準試験条件におけるモジュール特性評価を実施いただいた。その結果，色素増感太陽電池モジュールとして世界最高となるアパーチャー変換効率 6.3％を達成している（図 3）[20]。

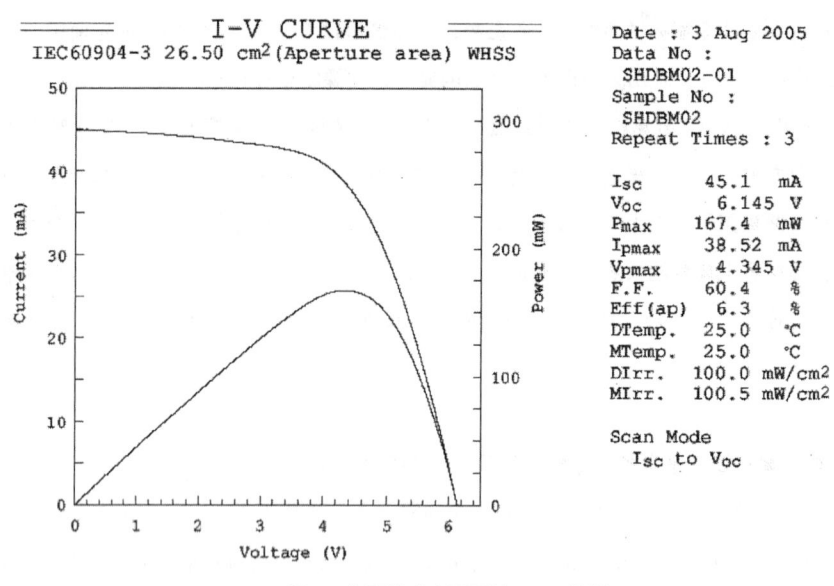

図3 色素増感太陽電池の I-V 特性

表2 集積型色素増感太陽電池モジュールの変換効率の動向

種類	効率(%)	サイズ(cm^2)	J_{sc} (mA/cm^2)	V_{oc} (V)	FF	色素	評価機関	研究機関	報告年	出典
集積セル	6.3	26.5 (ap)	1.70	6.145	0.604	ブラックダイ	産総研	シャープ	2006	20)
	6.3	101 (ap)	0.89	11.78	0.607	ブラックダイ	(自社)	シャープ	2006	20)
	3.8	588 (act)	1.29	4.4	0.68	N719	(自社)	Fh-ISE 他	2006	21)

Fh-ISE：フラウンホーファー太陽エネルギーシステム研究所(独)／(ap)：aperture area／(act)：active area

第2章　高性能・集積型色素増感太陽電池モジュール

図4　集積型色素増感太陽電池モジュールの例

集積型色素増感太陽電池モジュールの変換効率の動向を表2にまとめる。

更なる大面積化に関し，著者らは25 cm角のW型集積モジュール(図4)を作製し，その太陽電池動作も確認している。今後，高効率化および大面積化の両面から，更なる研究開発の進展が期待される。

4　おわりに

近年では，実用化を目指した色素増感太陽電池モジュールの研究も活発になってきており，10センチ角程度のモジュールにおいて，6％台の変換効率が報告されている。今後，実用化に向けて変換効率の更なる向上を実現していくためには，光吸収能の高い新規色素材料や，ヨウ素系に替わる新規電解質，高性能な固体化電解質などの各種材料開発による単セル性能の向上に加え，大面積化，高信頼性を可能にするモジュール製造技術の進展が大いに期待される。

謝辞

本章で紹介した研究の一部は，独立行政法人新エネルギー・産業技術総合開発機構(NEDO技術開発機構)から委託され実施したもので，関係各位に感謝する。

文　　献

1) J. S. Salafsky *et al.*, *J. Phys. Chem. B*, **102**, 766 (1998)
2) Y. Tachibana *et al.*, *Chem. Mater.*, 14, 2527 (2002)

3) R. Katoh *et al.*, *J. Phys. Chem. B*, **108**, 4818 (2004)
4) A. Usami, *Sol. Energy Mater. Sol. Cells*, **64**, 73 (2000)
5) P. Wang *et al.*, *J. Phys. Chem, B*, **107**, 14336 (2003)
6) A. Löffl *el al.*, *Proc. 14th European Photovoltaic Solar Energy Conference* (EUPVSEC-14), 2089 (1998)
7) Y. Chiba *et al.*, *Appl. Phys. Lett.*, **88**, 223505 (2006)
8) S. Dai *et al.*, *Sol. Energy Mater. Sol. Cells*, **85**, 447 (2005)
9) R. Sastrawan *et al.*, *Proc. International Photovoltaic Science & Engineering Conference* (PVSEC-15, Shanghai), 756 (2005)
10) 豊田竜生：太陽エネルギー，**31**, 19 (2005)
11) M. K. Nazeeruddin, *et al.*, *J. Am. Chem. Soc.*, **123**, 1613 (2001)
12) Y. Chiba *el al.*, *Proc. International Photovoltaic Science & Engineering Conference* (PVSEC-15, Shanghai), 665 (2005)
13) Y. Chiba *et al.*, *Jpn. J. Appl. Phys.*, **45**, L638 (2006)
14) M. K. Nazeeruddin *et al.*, *J. Am. Chem. Soc.*, **127**, 16835 (2005)
15) Z-S Wang *et al.*, *Langmuir*, **21**, 4272 (2005)
16) L. Han *et al.*, *Proc. Renewable Energy 2006 International Conference and Exhibition* (RE2006, Makuhari), (2006)
17) H. Arakawa *et al.*, *Proc. 4th World Conference on Photovoltaic Energy Conversion* (WCPEC-4, Hawaii), (2006)
18) T. Kubo *et al.*, *Proc. Renewable Energy 2006 International Conference and Exhibition* (RE2006, Makuhari), (2006); 私信
19) 松井浩志ほか：太陽エネルギー **31**, 25 (2005)；平成16年度NEDO委託業務成果報告書　太陽光発電技術開発　革新的次世代太陽光発電システム技術研究開発「イオンゲルを用いた高性能色素太陽電池の研究開発」(大阪大学，横浜国立大学，フジクラ)，106頁 (2005)
20) L. Han *et al.*, *Proc. 4th World Conference on Photovoltaic Energy Conversion* (WCPEC-4, Hawaii), (2006)
21) A. Hinsch *et al.*, *Proc. 4th World Conference on Photovoltaic Energy Conversion* (WCPEC-4, Hawaii), (2006)

第3章　色素増感太陽電池モジュールの動向と展望

豊田竜生[*1]　元廣友美[*2]

1　はじめに

　色素増感太陽電池（以下 DSC と記述する）は光に反応する物質の分子を色素とし，太陽光エネルギーを半導体に吸着させた色素を介して電気エネルギーに変換するデバイスである。1991年グレッツェルらは電池の受光部に堅牢なルテニウム錯体色素を吸着させたナノサイズの酸化物粒子を用いる創意工夫により，エネルギー変換効率を飛躍的に向上させた[1]。比較的低純度の材料，高真空や高温を用いない簡易なプロセスで太陽電池が成立することが実証された。従来の pn 接合型太陽電池の常識を覆す DSC は，セルの作りやすさも相まって多くの科学者や企業の研究者たちの興味を掻き立て，研究開発へと向かわせた。DSC セルのエネルギー変換効率は，近年11％を超えるものが報告され[2]ている。また DSC モジュールも少しずつではあるが報告されるようになってきた[3]。DSC は従来の太陽電池と発電の原理が異なるため，普及の障害である「コストの壁」を破る可能性や，LCA（ライフサイクルアセスメント），特にライフサイクル CO_2 の観点から従来の太陽電池よりも優位でないかとの期待も大きい[4]。実用化に向けて，太陽電池のセルだけでなく，太陽光発電システムの最小ユニットとしてのモジュールを評価し，実用に供せられるかどうかを総合的に実証していくことも併せて重要である。高効率なセルでも，そのままの寸法を集積してモジュール化すれば，モジュールのエネルギー変換効率は大きな無効面積のためセルに比べ大幅に減少してしまう。信頼性や製造の容易さなども同様で，セルとモジュールの性能・信頼性・コストなどの評価は必ずしも一致しない事が多い。モジュール設計では，発電に無効なシールや集電などの面積を最小限にしながら機密性を確保したり接続抵抗をも可能な限り低減する必要がある。軽量化は必要であるが，風圧荷重や降雹への強度は確保しなければならず，背反する矛盾を克服しなければならないことが多い。また DSC をある用途に使用する際，DSC 単セルの開放電圧 V_{oc} は高々 0.7〜0.8 V であり，1つのセルを大型化しても，小さな IC ひとつ動かない。モジュール化による出力電圧の向上なくして実用化はありえず，それ故 DSC モ

[*1]　Tatsuo Toyoda　アイシン精機㈱　エネルギー開発部　SC 開発グループ
　　　グループマネージャー
[*2]　Tomoyoshi Motohiro　㈱豊田中央研究所　材料分野　材料物性研究室　室長

表1　各種DSCモジュールの構造

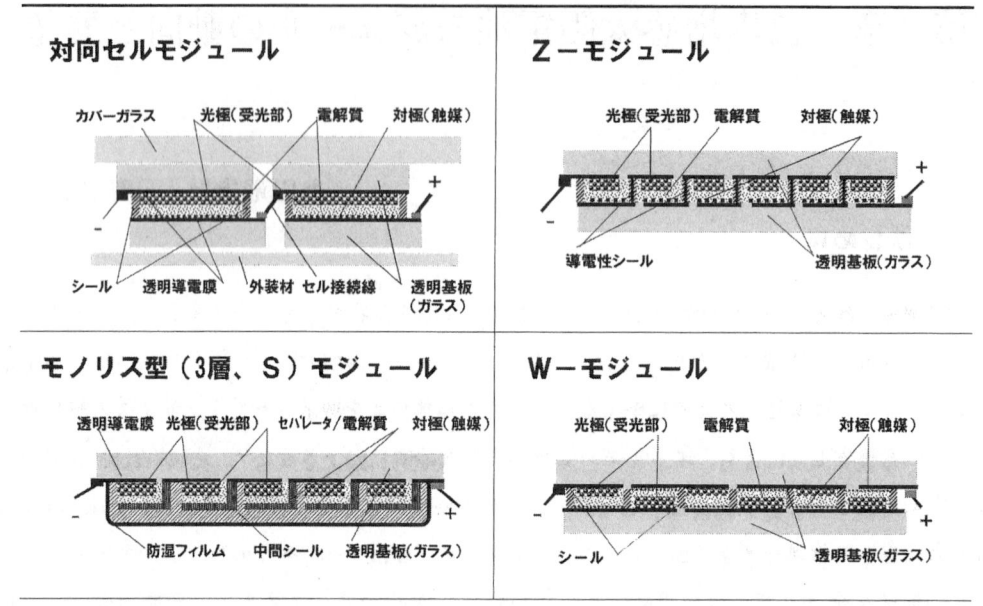

対向セルモジュール	Zーモジュール
モノリス型（3層、S）モジュール	Wーモジュール

ジュールの設計・製造・評価・品質保証などそれぞれの技術がきわめて重要になる。

本章では，今まで報告されたモジュールを分類・整理し，特徴についてまとめてみた。また報告例から，筆者らが現在考えている課題とその展望について述べる。

2　DSCモジュールの分類

今まで報告されたDSCモジュールを俯瞰すると，構造・材料・形態など種々のカテゴリーで分類することができる。分類を細分化しても議論が断片化と拡散するため，本書では課題の整理がしやすいよう，構造に絞った分類で話を進める。報告されたモジュールを構造により分類したのが表1である。

対向セルモジュール・Zーモジュール・モノリス型モジュール（3層モジュール，Sーモジュール）・Wーモジュールの4種に大別された[5]。

第3章　色素増感太陽電池モジュールの動向と展望

3　各モジュールの特徴・報告例と課題

3.1　対向セルモジュール
3.1.1　特徴
　従来の結晶系シリコンモジュールの構造と類似のベーシックな構造で，大型のDSC単セル同士がセル外部で接続され，セルストリングスを形成する。ガラスなどの透光性の板材と外装材（カバーガラス，金属板，樹脂板，ラミネートした防湿シートなどの1枚）でセルストリングスを挟み込む方式である。パッケージングには一般的にエンキャップ方式とスーパーストレート方式がある（表2）。モジュール外周部は，必要に応じアルミやステンレス製のフレームで囲われている。

長所：大型モジュール化が容易。水分の進入に対する信頼性が高く，透光性・両面採光型のモジュールが可能。

短所：無効面積が大きく（セルの集電グリッド・バスバー・シール部，セル間接続）変換効率が相対的に低くなる。集電グリッド・バスバーの金属溶出防止の処理を要す。ガラスの占める割合が大きく重い。部品点数が多い。

3.1.2　報告例
　DSC対向セルモジュールの報告は意外と少なく，アイシン精機㈱と㈱豊田中央研究所が共同で，スーパーストレート方式の大型モジュールを複数製作し，2001年に屋外試験を行った[6]（図1）。約半年間，屋外での作動耐久で一部セルのシール破壊が生じるまでは継続的に発電ができた。また2005年3月に開幕した国際博覧会「愛・地球博」EXPO-2005に併せて公開されたトヨタ夢の住宅「PAPI」では，エンキャップ方式の対向セルモジュールを48ヶ壁に搭載し[7]（図2），公開

表2　対向セルモジュールの構造

エンキャップ方式	構　造
エンキャップ方式	カバーガラス／透明樹脂：シリコーンなど／DSCセル／ガラス、金属板、樹脂板など
スーパーストレート方式	カバーガラス／透明樹脂：シリコーンなど／DSCセル／防湿フィルム

色素増感太陽電池の最新技術 II

図1 セル64個を直列に接続したDSCモジュールと屋外試験

図2 トヨタ夢の住宅「PAPI」1階の4つの壁面に48の壁モジュールを装着

前の2004年から発電試験を継続している。約1.5年以上安定に発電し，現在も評価を継続中である。公表されているモジュールの耐久性としては最長のものである[8]。その他，2005年に新日本石油が屋外試験を行ったという報告がある[9]。2006年1月にはフジクラが大型モジュール(119 cm × 84 cm)を試作した報道があった。屋外試験はこれからのようである[10]。これらの2つについての詳細は本書の別の章を参照されたい。

海外で特筆すべき報告は中国科学院のプラズマ物理研究所の活動である。オランダECNで開発されたマスタープレート[11]を改良したセルを13個，15 cm × 20 cmの透明導電膜付きのガラス基板に形成し，1つの並列セルのユニットとしている。並列セルを2×4の配列で8個外部で接続することで1つのモジュール(40 cm × 60 cm)を製作している。複数のモジュールを屋外に設置し，60W級の試験を行っている報告がある。また最近，並列セルのユニットを3×4の配列で12個用いてカバーガラス付きのモジュールを作製し，多数のモジュールで500W級の屋外試験をしている報告[12]がある。

3.1.3 課題と今後の動向

対向セルモジュールの課題としては，変換効率に直結する無効面積の低減と，軽量化部品点数の低減などが挙げられる。セル接続の信頼性や防湿性に優れる構造を活かし今後はセルの樹脂基板化などによる薄型軽量化とカバーガラスの耐候性や防湿性の良さを組み合わせた軽量モジュー

第3章　色素増感太陽電池モジュールの動向と展望

ルの方向に発展すると思われる。

3.2　Z-モジュール
3.2.1　特徴

　Z-モジュールは隣り合うセルへの導電パスが「Z」型であり，Z-モジュールと呼ばれる。透明導電膜のついた透光性基板2枚を用い，隣り合う電極が電位的に独立するように予めレーザーで切断しておく。1枚の基板の導電膜に受光部である酸化チタンを短冊状に所定のセル数だけ形成し色素を吸着させておく。もう一枚の基板は予め電解液注入口を穿孔しておき導電膜上に対極となる白金を所定のセル数形成する。インターコネクターを経由して隣のセルと直列接続するようになっている。このインターコネクターには隣り合うセル間の電解液の流通を遮断するシール剤の機能と2枚の基板を接着する接着機能も要求される。モジュール両端にある短冊状のセル外側の長辺や各セルの短辺は，絶縁性のある別のシール剤でシールされる。2枚の基板に対し，インターコネクターと絶縁シールで接着している構造になる。基板を貼り合わせ後，電解液を注入し，

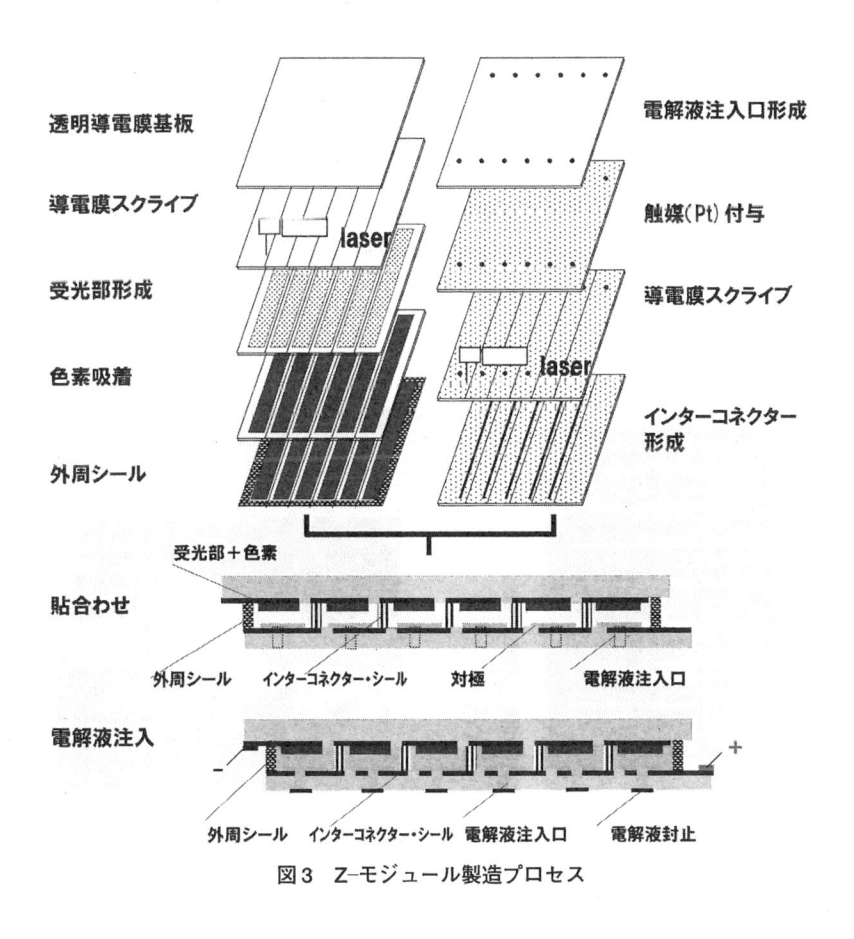

図3　Z-モジュール製造プロセス

口を封止する。製造プロセスを図3に示す。

長所：集電線やバスバーが不要。無効面積が小さく，変換効率が比較的高い。透光性・両面採光型のモジュールが可能。多数のセルが同時に形成でき，セルとモジュールを同時に作ることができる。透光性基板が樹脂の場合は軽量であり，ガラス基板の場合は，突き破りや傷など機械的損傷を受けにくい。

短所：大型になると高い貼り合わせの精度が要求される。直列接続のため各セルの性能のばらつきの許容範囲が狭い。インターコネクターの導電性・シール性・接着の信頼性が低い。

3.2.2　報告例

ドイツのINAP社は1998年には基本的な検討を終え[13]，2000年には30 cm × 30 cmの試作品を発表している[14]。また荒川らの訪問の際は50 cm × 50 cmの試作品が完成していた[15]。

一方，オーストラリアのSTI社も精力的に研究を進め，2000年には11 cm × 17 cmのモジュールを開発し，2002年にはそれらの直列数を4セルから6セルに変更した11 cm × 19 cmものを3×8使用し，エンキャップ方式のユニットモジュールを発表した。関係者の度肝を抜いたのは，ニューサウスウエールズ州のCSIORO ENERGY CENTERオフィス壁面にこのユニットモジュールを405個使用し，世界最大級の200 m^{2}を設置したことである。2002年12月に竣工[16]（図4）であった。その後の情報は明らかにされていないが，実用化に向けこのような大面積に果敢にチャレンジする精神には心から拍手を送りたい。また日本のベンチャー企業であるペクセルは樹脂基板を用いたフレキシブルなZ-モジュール30 cm × 30 cmを試作し，「愛・地球博」EXPO-2005に出展した[17]。詳細は本書の別の章を参照されたい。

図4　STIのZ-モジュール（8×3）で構成されるユニットモジュールと405のユニットモジュールを使用したCSIORO ENERGY CENTER

第3章 色素増感太陽電池モジュールの動向と展望

3.2.3 課題と今後の動向

Z-モジュールの長期の耐久性を示す報告は現在までのところ見あたらない。課題はインターコネクターやシールの信頼性向上である。電解液のシール性と導電性，さらには2枚の基板の接着性と3つの機能が1部材に要求されるため，負担が大きすぎ信頼性が著しく低いものとなっているように思われる。今後は設計の見直しによる機能分担や信頼性の高いインターコネクターの材料開発が望まれる。またセルの製作法にも共通する話であるが，電解液の注入は，セルの数だけガラスに穿孔し，封止が必要である。注入口の数が多くなれば信頼性も下がる。今後は基板を貼り合わせる前にゲル化した電解質を受光部に定量塗布し，貼り合わせるだけでモジュールできる方向に進むと思われる。

3.3 モノリス型モジュール(3層モジュール，S-モジュール)

3.3.1 特徴

市販のアモルファスシリコンモジュールに類似した構造で，1枚の透明導電性基板の導電膜をレーザー等で所定の数スクライブし，短冊状の受光部やセパレータが積層される。対極の還元触媒の機能と導電機能を有するカーボンが「¬」型に印刷・乾燥・焼成され，隣のセルに電気的に接続している。またZ-モジュールとは異なり，セル間のシール部は導電性を担う部分と独立して形成される。モジュール背面にはアルミ箔を中心に多層にラミネートした樹脂の防湿シートを用いる。セル間やセル外周のシールは，シール剤となるシートの打ち抜いたものやメタルマスクなどでシール剤を印刷し所定位置にシール部を形成し，透明導電性基板と防湿シートの接着と同時に熱融着しパッケージングする。アルミ箔の代わりに無機蒸着膜を用いたものもある。1996年Kayらによって本モジュールの構造とRoll-to-Rollの生産方式が提案された[18]。このモジュール構造は，隣のセルとの接続がS字曲線であったためS-モジュールと呼ばれたこともある。対極も印刷で積層するため短絡防止のセパレータ層が不可欠で，セルが3層構造になるため，3層モジュールと呼ばれることもある。Z-モジュールに比べ導電部分とシール部分が別々になっているので，無効面積は増えるが，その分信頼性が増す。またこのモジュールは一枚の透光性基板をベースに次々電池構成部分を積層していく工程のため，一旦加工の位置基準が決まれば比較的加工精度が得られ易い。製造プロセスを図5に示す。

長所：ガラスが1枚であるため軽量。集電線やバスバーが不要。無効面積が比較的小さく，変換効率が高い。多数のセルが同時に形成でき，セルとモジュールを同時に作ることができる。

短所：直列接続のため各セルの性能のばらつきの許容範囲が狭い。裏面の突き破りや傷など機械的損傷を受け易い。透光性・両面採光型のモジュールができない。

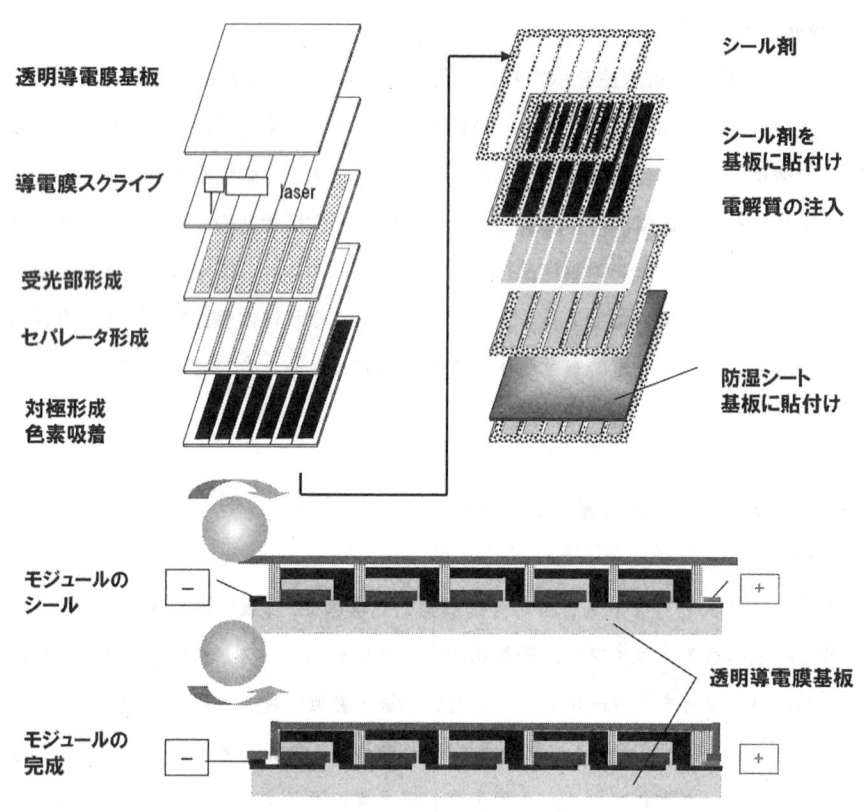

図5 モノリス型モジュール製造プロセス

3.3.2 報告例

Kayらが発表したモノリス型モジュールのコンセプトは，セル間のシールがなく，コンセプトの提案でとどまっていた。

2003年アイシン精機㈱-㈱豊田中央研究所はセル間のシールの問題を解決し，実際に長期間発電可能なモジュールを提案した。24 cm × 24 cmの透光性基板に31セル直列接続した小型モジュールを8モジュール直列に接続した。開放電圧は，屋外では約200V近く，室内で120V発生することを示した(図6)[19,20]。また2006年10月に幕張メッセで開催される「再生可能エネルギー国際会議(RE2006)」には，屋外の作動耐久試験・大規模屋外作動試験・透光性モノリス型モジュールの報告がある[21,22]。

3.3.3 課題と今後の動向

モノリス型モジュールは連続生産性に富み，透明導電膜付き基板も1枚のため，重量やコスト面で他の構造に比べ優位である。しかしセル間のシールやインターコネクタを最小の面積で設計するため，製造プロセスの難易度は高い。モノリス型は大きく2つの課題があり，その1つは

第3章　色素増感太陽電池モジュールの動向と展望

図6　24cm×24cmの透光性基板に31セル直列接続した小型モジュールを8モジュール直列接続
（アイシン精機-豊田中央研究所）

カーボン対極の信頼性向上である。「⊐」型のカーボンは電気化学的には安定であり触媒能も十分であるが，機械的強度が低く比抵抗も大きい。実用化に向け，高強度・高靱性・高導電率カーボン材料の開発が必要になる。もうひとつの課題はセル間のシール性の確保である。今後はZ-モジュールと同様に，ゲル化した電解質を受光部に定量塗布し，貼り合わせることのできるシールシステムの開発が電解質やシール周辺の材料開発とあわせて必要になると思われる。

3.4　W-モジュール

3.4.1　特徴

　Z-モジュールやモノリス型モジュールが隣り合うセル厚み方向でインターコネクトするのに対し，W-モジュールでは基板間を横断するインターコネクターがなく，極性の異なる電極同士を隣り合わせ，透明導電膜で接続する方法である。基板に直交するインターコネクターの不安定さを取り除いた構造で，セル間のシール性が確保できれば高い信頼性のモジュールとなる。隣り合うセルの受光部が交互に対向する基板にあり，対極も同様な配置となり，直列接続のモジュールとなる。製造プロセスを図7に示す。多くは透光性であり，隣り合うセルの色調が異なりストライプ状のアクセントとなっている。

長所：集電線やバスバーが不要。セルの接続が基板上でなされ信頼性が高い。無効面積がシール部分だけなので，変換効率が高い。両面がガラス基板の場合は，突き破りや傷など機械的損傷を受けにくい。多数のセルが同時に形成でき，セルとモジュールを同時に作ることができる。

短所：直列接続の各セルの光電極の受光量が異なるため，出力調整が必要（電極面積などで調整）。性能のばらつきの許容範囲が狭い。隣り合うセルの色調が異なる。

3.4.2　報告例

　2003年大阪で開催された第3回世界太陽電国際会議でスイスのベンチャー企業のSolaronix社から45cm×45cmの大型モジュールが発表された[23]（図8）。また2006年に，シャープ㈱より25cm×25cmサイズのモジュールが発表されている[24]（図9）。

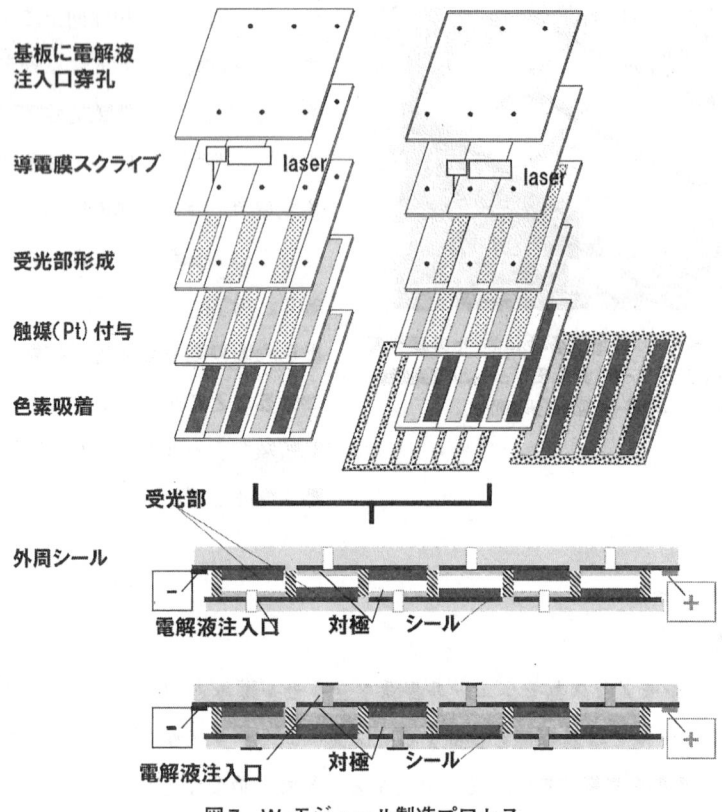

図7 W-モジュール製造プロセス

3.4.3 課題と今後の動向

　W-モジュールはシンプルな構造であるが，内部の直列接続となるため，隣り合うセルの電流値が一致することが要求される。効率的な発電を行うためには，隣り合う受光部の酸化チタンの電極厚みや面積を変化させて調整することが必要になる。不透光のモジュールは作製しづらく，変換効率は低い傾向である。隣り合うセルの発電能力，特に電流値のバラツキが大きい。電流値の差が大きくなるとモジュールではジュール熱損やセル間で極性逆転も誘発し易いため，セル間の電流値バラツキの押さえ込みが大きな課題である。また酸化チタンに対極の白金触媒がわずかでも混入すると暗電流や漏れ電流が増大する。W-モジュールは構造上透光性のある触媒対極が必要で，白金代替触媒の開発は非常に高いハードルであろう。酸化チタンの白金汚染の防止ができれば，有望なモジュール構造になると思われる。

第3章　色素増感太陽電池モジュールの動向と展望

図8　45cm×45cmのW-モジュール
（スイスSolaronix社）

図9　25cm×25cmのWモジュール
Sharp㈱

4　おわりに

　DSCモジュールの構造や課題などを総括した。結晶系シリコンなどに比べ製造プロセスの簡便さがお分かりいただけたかと思う。ここであえてモジュールの変換効率を記載しなかったのは，発表されたデータが統一されておらず，誤解されやすい表記が多いためである。DSCモジュールの変換効率の測定法が標準化されておらず，規格が無い以上こうした混乱はやむをえない。しかし技術の優劣を示す直接的な数値だけに早い規格づくりが必要である。産業総合研究所を中心にDSCの変換効率測定の標準化の研究が始まった[25]ことは，歓迎すべき動きである。発表される数々のDSCモジュールは，直ちに屋外で評価できるようなものが多くはない。この理由はDSCモジュールの製造プロセスが多くの課題を含んでおり，実践的な屋外試験に耐えうるものの製作が困難を極めるためである。現在，実用的な変換効率を示すDSCセルは有機溶媒を含む電解液をベースとするものであり，有機溶媒は蒸気圧を持つためガス化しやすく，REDOXペアにはヨウ素イオンを用いているため反応性が高い。この2つの材料が，シール材料の選択の幅を狭め，シール性の確保を困難なものにしている。一方で，DSCの材料研究では，地道ではあるが少しずつ成果も出始めている。原理的にガス発生のないイオン性液体の研究が進み，変換効率を実用域に押し上げてきた。ヨウ素イオンのREDOXペアに変わり，電荷輸送をイオンではなくホールで行う固体化の動きも目立ってきた。有機の新しいp型ホールコンダクターも，多くのものが報告されている。DSCの実用化に向けて従来の課題を解決する材料が少しずつ揃い始めている。今後出てくる新たな電池材料で従来のDSCモジュールの課題の多くが解決されるであろう。DSCモジュールの実用性を議論する時期はもうそこまできている。2030年まで待たなくても，早い時期に7円/kWhと目標設定された発電コストが前倒しで実現することを願ってやまな

い。本書がそうした動きを加速する一助となれば幸いである。

謝辞

本章のベースとなる実験や議論はアイシン精機㈱と㈱豊田中央研究所が共同で行ったものである。またイムラ欧州，㈱アイシンコスモス研究所からは多大な協力をいただいた。誌面を借りて関係各位に感謝する。

文　献

1) B. O'Regan, M. Graetzel, *Nature*, **353**, 737 (1991)
2) M. Graetzel, *20th Yokohama City University International Forum* (Yokohama, Japan, Jan. 25-26, 2004) ; M. Graetzel, *J. Photochem. Photobiol. A: Chem.*, **164**, 3 (2004) ; L. Han, *et al.*, *Proc.4th World Conference on Photovoltaic Energy Conversion* (Hawaii, 2006)
3) T. Toyoda, *et al., J. Photochem. Photobiol. A Chem.*, **164**, 203-207 (2004)
4) 金子正夫，太陽エネルギー，**32**(4)，2 (2006)
5) 豊田竜生，太陽エネルギー，**31**(1)，19 (2005)
6) T. Toyoda, *et al., Dye Solar Cell Osaka Pre-Symposium* (Osaka, Japan, July.25, 2003)
7) 豊田，土井，中島，太陽エネルギー，**31**(4)，42 (2005)
8) 豊田，土井，中島，刀根川，4) と同じ文献，41 (2006)
9) 久保貴哉，日本太陽エネルギー学会関西支部　第29回シンポジウム資料，13 (2005)
10) 北村隆之，4) と同じ文献，31 (2006)
11) M. Spaeth, J. A. M. van Roosmalen, *3rd World Conference on Photovoltaic Energy Conversion* (Osaka, Japan, May. 11-18, 2003)
12) S. Dai, *et al., Sol. Energy Matel. sol. cells*, **84**, 125 (2004) ; K. Wang, S. Dai, *DSC Workshop* (Feb. 9-10 Canberra, Australia 2006)
13) G. Chmiet, *et al., Proc. 2nd World Conference on Photovoltaic Energy Conversion* (Vienna, Austria, May, 14-18, 1998)
14) J. J. Paltenghi *et al., Behind the scenes of Invention EPFL.*, 125, (2000)
15) 荒川裕則 監修「色素増感太陽電池の最新技術」，シーエムシー社，331 (2001)
16) Sustainable Technologies International (STI), "DSC TECHNOLOGY, Advantages of DSC" available on line from http://www.sta.com.au/images/temperature.gif (accessed 2003-08-01)
17) 池上，手島，宮坂，4) と同じ文献，45 (2006)
18) A. Kay, M. Graetzel, *Sol. Energy Matel. sol. cells*, **44**, 99 (1996)
19) 豊田，元廣，セラミックス，**39**(6)，465 (2004)
20) 例えば日経エレクトエロニクス　8月18日号，p.33 (2003)
21) N. Kato, *et al., Proc. 1st Conference on Renewable Energy 2006* (Makuhari, Japan, Oct. 14-18,

2006)
22) Y. Takeda, *et al.*, *ibit*
23) T. Sano, *et al.*, *ibit*
24) T. Mayer, *3rd World Conference on Photovoltaic Energy Conversion*(May, 14-18, Osaka, Japan, 2003)
25) L. Han, *et al.*, *Proc., IPS-16*(Uppsara Sweden, July, 2-7, 2006)
26) 菱川善博，4)と同じ文献，p.3-1(2006)

第4章 ガラス基板グリッド配線型色素増感太陽電池モジュール

北村隆之*

1 はじめに

　色素増感太陽電池(DSC)の基礎研究における，最近最も注目される進捗は，シャープ㈱が製作し，㈱産業技術総合研究所で測定された，アパーチャエリア 1.004 cm^2 で変換効率 10.4 ± 0.3 ％という値が，Wiley 社の学術雑誌 Progress in Photovoltaics：Research and Applications で半年毎に更新される Solar Cell Efficiency Tables の 27 版[1]に，オーソライズされた記録として採択されたことである。アモルファスシリコン太陽電池の登録値 9.5 ± 0.3 ％ (1.070 cm^2) を初めて超え，早期の実用化への期待がますます高まりつつある。DSC は開発当初から，印刷を応用した作製方法で電極を構築することができ，従来のシリコン系を始めとする無機半導体を用いた太陽電池が高真空，高温の製造プロセスを経るのに対して，大幅に低廉化が可能であるといわれていた。これまで大学や研究所，企業においてさえも，数 mm 角から 1 cm 角程度の受光面積しかもたない，比較的小さなセルで研究されることが多かったが，ようやく 2000 年頃から大面積の DSC モジュールの開発例が公表され始め，一般の関心も徐々に集め始めている。表 1 には公表された年代順に，いくつかの例をまとめた。最下行のシャープの変換効率は，アパーチャエリアを受光面積にして求められているが，それを除いては，色素担持酸化チタン電極部分だけの投影面積であるアクティブエリアを受光面積としている。

　このような背景のもと，㈱新エネルギー・産業技術総合開発機構(NEDO)は，今年度から始まった「太陽光発電システム未来技術研究開発」における DSC の開発目標として，小型の 1 cm 角セルでは変換効率 15 ％以上を達成すること，より大きなサブモジュールでは 30 cm 角程度の大きさで変換効率 8 ％以上を達成し，かつアモルファスシリコン太陽電池向けに JIS 規格 C8938 に規定されている各種の環境試験・耐久性試験において十分な耐久性を担保することを明確に掲げ，実用化に向けた研究開発を大幅に加速したい考えである。

　㈱フジクラは，スクリーン印刷を中心とする印刷法で，導電性インクを各種基板上に塗布することで回路形成するメンブレン回路の成膜技術を活用し，タッチセンサー，スイッチ，感圧センサー，キーボードなどへの事業展開を行ってきた。DSC 製造にはこの印刷回路形成技術が大い

＊ Takayuki Kitamura　㈱フジクラ　材料技術研究所　化学機能材料開発部　主査

第4章 ガラス基板グリッド配線型色素増感太陽電池モジュール

表1 大面積色素増感太陽電池セル，およびモジュールの公表状況

発表年月	研究機関	国	発表場所	モジュール構造	大きさ	性能など	備考
2003.5	Solaronix	スイス	WCPEC3	W型	60cm×60cm		
2003.5	ECN	オランダ	WCPEC3	G型 G型	10cm×10cm 30cm×30cm (4直列)	変換効率4.6%	
2003.7	アイシン精機，トヨタ中央研究所	日本	色素増感太陽電池大阪プレシンポジウム	S型	24cm×24cm×8直列	起電力200V(屋外)	
2003.8	STI	豪州	CSIRO Energy Centre	Z型	200m^2		8kWの設計
2004.4	ASIPP	中国	所内	G/Z型	10cm×10cm 20cm×15cm	変換効率7.8%	500W分の設備
2004.12	アイシン精機	日本	トヨタ夢の住宅"PAPI"	G型	5.5m^2×4面		フレームレス構造
2005.1	フジクラ	日本	参考文献5e)	G型	14cm×14cm	変換効率6.3%	外装パッケージ
2005.8	新日本石油	日本	11thACC	G型	84mm×86mm	変換効率6.3%	
2005.10	Fh-ISE 他	独	PVSEC-15	G&Z型	589cm^2(6直列)	変換効率3.1%	
2005.12	フジクラ	日本	エコプロダクツ展2005	G型，外部配線	41cm×14cm×16直列	>20W(屋外)	
2006.3	東京理科大学，フジクラ	日本	日本化学会第86年会	G型	10cm×10cm	変換効率8.4%	
2006.4	シャープ	日本	WCPEC4	W型	26.50cm^2(ap)	変換効率6.3%	AIST評価

ECN：Energieonderzoek Centrum Nederland, STI：Sustainable Technologies International, CSIRO：Commonwealth Scientific and Industrial Research Organization, ASIPP：中国科学院プラズマ物理学研究所, Fh-ISE：Fraunhofer Institut für Solare Energieysteme, AIST：㈱産業技術総合研究所

に活用できると考え，2000年ごろ開発に着手し，2002年度以降は，NEDOの「革新的次世代太陽光発電システム技術研究開発」に参画する機会を得て，研究開発を本格化させた。本章ではDSCの大面積化の問題点と設計指針を示し，㈱フジクラで行ったメートル級の大面積モジュール作製に関する取り組みを紹介する。なお，㈱フジクラのDSCに用いている，高導電性・高耐熱性のガラス基板の開発に関する取り組みについては，別途基礎編第3章にまとめてあるので，そちらを参考されたい。

2 素子大面積化に伴う問題点

太陽電池の発電特性を示す光照射下での電流-電位($I-V$)曲線は，短絡電流(I_{sc})，開回路起電力

(V_{oc})，および曲線の形状因子（FF）で特徴付けられる。太陽電池の変換効率（η）は，擬似太陽光（AM 1.5, W_{sun} = 100 mWcm^{-2}）照射下に素子のI–V特性を測定したときに得られる最大出力電力（W_{max}）の割合で，I_{sc}を素子の受光面積で割った短絡電流密度（$J_{sc} = I_{sc}$/Area），V_{oc}，FFを用いて式(1)であらわされる。

$$\eta(\%) = \frac{W_{max}(\text{mWcm}^{-2})}{W_{sun}(\text{mWcm}^{-2})} \times 100 = \frac{J_{sc}(\text{mAcm}^{-2}) \cdot V_{oc}(\text{V}) \cdot FF}{100(\text{mWcm}^{-2})} \times 100 \tag{1}$$

変換効率を向上するには，これら3つのパラメーターをそれぞれ向上することになる。

DSCにおいてJ_{sc}は，第一に色素による光吸収効率で決定され，色素の吸光係数の増大，吸収スペクトルの範囲の拡大，多孔質半導体電極の表面積増加による色素吸着量の増加，電極の光閉じ込め構造による光と色素の相互作用の頻度増加などにより，直接的に増大させることができる。これに対し，色素-半導体電極界面での電荷分離効率，多孔質電極中での電荷移動効率，導電性ガラス基板上での電荷収集効率などが主な低下要因になるため，半導体の結晶性や表面構造，焼結過程の制御による粒子間の接合の改善，色素の担持状態の制御などが欠かせない。一方V_{oc}は，光照射下，発電時における多孔質半導体電極の擬フェルミレベル（E_f）と電解質溶液中のヨウ素レドックス対の酸化還元電位との電位差で決定される。E_fは電極に用いる半導体のバンド構造や，トラップ準位のエネルギー，密度，分布などの静的性質に主に支配され，これらは半導体の結晶性や多孔質電極の構造，色素の吸着状態や電解質溶液の組成などからも大きな影響を受ける。さらに，光照射下での電極中の電子の密度，すなわち半導体のトラップ準位への電子の充填度合いといった，光照射強度に動的に変化するパラメーターにも依存するため，J_{sc}と独立には変化しない。DSCの構造を考えると，これらJ_{sc}, V_{oc}は，素子に用いる材料，素子の製法が同じであれば，面積の大小にはほとんど無関係であるように思われる。

太陽電池素子を光強度に依存する定電流電源起電力と，整流素子からなるpn接合素子と同等として最も単純な等価回路を考えると，pn接合のダイオード電流（I_d）の整流特性をあらわすShocklayの式を用いて，定常状態では式(2)であらわされるI–V出力特性を示す[2]。

$$I = I_{sc} - I_d = I_{sc} - I_0\left[\exp\left(\frac{q(V+R_s \cdot I)}{nkT}\right) - 1\right] - \frac{(V+R_s \cdot I)}{R_{sh}} \tag{2}$$

ここで，直列抵抗（R_s），並列抵抗（R_{sh}）であり，太陽電池の光電流が素子の抵抗成分に依存するため，結果的にFFの変化として現れる。DSCの光に対する応答速度は数秒程度と，他の太陽電池に比べて極めて遅く，大きな静電容量を持つ素子であるが，定常状態ではシリコン系太陽電池と同様に式(2)によく従う。DSCのR_sは，主に半導体多孔質電極，透明導電性基板（OTE），および電解質の抵抗が直列接続されているため，それぞれの界面の接触抵抗を含んだ和（$R_{sc} + R_{OTE} + R_{electrolyte} + R_c$）で表されると考えられる。一方$R_{sh}$は，半導体電極やガラス基板との界面での，電

第4章　ガラス基板グリッド配線型色素増感太陽電池モジュール

解質への逆電子移動を阻害する抵抗と考えられる。通常 DSC は，逆電子移動の割合が非常に低く整流特性が良いため（$R_{sh} \gg R_s$），式(2)の第3項の影響は極めて小さい。第2項で表される I_d の増加が I を減少させるため，R_s を極力小さくすれば I–V 曲線での FF の低下を引き起こさない。R_s のうち R_{sc}，$R_{electrolyte}$ と R_c は，いずれも素子の膜厚方向の抵抗であるため，素子の面積には全く依存せず，大面積化に伴う本質的な問題は R_{OTE} の大幅な増大のみとなる。逆に，R_{OTE} を増大させさえしなければ，変換効率を低下させずに DSC を大面積化することが可能となる。

3　大面積モジュールの構造

　大面積の DSC を実現するには，セルを単純に大きくするだけでは R_{OTE} の増大により変換効率が低下するため，電極基板に用いる OTE 自体の抵抗を低下させることが考えられる。基礎編第3章で紹介した，高導電性の OTE 膜付きガラス基板の開発で，シート抵抗は一桁程度低下したが，大型セルの性能改善にはまだ不十分で，これらのガラス基板を用いて単純に 100 mm 角までセルの大きさを拡大すると，変換効率は 1/20 まで低下した。そこで，DSC と同じく OTE 基板を必要とするアモルファスシリコンや銅–インジウム–セレン系の太陽電池に倣って，OTE の高い抵抗の影響を回避する DSC モジュール構造の適用が必須である。その方策としては，これらの太陽電池ですでに用いられているような，短冊形のセルを長辺側で直列に連結した集積型構造が挙げられる。一方結晶系シリコン太陽電池の単位セルのように，集電のための金属配線によって見かけ上並列に接続したグリッド配線型構造も考えられる。前者の出力電流は単位セルのそれと同じで，高電圧を出力できるのに対して，後者は逆に大電流を発生するので，ある面積以上ではこれら両方の構造を組み合わせて用いる必要があるだろう。

　図1に，これまで検討されている代表的な DSC のモジュール構造の断面模式図を示した。a) は電流の流れる経路のようすから W 型モジュールと呼ばれ，単位セルが裏表交互に並んだ構造をもっており，半分のセルでは裏面から対極，電解液を通した光を受けるため，光吸収ロスが大きくなる。単位セルごとの光電流量を一致させるため，短冊の幅や，電極膜厚を変えるなどの工夫が必要だが，OTE 以外に配線不要の点がメリットである。b) は Z 型モジュールと呼ばれ，色素担持電極を片面だけに設けてある点では W 型より有利な構造だが，隣接する単位セルごとに両極間の配線を行わなければならないため，モジュール構築はより煩雑になる。c) は b) の発展形で S 型，あるいはモノリシック型と呼ばれ，対極材料として機能する高導電性のカーボンペーストなどを用い，対極の構築と同時に両極の配線を行う。この構造の最大の特徴は，材料費の大きな部分を占めながら，これ以上の低価格化が厳しいと思われている OTE 基板を1枚しか用いないため，モジュールの低価格化が期待できることである。一方並列型モジュールでは，d) のよ

色素増感太陽電池の最新技術Ⅱ

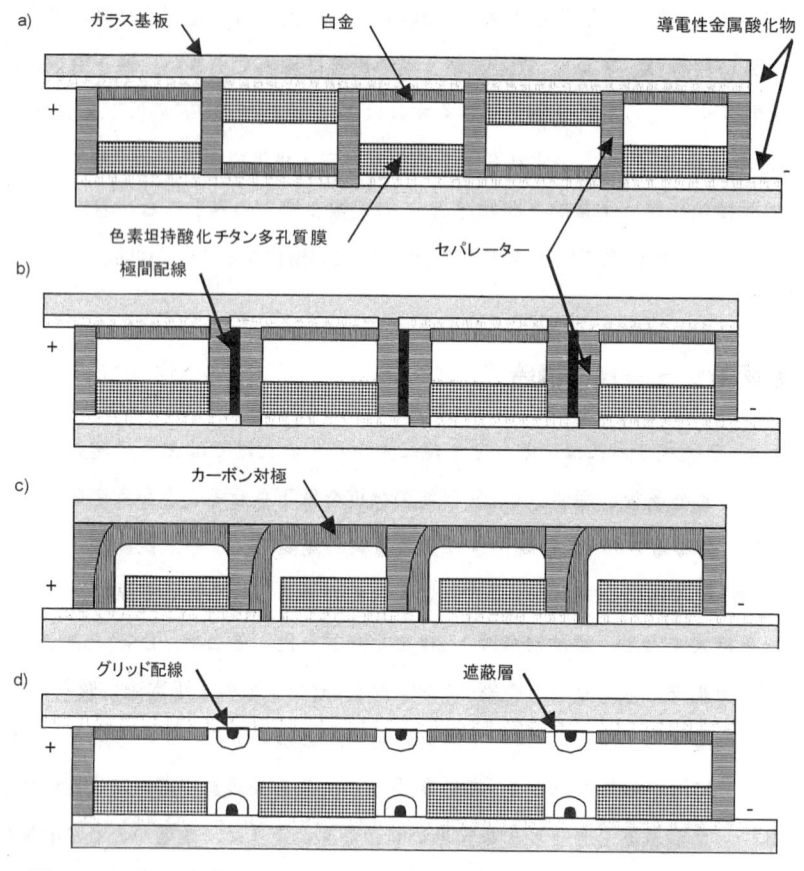

図1 これまでに提案されている色素増感太陽電池のモジュール構造断面模式図
a) W型モジュール，b) Z型モジュール，c) S型（モノリシック型）モジュール，
d) グリッド配線型（G型）モジュール。

うにOTE面に低抵抗の金属配線を施して集電機能を持たせたグリッド配線型(G型)モジュールとなり，電極基板のシート抵抗が低下したのと同じ効果が得られる。モジュールというよりは大面積セルと言ったほうが相応しいが，印刷による製造に最も適した構造と考えられる。

　これらのモジュール構造では，例えばa)，b)，c)ではセル間を隔てるセパレーターが，b)，d)では配線材料と，それが腐蝕性のヨウ素電解質と接触しないための遮蔽材料が，c)ではペースト状で印刷可能な対極が，といったように，セル作製では必要なかった新たな材料をそれぞれ組み込まなければならない。またa)，b)，c)では，単位セル間のOTEを切断して独立させる工程も増える。また，このような部分は発電に寄与しないばかりか，受光面の開口率を低下させるため，限りなく微細化することが要求される。

第4章　ガラス基板グリッド配線型色素増感太陽電池モジュール

4　グリッド配線型大面積モジュールの作製

㈱フジクラでは，印刷回路形成技術が最も生かせるモジュール構造として，前節で示したd)のグリッド配線構造により大面積モジュールの設計，作製を行った。

結晶系シリコン太陽電池における，フィンガーバー，およびバスバー配線の設計において，大面積化によって生じるシート抵抗の変化による発電ロスの割合 η_{loss} は，J–V 曲線の FF の低下として近似的に式(3)で表される[3]。

$$\eta_{loss} = \left(\frac{\rho_s}{12} \cdot S^2 + \frac{\rho_f}{3} \cdot \frac{S \cdot b^2}{W_f} + \rho_c \cdot \frac{S}{W_f} + \frac{\rho_f}{3} \cdot \frac{A^2 b}{W_b} \right) \cdot \frac{J_{opt}}{V_{opt}} \tag{3}$$

ここで，配線の形状に関するパラメーターとして，フィンガーバーの配線間隔 S，バスバー間隔 b，フィンガーバーの長さを A，フィンガーバーとバスバーの配線幅がそれぞれ W_f，W_b である。一方抵抗成分として，シリコンの表面シート抵抗，フィンガーバーのシート抵抗，およびフィンガーバーとシリコン表面との接触抵抗はそれぞれ ρ_s，ρ_f，ρ_c である。また J_{opt}，V_{opt} はそれぞれ，最大出力を示すときの電流密度と起電力である。式(3)を DSC のモジュール設計に適用し，ρ_s として導電性ガラスのシート抵抗 10 Ω/sq.，ρ_f として印刷銀配線のシート抵抗 2 mΩ/sq.を仮定し，開口率を変化させながら形状パラメーターを任意に設定するなどして，η_{loss} が小さくなるよう解析的にグリッド配線構造を設計した。結晶系シリコンの場合と異なり，グリッド配線型の DSC では，金属配線を腐蝕性の電解質との接触から回避するための遮蔽層を設けるが，開口率の低下による単純な電流密度の減少となり，式(3)には反映されない。このようにして求めた η_{loss} と，開口率低下による J の低下のバランスからは，フィンガーバーの間隔が 10 mm 程度のときに変換効率が最も高くなることが示された。

このような解析をもとに，グリッド配線型の大面積モジュールを設計，作製した。グリッド配線には，メンブレン回路用に藤倉化成㈱と共同開発した高導電銀ペースト[4]を援用，銀配線の遮蔽層にはガラスフリットを用い，それぞれスクリーン印刷により OTE 上に形成した。遮蔽層に用いるガラスフリットは，OTE 基板のガラスの線膨張係数に近い値を持つものを選択し，銀配線の腐蝕の原因となるピンホールの発生を極力抑えた。その結果，銀配線と遮蔽層とを合わせた膜厚は，多孔質 TiO_2 電極の膜厚を大幅に超えてしまい，対極にリジッドな白金坦持 OTE ガラス基板を用いると電解質層の厚さが増し，本来面積に影響を受けない $R_{electrolyte}$ が増加してしまう。そこで㈱フジクラでは，耐蝕性の高いチタン箔に白金をスパッタ塗布した基板を対極に用い，作用極の凹凸に柔軟に追従させることで，電極間距離を最小限にとどめて性能低下を抑制した。

図2のa)は 140 mm 角基板を用いた作製例で，開口率は 71 %，外縁の配線部分を除くと 86 %である。このグリッド配線モジュールの性能を，従来の小型セルと比較した J–V 曲線を図

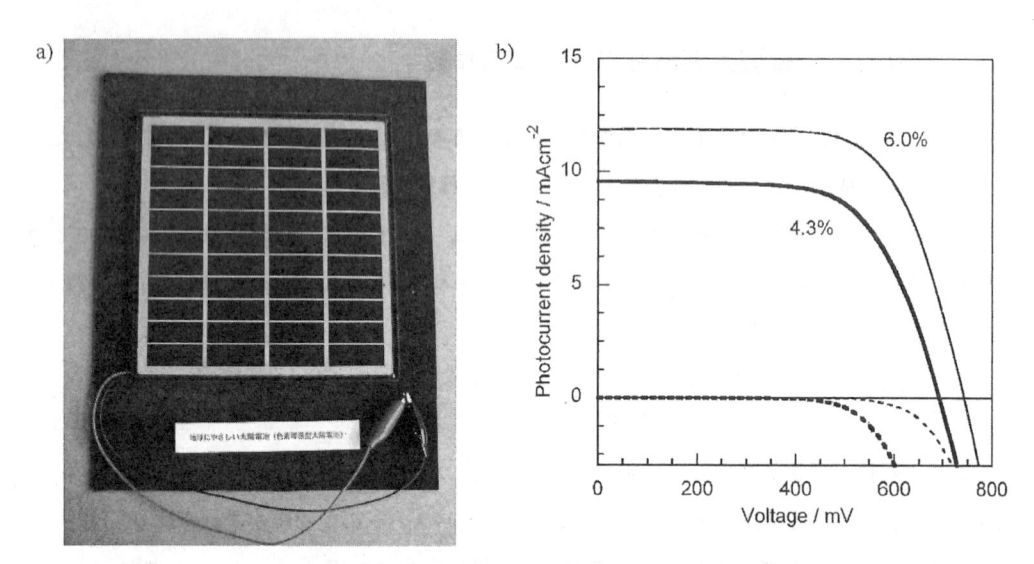

図2 a) グリッド配線した140 mm角色素増感太陽電池モジュールの外観
b) ナノコンポジットイオンゲル電解質を用いた色素増感太陽電池のJ-V特性
（実線）光照射時，（点線）光非照射時，（細線）5×8 mm小型セル，（太線）140mm角モジュール。

2のb)に示した。電解質には，イオン液体であるヨウ化1-ヘキシル-3-メチルイミダゾリウムに，ヨウ素をモル比10:1(0.47 M)になるように加え，さらにナノサイズTiO_2微結晶（日本アエロジル社製，P25）を5.0 wt％添加して得られるナノコンポジットイオンゲルを用いた[5]。J_{sc} = 9.6 mAcm^{-2}，V_{oc} = 695 mVと大型モジュールでは小型セルに比べてやや低い値ながら，FF = 0.65とグリッド配線によるR_{OTE}低下効果が現れ，有効面積での変換効率4.3％を達成した。メトキシアセトニトリルベースの揮発性の電解質を用いた場合には，同じく6.3％が得られている。

このグリッド配線モジュールの作製技術[5e]をベースにして構成した，幾つかのモジュールを図3に示した[6]。機械産業記念館でのe-ライフ展(2005年1月〜7月)では140 mm角セルを2×3個直列接続したモジュールを，「愛・地球博」のNEDOパビリオンでは，グリッド配線を葉脈に見立てた葉っぱ型のモジュールを展示(2005年4月〜5月)する機会を得た。また，410 mm×140 mmのグリッド配線モジュールを16枚直列接続して，1190 mm×840 mmの大きさの大型モジュールパネルを試作し，エコプロダクツ展2005のNEDOブース内に出展(2005年12月)した。

第4章　ガラス基板グリッド配線型色素増感太陽電池モジュール

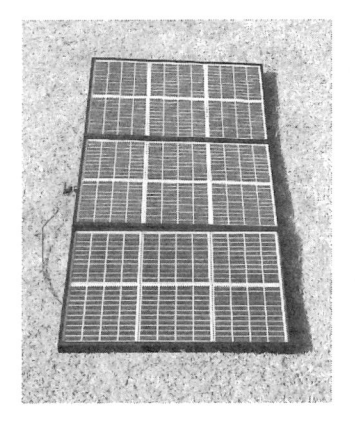

図3　㈱フジクラで開発した色素増感太陽電池モジュールの例

5　おわりに

　NEDOの開発目標で示されたように，今後のDSC研究はセルの効率向上の継続はもちろん必要だが，セルの性能を低下させずにいかに大面積化，モジュール化するか，さらにどうやってモジュールの耐久性を確保するかに軸足が移ってくるだろう。シリコン太陽電池で培われた様々なモジュール化技術をDSCモジュールに適用すると同時に，電解質を封止せねばならないというDSCに特有の困難な問題の解決を図らなければならない。

　本開発の一部は，㈱新エネルギー・産業技術総合開発機構，太陽光発電技術研究開発，革新的次世代太陽光発電システム技術研究開発の「大面積・集積型色素増感太陽電池の研究開発」により実施した。

文　献

1) M. A. Green *et al.*, *Prog. Photovolt.: Res. Appl.*, **14**, 45 (2006)
2) a)　浜川圭弘ほか編著，太陽エネルギー工学 (1994)，培風館，東京；b)　S. M. Sze, "Physics of Semiconductor Devices," p.264 (1981), Wiley, New York；c)　J. Weidmann *et al.*, *Solar Energy Mater. Solar Cells*, **56**, 153 (1999)；d)　M. Matsumoto *et al.*, *Bull. Chem. Soc. Jpn.*, **74**, 387 (2001)
3) a)　H. B. Serreze *et al.*, *Proc. 13th IEEE PVSC*, p.609 (1978)；b)　A. R. Burgers *et al.*, *ECN*,

IEEE, p.340 (1993) ; c)　A. R. Burgers, *Prog. Photovolt.*: *Res. Appl.*, **7**, 457 (1999)

4) a)　小野朗伸ほか，エレクトロニクス実装学会誌，**7**, 482 (2004) ; b)　小野朗伸ほか，フジクラ技報，**107**, 79 (2004)

5) a)　H. Matsui *et al.*, *Trans. Mater. Res. Soc. Jpn.*, **29**, 1017 (2004) ; b)　H. Usui *et al.*, *J. Photochem. Photobiol., A: Chem.*, **164**, 97 (2004) ; c)　H. Matsui *et al.*, *J. Photochem. Photobiol., A: Chem.*, 164, 129 (2004) ; d)　K. Okada *et al.*, *J. Photochem. Photobiol., A: Chem.*, **164**, 193 (2004) ; e)　松井浩志ほか，太陽エネルギー，**31**, 25 (2005)

6) a)　北村隆之ほか，オプトニューズ，**2005**-6, 23 (2005) ; b)　江連哲也ほか，フジクラ技報，**110** (2006)，印刷中

第5章　ガラス基板色素増感太陽電池

錦谷禎範[*1], 久保貴哉[*2]

1　はじめに

近年，色素増感太陽電池(DSC：dye-sensitized solar cell)の実用化に向けた研究開発が世界中で精力的に実施されている[1~3]。DSCの実用化のためには，高効率化とともに高耐久性と大面積化を達成する必要がある。図1にDSCの断面図を示すが，耐久性改善のためには電解質の固体化(擬固体化を含む)が，大面積化に向けては透明導電基板の低抵抗化が重要となる。この内，電解質の固体化においては，イオン伝導性ポリマー(PSE：polymeric solid electrolyte)の適用が最も広範に検討されている[4~11]。また，透明導電基板の低抵抗化には，バスバー(金属グリッド)が使用されている[4, 12]。

筆者等も，ゲル状PSEとバスバーを用いて，DSCの実用化検討を行っている。本稿では，その検討の一環として，下記の2項目を詳細に報告する。

① ゲル状PSEを用いたDSCの固体化検討
② バスバー付き透明導電基板を用いた大面積DSCの作製検討

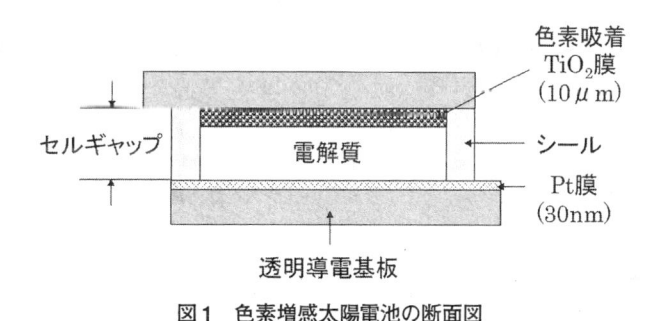

図1　色素増感太陽電池の断面図

[*1] Yoshinori Nishikitani　新日本石油㈱　研究開発本部　中央技術研究所　副所長
[*2] Takaya Kubo　新日本石油㈱　研究開発本部　中央技術研究所　水素・新エネルギー研究所　新エネルギーグループ　チーフスタッフ；
東京大学　先端科学技術研究センター　特任助教授

2　イオン伝導性ポリマーを用いた DSC の固体化検討

　PSE には溶媒を含まない完全固体型と，液体電解質をポリマーでゲル化したゲル状 PSE とがある。液体電解質と同レベルの変換効率が得られているのは，より高イオン伝導度のゲル状 PSE を用いた場合のみである。

　図2に，検討を行った PVDF–HFP（poly(vinylidenefluoride–co–hexafluoropropylene)）系 PSE の組成を示す[13]。PVDF–HFP 系 PSE では，マトリックスポリマー含量（PSE に占めるポリマーの質量パーセント）を最適化することで，高イオン伝導度の PSE フィルムを作製することが可能である。この PVDF–HFP 系 PSE を用いて高効率 DSC を作製するためには，PSE 膜厚，すなわち図1に示すセルギャップ（TiO_2 膜厚を ℓ，PSE 膜厚を b とすると $\ell + b$）を最適化する必要がある。そこで，最適なセルギャップを得るため，シミュレーションで求めた限界電流密度 J_{lim} と，実測値である短絡電流密度 J_{sc} との比較を行った。J_{sc} が J_{lim} より小さければ，光電流は I_3^- の拡散に支配されておらず，色素の光吸収能に見合った J_{sc} が得られていることが分かる。一方，それらがほぼ同じ値であれば，光電流は I_3^- の拡散律速条件下で流れており，十分な J_{sc} が得られていないと考えられる。なお，J_{sc} の測定には 5 mm 角セルを使用し，PSE のマトリックスポリマー含量は 26.3 mass %，色素は一般に使用される N719（Ruthenium–535–bis–TBA, Solaronix）を用いた。

　J_{lim} のシミュレーションは，式(1)を用いて行った。

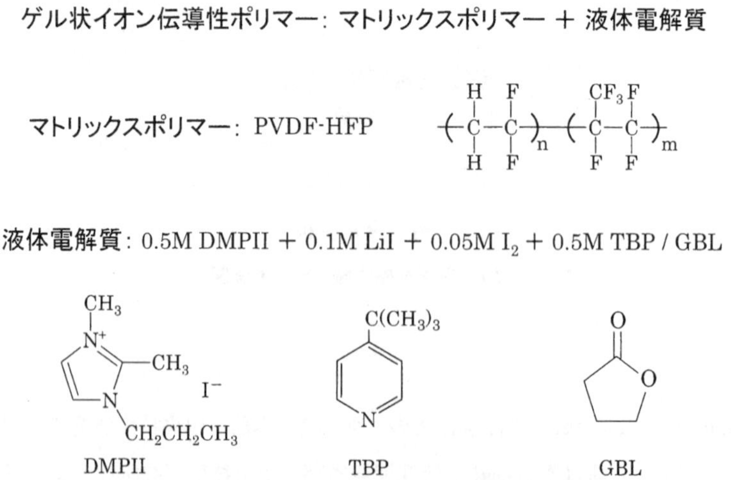

ゲル状イオン伝導性ポリマー：マトリックスポリマー ＋ 液体電解質

マトリックスポリマー：PVDF-HFP

液体電解質：0.5M DMPII ＋ 0.1M LiI ＋ 0.05M I_2 ＋ 0.5M TBP / GBL

DMPII　　TBP　　GBL

図2　PVDF–HFP 系イオン伝導性ポリマーの組成

第 5 章　ガラス基板色素増感太陽電池

$$J_{\lim} = \frac{6\varepsilon_p FD_0 C_0(init)}{\ell} \frac{1 + \dfrac{ab}{\varepsilon_p \ell}}{\dfrac{1}{f_{PE}} + 3\dfrac{\varepsilon_p b}{a\ell} + \dfrac{3}{2}\left(\dfrac{b}{\ell}\right)^2} \tag{1}$$

$$f_{PE}(A_\lambda) = \frac{2}{3} \frac{A_\lambda^2 \{\ln(10)\}^2 (10^{A_\lambda}-1)}{A_\lambda^2 \{\ln(10)\}^2 10^{A_\lambda} + 2A_\lambda \ln(10) - 2(10^{A_\lambda}-1)} \tag{2}$$

ここで，$C_0(init)$ は I_3^- 初期濃度，D_0 は液体電解質中の I_3^- 拡散係数，A_λ は色素の光吸収係数，F はファラデー定数を示す。また，ε_p は TiO_2 膜の多孔度，a は PSE 中の液体電解質含量を示す。

図 3 に，シミュレーションで得られた $J_{\lim}$ と，実測値である J_{sc} のセルギャップ依存性を示す。セルギャップが 20 μm 以下では，$J_{\lim}$ に比較して J_{sc} が小さいため，色素の光吸収量に対応する十分な値の J_{sc} が得られていることが分かる。一方，50 μm 以上では J_{sc} と $J_{\lim}$ はほぼ同じ値を取り，I_3^- の拡散律速条件下で光電流が流れている。つまり，色素の光吸収能に対応した J_{sc} は取り出せていない。本組成の PVDF-HFP 系 PSE では，セルギャップは 20 μm，すなわち PSE 膜厚を 10 μm にすれば，液体電解質と同等の J_{sc} を得られることになる。以上の結果より，ゲル状 PSE を用いて DSC の固体化を行う場合は，セルギャップの最適化が非常に重要であることが分かった。

3　バスバー付き透明導電基板を用いた大面積 DSC の作製検討

DSC の大面積化を目指して，10 cm 角セルの作製検討を行った[14]。そこでまず，同じ抵抗値（約 10 Ω/sq.）の透明導電基板を用いた場合の，変換効率のセルサイズ依存性を検討した。ここで

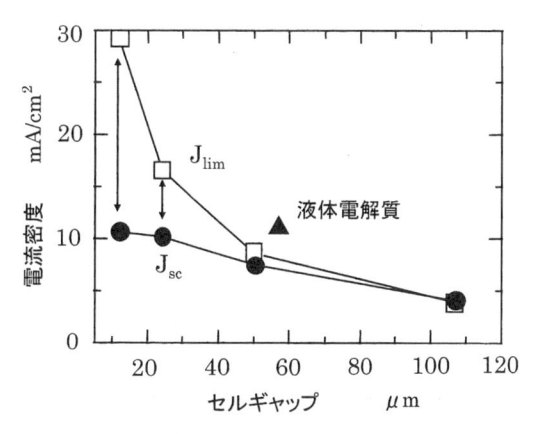

図 3　限界電流密度と短絡電流密度のセルギャップ依存性

は，基板抵抗に関する基礎検討であるため，電解質として MPN（3-methoxypropionitril）系液体電解質を用いている。図4に示すように，セルサイズが5 mm 角（実効領域：0.25 cm²）の場合は約8.0 %の変換効率を得ることができるが，10 cm 角（実効領域：72 cm²）では約0.3 %と変換効率が急激に低下することが分かった。大面積化のためには透明導電基板の抵抗値が高すぎ，基板サイズが大きくなることでジュール熱損失が発生したためである。つまり，実用化を目指して大面積化を行う場合は，透明導電基板を低抵抗化する必要があることが明らかとなった。

そこで，図5に示すバスバーの作製検討を行った。バスバー付き光電極は，透明導電基板上に銀ペースト，ナノサイズ酸化チタンペースト（T-nanoxide-T, Solaronix）の順でそれぞれスクリーン印刷・焼成を行い，N719を化学吸着することで作製した。ところで，バスバーを使用すると透明導電基板の低抵抗化を図ることは可能であるが，それ自体は入射光の遮蔽体として機能する。そのため，高変換効率を得るには，被覆率（基板に占めるバスバー面積の割合）を最適化する必要がある。図6に推定されるバスバーの被覆率と，変換効率の関係を示す。バスバー被覆率が低い場合は，被覆率の上昇に伴う透明導電基板の低抵抗化によって変換効率は高くなるが，さらに被覆率を増加させると，遮蔽効果の影響により変換効率は低下すると推定できる。この推定を確認するため，変換効率のバスバー被覆率依存性をシミュレーションした。図7に示すモデルを用いると，変換効率と被覆率の関係は式(3)で表すことができる。

$$P_{total} = J_0 V_0 WL - \left(\frac{1}{3}(J_0 W)^2 \frac{\rho}{h} \left(\frac{1-r}{r} \right)^2 + J_0 V_0 + \frac{1}{12} J_0^2 l^2 R_{TCO} \frac{1-r}{r} \right) rWL \tag{3}$$

ここで，P_{total} は全出力，J_0 は単位面積当たりの光電流量，V_0 は駆動電圧である。

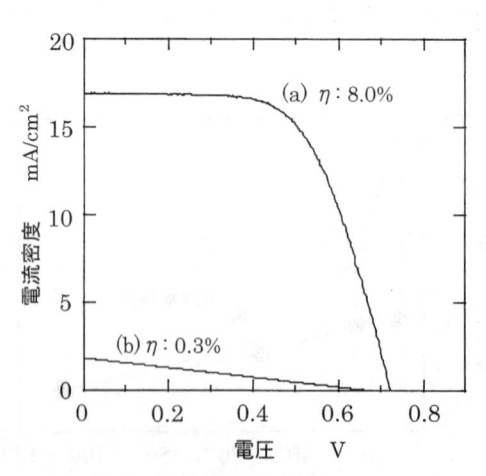

図4 色素増感太陽電池の電流密度-電圧特性のセルサイズ依存性
　　セルサイズ（実効領域）：(a) 0.25cm², (b) 72cm²

第5章　ガラス基板色素増感太陽電池

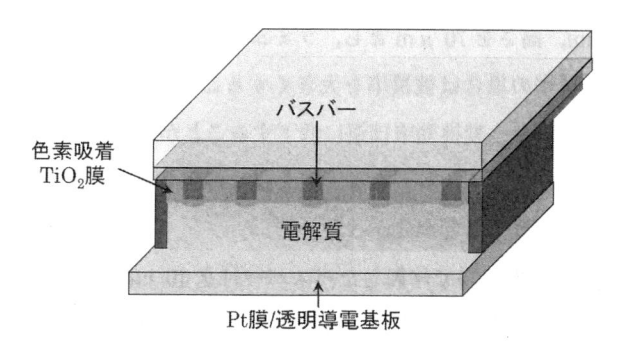

図5　バスバー付き色素増感太陽電池の構成図

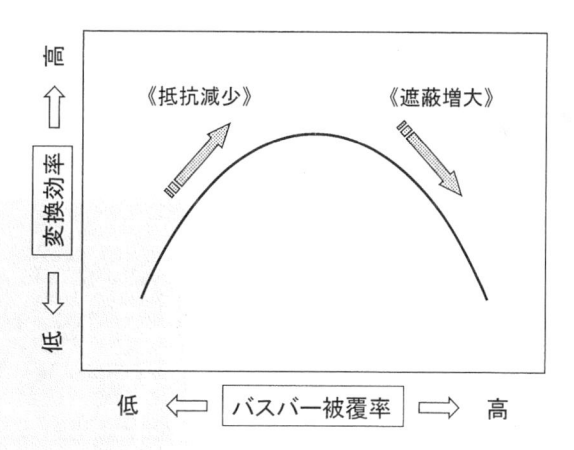

図6　推定されるバスバー被覆率と変換効率の関係

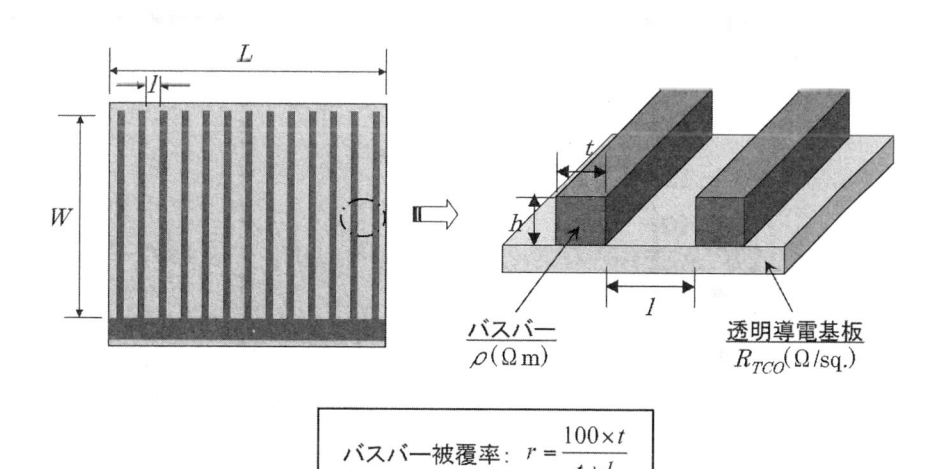

$$バスバー被覆率：r = \frac{100 \times t}{t + l}$$

図7　バスバー付き透明導電基板の構成図

バスバー幅を 0.5 mm，高さを 70 μm とし，シミュレーションを行った結果を図 8 に示す。図 6 の推定と同様，低被覆率の場合は被覆率を大きくすることで変換効率の改善が達成できるが，さらに被覆率を大きくすると，変換効率は逆に低下することが分かった。図 8 には，10 cm 角セルの実測値も示しているが，シミュレーション値を良く再現できている。なお，変換効率の最大値は，被覆率約 8％で得られることが分かった。

以上の知見を基に，被覆率 8％で作製したバスバー付き 10 cm 角 DSC の写真を図 9 に示す。図 10 に示すように，その変換効率は約 6.3％であり，十分な値を得ることができた。大面積 DSC の作製には，バスバーは必須の技術である。

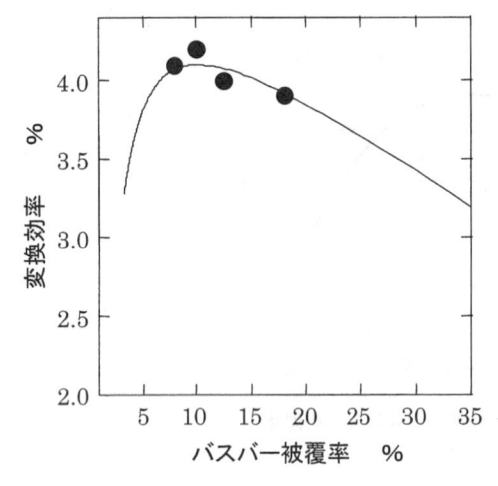

図 8 バスバー被覆率と変換効率の関係

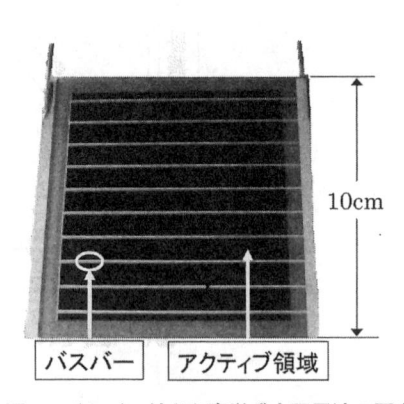

図 9 バスバー付き色素増感太陽電池の写真

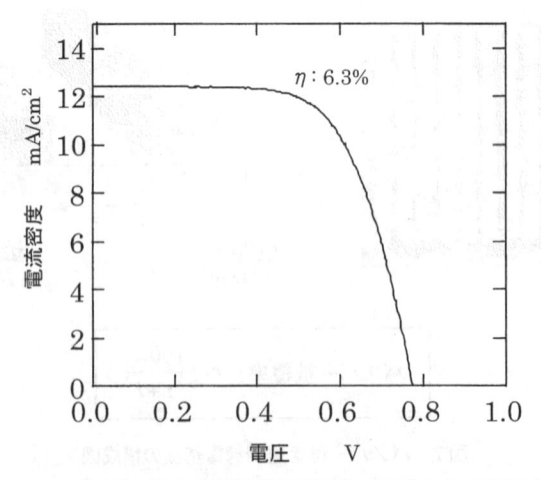

図 10 バスバー付き色素増感太陽電池の電流密度-電圧特性

第5章 ガラス基板色素増感太陽電池

4 おわりに

　高耐久性を目指し，ゲル状PSEであるPVDF-HFP系PSEを用いて，固体化DSCの作製検討を行った。その結果，高変換効率を得るためには，セルギャップの最適化が重要であることが分かった。また，液体電解質を用いて，大面積化のために必須であるバスバー形状の最適化を行った。現在，これらの知見を基に，10 cm角固体化DSCの作製に成功している。さらに，そのセルを用いて屋外耐久性試験を実施しており，良好な結果を得ている。今後，さらに耐久性試験を継続するとともに，さらなる高効率化を目指した研究開発を実施する予定である。

文　献

1) B. O' Regan and M. Grätzel, *Nature*, **353**, 737 (1991)
2) A. Hagfeldt and M. Grätzel, *Acc. Chem. Res.*, **33**, 269 (2000)
3) 荒川裕則監修，"色素増感太陽電池の最新技術"，シーエムシー出版，東京 (2001)
4) 光機能材料研究会，会報 光触媒，**16**, No. 4 (2005)
5) M. Matsumoto, Y. Wada, T. Kitamura, K. Shigaki, T. Inoue, M. Ikeda and S. Yanagida, *Bull, Chem. Soc. Jpn.*, **74**, 387 (2001)
6) C. Longo, A. F. Nogueira, M-A. De Paoli and H. Cachet, *J. Phys. Chem. B*, **106**, 5925 (2002)
7) P. Wang, S. M. Zakeeruddin, I. Exnar and M. Grätzel, *J. Chem. Soc., Chem. Comm.*, 2972 (2002)
8) S. Mikoshiba, S. Murai, H. Sumino and S. Hayase, *Chem. Lett.*, **2002**, 918
9) T. Asano, T. Kubo and Y. Nishikitani, *J. Photochem. Photobiol. A: Chem.*, **164**, 111 (2004)
10) S. Sakaguchi, H. Ueki, T. Kato, T. Kado, R. Shiratuchi, W. Takashima, K. Kaneto and S. Hayase, *J. Photochem. Photobiol. A: Chem.*, **164**, 117 (2004)
11) R. Komiya, L. Han, R. Yamanaka, A. Islam and T. Mitate, *J. Photochem. Photobiol. A: Chem.*, **164**, 123 (2004)
12) 豊田竜生，元廣友美，セラミックス，**39**, 465 (2004)
13) T. Asano, T. Kubo and Y. Nishikitani, *Jpn. J. Appl. Phys.*, **44**, 6776 (2005)
14) 久保貴哉，日本太陽エネルギー学会関西支部　第29回シンポジウム予稿集，13 (2005)

海外編

第1章　世界における色素増感太陽電池の研究開発

荒川裕則*

1　はじめに

　色素増感太陽電池の研究開発は，その研究者や研究機関数から見て日本において最も活発に研究開発されている。一方，海外では，やはり EPFL を中心とするヨーロッパでの研究開発が日本に次いでいる。アメリカでの研究開発は，それほど多くない。アメリカでは，色素増感太陽電池よりもバルクジャンクション形のポリマー太陽電池の研究開発が盛んに研究されている。しかし，これについては大型セルやモジュール開発の研究は今のところ少ない。最近，アジアの中国や韓国，台湾，タイ国などでも色素増感太陽電池の研究開発が活発に行われるようになった。

　本章では，色素増感太陽電池の大型セルやモジュールの開発を行っている海外の研究機関の研究開発活動を簡単に紹介する。EPFL の Grätzel 教授の研究室や韓国での研究開発活動の紹介は第2章，第3章で述べられる。

2　Dyesol‐STI（オーストラリア‐スイス）

　色素増感太陽電池モジュールを世界に先駆けて製作し，オーストラリア政府の補助を受けてメルボルン大学や国立研究機関 CSIRO にモジュールを納入したオーストラリアのベンチャー企業 STI は現在 Dyesol としてヨーロッパを中心に引き続きビジネスを展開している。図1に示す，CSIRO エネルギーセンターに納入されたモジュールは，セルの一部の封止部分に漏れが生じ，性能が低下したと聞くが，依然稼動しているとのことである。

　Dyesol は，現在，色素増感太陽電池の製作用の原材料である色素，TiO_2 ペースト，電解質等の販売や，10cm 角程度の色素増感太陽電池の教育用キットを販売している。また色素増感太陽電池の性能評価機器やそのシステムについてもビジネスとしているようである。このようなビジネスを行いながら，引き続き色素増感太陽電池モジュールの完成に向けて研究開発を行っているのであろう。ギリシャやイギリス等で大規模な色素増感太陽電池モジュールの製作を開始するとの話も聞こえてくるが定かではない。関心のある方は Dyesol のホームページを参考にされたい[1]。

---

*　Hironori Arakawa　東京理科大学　工学部　工業化学科　教授

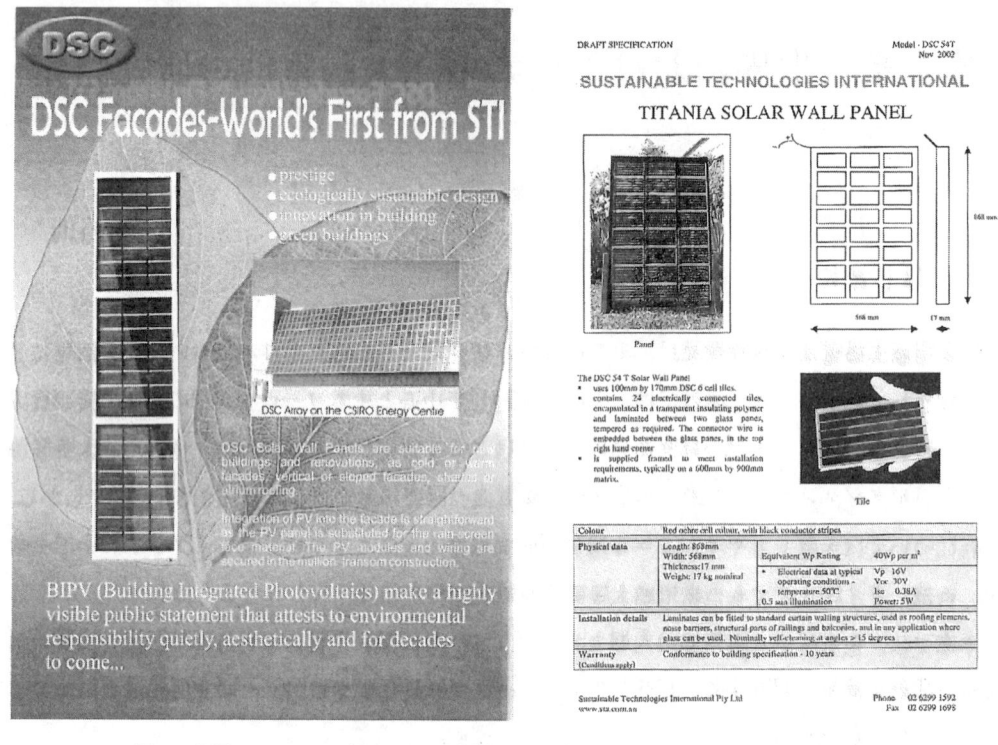

図1　左図：Dyesol の前身 STI が作製した色素増感太陽電池（DSC）モジュールの写真と CSIRO のビル壁面を飾る DSC モジュール
　　　右図：DSC 単一セルとモジュール一個の規格，サイズを表している

3　Solaronix SA（スイス）

　EPFL の Grätzel 教授の研究室出身の T.B. Meyer が兄の A.F.Meyer と共同運営するスイスのベンチャー Solaronix SA も Dyesol と同様に，色素増感太陽電池の製作用の原材料の販売を主なる事業としている。色素，TiO_2 ペースト，電解質溶液，イオン性液体，対極用 Pt ペースト等を販売している。また 10cm 角程度の単セルや直列接続の色素増感太陽電池の販売も行っている。数年前に図2に示すような 45cm 角で 33 セルが直列接続された W 型セルを開発したと聞くが，その後の展開は定かでない。関心のある方は Solaronix SA のホームページを参考にされたい[2]。

4　ECN（オランダ）

　ECN はオランダの政府系のエネルギー研究機関であるが，早くから色素増感太陽電池のデバイス化，モジュール化，耐久性を研究してきた研究機関である。5mm × 80mm の矩形単一セル

第1章　世界における色素増感太陽電池の研究開発

図2　Solarnix SA 社が開発した 45cm 角の W 型色素増感太陽電池サブモジュール
45 × 45 cm in size / 33 cells in series / Industrial processes

図3　ECN が開発した集電グリッド型の 30cm 角色素増感太陽電池

で8％の変換効率を達成している。その後図3に示す集電グリッド付きの大型サブモジュールを開発している。アウトドアでの耐久性試験も行っているが，4％の変換効率のモジュールにカバーガラスをかぶせた形での試験では約300日性能を保ったと報告している。また無機材料のCuSCNや有機材料のOMe/TADのようなホールコンダクタを用いた固体電解質型色素増感太陽電池の開発も行ったようであるが，変換効率は2～4％程度にとどまっている[3]。

5　フラウンフォーファー太陽エネルギー研究所（ドイツ）

ドイツ・フライブルグにあるフラウンフォーファー協会太陽エネルギー研究所では，A.Hinsch博士らが有機系太陽電池の開発の一環として，色素増感太陽電池の研究開発を行っている。彼ら

図4 フラウンフォーファー太陽エネルギー研究所が開発した30cm角のグラスフリットを封止剤として用いた集電グリッド型色素増刊太陽電池

の色素増感太陽電池の特徴は，集電グリッドとZ形直列接続をあわせ持ち，セル間の断絶と接着をガラスフリットにて行うものである。無機系接着剤のガラスフリットを用いて封止するので，電解質溶液の漏れはおきない。図4に例を示す。30cm角で98cm^{2}の単セルを6個直列接続して，セル実効面積が約588cm^{2}で，I_{sc}が758mA，V_{oc}が4.4V，ffが0.68，変換効率ηが3.8％を報告している[4]。

6 プラズマ物理学研究所（中国）

中国ではプラズマ物理学研究所のS. Dai博士らが色素増感太陽電池モジュールを作製している。彼らは，まず0.8cm×18cmの単一セルを集電グリッド付基板上に13固並べた15cm×20cm角サブモジュールを作製した。このサブモジュールの性能はI_{sc}が2.5A，J_{sc}が13.4mA/cm^2，V_{oc}が0.75V，ffが0.59，変換効率ηが5.9％であった。このサブモジュールを縦に3個，横に4個，計12個を直列に配した40cm×60cmのモジュールを作製している。このモジュールを40枚並べて500Wの発電装置を建設したとのことである[5]。図5にその写真を示す。

7 ITRI（台湾）

台湾では政府系の工業技術院ITRIで色素増感太陽電池モジュール作製の研究開発が行われている。C. Ting博士が中心となって10数人の研究グループで研究開発を行っている。集電グリッ

第1章　世界における色素増感太陽電池の研究開発

図5　中国プラズマ物理学研究所が開発した集電グリッド型色素増感太陽電池モジュール(500W)

図6　ITRIが開発した20cm角の直列接続型色増感太陽電池

ド型や直列接続型のモジュールの試作が行われている。図6に20cm角の直列接続型のサブモジュールの写真を示す。変換効率は明らかにされていない。

8　Konarka Technologies, Inc.(米国)

米国のKonarka社はプラスチック基板太陽電池についての研究開発を行い，事業化を狙っている。バルク型のポリマー太陽電池や色素増感太陽電池を視野に入れているが，アメリカ政府からの研究補助金を受けて，ポリマー太陽電池の研究が活発である。図7に示すような大型のプラ

色素増感太陽電池の最新技術 II

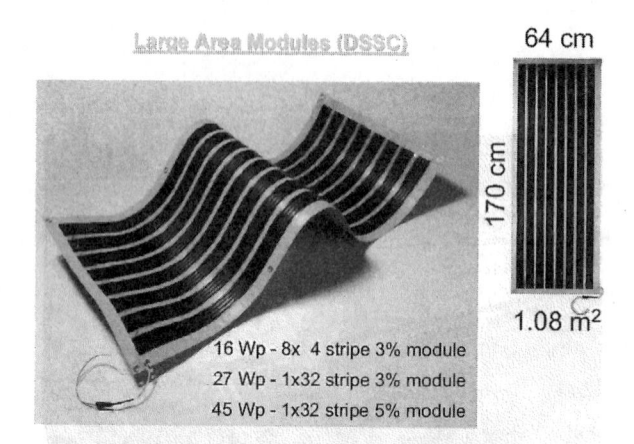

図7 Konarka社が開発したプラスチックフイルム基板を用いたフレキシブル色素増感太陽電池

スチックフィルム基板色素増感太陽電池の製作が行われている。事業化されているかどうかは定かではない。関心のある方はKonarka社のホームページを参考にされたい[6]。

文　献

1) http//www.dyesol.com
2) http//www.solaronix.ch
3) A. C. Veltkamp *et al.*, Proc. of 3rd Workshop on the Future Direction of Photovoltaics, pp-125, Aogaku Kaikan, Japan(2007)
4) A. Hinsch *et al.*, *2006 IEEE 4th world Conference on Photovoltaic Energy Conversion*, **1**, 32 (2006)
5) S. Dai *et al.*, *Solar Energy materials & Solar Cells*, **85**, 447(2005)
6) http//www.konarka.com

第2章　EPFLにおける色素増感型太陽電池の研究開発動向

伊藤省吾[*]

1　はじめに

著書伊藤が2006年8月末までの3年7カ月間，スイス連邦国立工科大学ローザンヌ校(EPFL)のGrätzel研究室にポスドクとして滞在していたことから，本書における海外動向について執筆することとなった。現在，50人もの研究者を擁するGrätzel研究室は，色素増感型太陽電池に関する各分野（有機合成・錯体合成・無機合成・デバイスアセンブリ・電気化学・レーザー光学・計算化学）のスペシャリストを配している。本章では，それぞれの研究員にスポットを当てて，その研究内容を紹介する。

2　高効率型セル

著者伊藤がEPFLのDSCプロジェクトに参加することになった当初，Liska博士（チェコ人）が伊藤を指導することとなった。彼は既に11%のDSCを作製・報告していた。N719色素の合成者Nezeeruddin博士（インド人），TiO_2電極の作製技師Comte氏（オーストリア人），さらに電解液の合成・精製・調合を担当した有機化学者Pechy博士（ハンガリー人）とのコラボレーションから始まった。しかし，当時は安定して10%のセルを再現出来なかった。伊藤の仕事はまずその再現性を向上させることであった。結果，色素とTiO_2電極の見直しを進めることで，再現良く10%を超えるDSC作製条件を見出せるようになった[1~3]。その後，芝浦工業大学の別所猛隆氏（学生）が交換留学生として参加し，11%を超えるDSCを作り出せるようになった[4]。また，ポスドクである村上拓郎博士（桐蔭横浜大学宮坂研究室出身）が業務に参加し，高効率セルの業務を受け継ぎ，さらに村上博士は炭素対極を使用することで白金と比べて遜色ない効率のDSCを作製した[5]。これまでの最高効率の色素はN719であり（図1），短絡光電流密度17.73 $mAcm^{-2}$，開放起電力846mV，曲率因子0.745，変換効率11.18%であった（図2）。さらなる高効率化の努力は綿々と続けられている。

---

[*]　Seigo Itou　京セラ㈱　中央研究所　DSC開発課　滋賀八日市工場

図1 N719色素の構造式 [1~4]

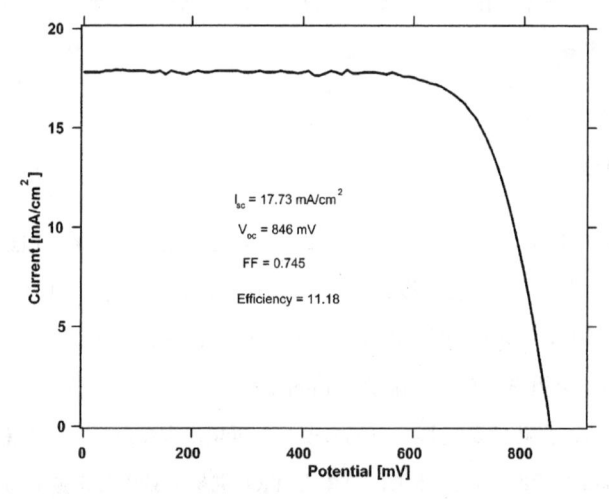

図2 色素増感型太陽電池の光電流-電圧曲線（AM1.5擬似太陽光（100 mW cm^{-2}）使用）
増感色素にはカラム（Sephadex LH-20）を使用して3回精製したものを使用した。セルには光反射防止膜と周囲からの散乱光を妨げるためのマスクが付けられており，受光部のTiO$_2$電極面積は0.158 cm^{2}である[4]。

図中のデータ: I_{sc} = 17.73 mA/cm^2, V_{oc} = 846 mV, FF = 0.745, Efficiency = 11.18

3 高耐久型セル

著者がGrätzel研に研究員として就業したとき，電気化学を専門とするP. Wang博士（中国人）がポスドクとして高耐久型のセルの開発研究に従事していた。シニアスタッフであるZakeerddin博士（インド人）がWang博士の仕事を指導し，化合物（色素・電解液）を提供していた。スイスに行く前に私が阪大柳田研のポスドクをしていたことから，二人からはいろいろな質問を受けた。スイスでのP. Wang博士の最初の論文は，イオン性液体を使用したDSCであっ

第2章　EPFLにおける色素増感型太陽電池の研究開発動向

た[6]。それは，その3年前に阪大柳田研究室から公開された結果を改善させたものであった[7]。その後，TiO_2粒子の20nmへの大型化[8]，色素吸着時の共吸着剤の使用[9]，Ru色素の配位子へのアルキル基の導入（Z907，図3）[9]，さらにRu配位子のπ共役結合の拡張による色素の吸光係数の向上（K19，図4）[10]の仕事をまとめ，最後に変換効率8%で安定なDSCを作製した（図5，電解液溶媒にメトキシプロピオニトリル使用）[11]。20nmのTiO_2粒子を合成したのはComte氏，新型配位子を合成したのはKline博士（フランス人）であった（K-シリーズの色素名は彼からきている）。P. Wang博士はEPFLでの3年間で20報もの論文を報告後にイギリス・ケンブリッジ大学に渡り，さらにアメリカでポスドクのポジションを経た後，故郷中国に教授として凱旋することとなった。

P. Wang博士の後を継いだのは，同じく中国から来たポスドク，Kuang博士であった。彼は，ドイツで1年間のポスドクを終了した後であった。当初はP. Wang博士の再現が取れずに苦労をしていたが，次第に成果を上げる様になり，ついにはK19（図4）を使用して[12]，またはZ907を使用して新型イオン性液体（EMI^+-$B(CN)_4^-$）と組み合わせることで[13]，イオン性液体電解液で7%を超える耐久型DSCを作製するに至った。さらに，そしてオリゴエチレン基を導入した新色素K60（図6）と電解液溶媒にメトキシプロピオニトリルを使用して耐久型DSCを作製している[14]。現在の最も効率が高くて耐久性のあるDSCの色素は，Kline博士とZakeeruddin博士

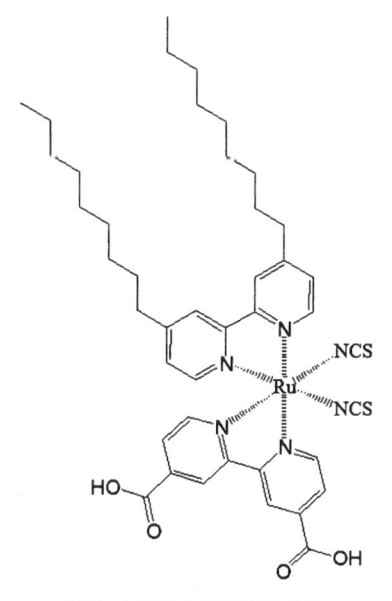

図3　Z907色素の構造式[9]

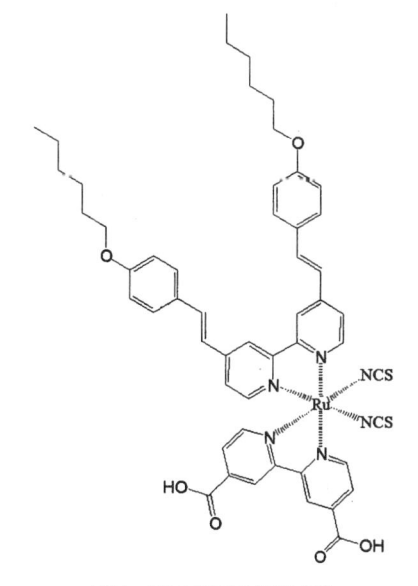

図4　K19色素の構造式[10]

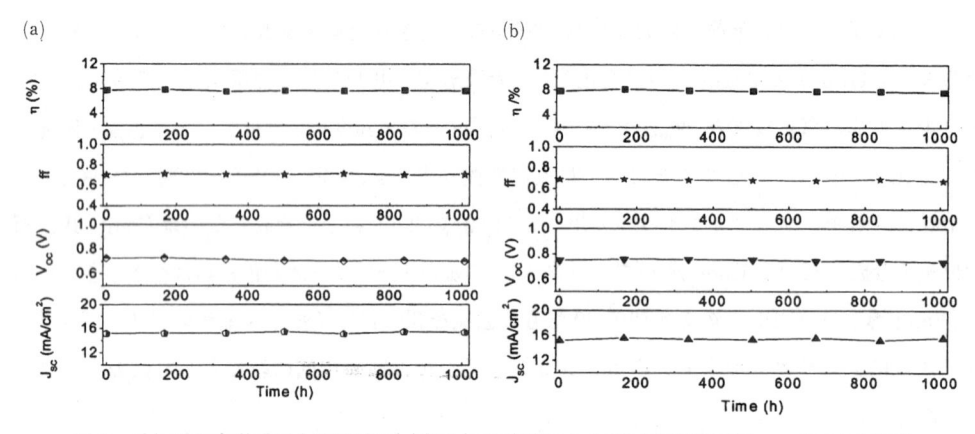

図5 耐久型色素増感型太陽電池の(a)高温(80℃)暗所および(b)光照射下(1 sun AM 1.5 擬似太陽光にUVカットフィルムを貼り付けて60℃にした状態)での光電特性の経時推移
各パラメータは1 Sun AM 1.5擬似太陽光照射下で測定[11]。

図6 K60色素の構造式[14]

図7 K77色素の構造式[15]

によって合成されたK77色素(図7)であり，Kuang博士によって論文発表された[15]。

4　固体型セル

1998年Nature誌[16]に掲載されたBach博士(当時学生)の報告以来，固体型DSCは改良を重ねてきた。当初は9.4 mWcm^{-2}の微弱光下で何とか0.74%であった変換効率も，Krüger博士(当時学生)は新色素の選択(Z907)および添加剤(銀イオン)の効果により，1 Sun照射下で3.2%へ引き

第2章　EPFLにおける色素増感型太陽電池の研究開発動向

上げられた[17]。さらにポスドク Schumidt-Mende 博士(現 Cambridge 大学)が TiO_2 電極の最適化をすることで，Z907 と D149(三菱製紙㈱と内田博士が開発した有機色素)のそれぞれを使用して 4%を超える固体型 DSC の作製に成功した(図8)[18]。現在はポスドクの Snaith 博士と学生の Chen 氏(台湾人，学生)が業務を引き継いでいる。

5　光—電子物性測定

EPFL 内では，Moser 教授が DSC のレーザー分光を担当している。彼が指導した Wenger 博士(当時学生)が，色素の吸着条件により色素から TiO_2 への電子注入速度が変化し，効率の良いセル条件では 20fs 以内(＝装置時定数限界)での電子注入が起こることを確認した(図9)[19]。残念ながら，Moser 教授は最近，レーザー実験中の事故で片目を失明するに至った。が，極めて前向きな彼の姿勢に敬意を表したい。

レーザーを使わずに，光ダイオードの発光強度をコントロールすることで電子の寿命を測定する方法も開発されている。O'Regan 博士(アメリカ人)と Humphry-Baker 博士(イギリス人)がセットアップを組み上げ，学生の Zhang 氏(中国人)が測定することでデータを蓄積している。共吸着剤の使用で，TiO_2 伝導体内の電子寿命が延びることが確認された[20]。

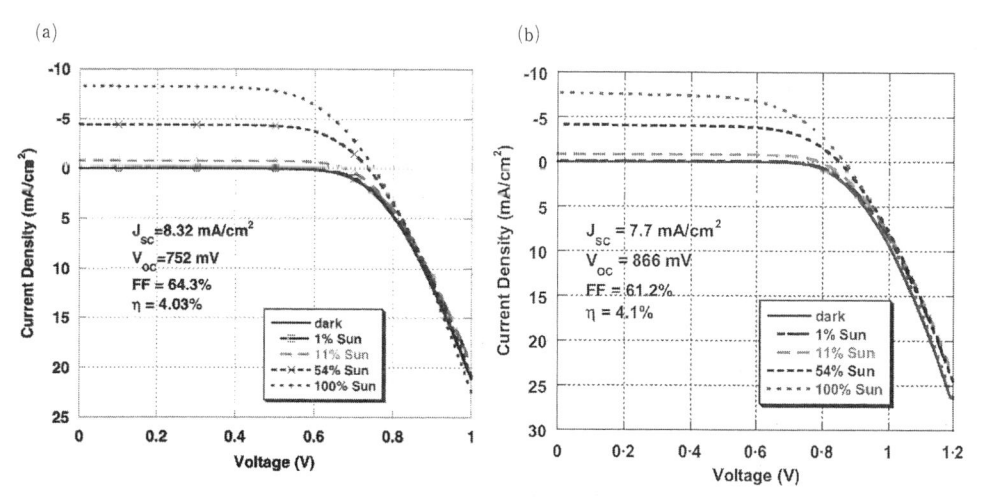

図8　Z907(a)および D149(b)を使用した固体型色素増感型太陽電池の光電流-電圧曲線(光強度を 0 から 1 sun まで変化させて測定)
枠内の数値は 1 sun (AM 1.5, 100 mW/cm²) 照射下の光電特性(J_{SC}：短絡光電流密度，V_{OC}：開放起電力，FF：曲率因子，h：変換効率)[18]。

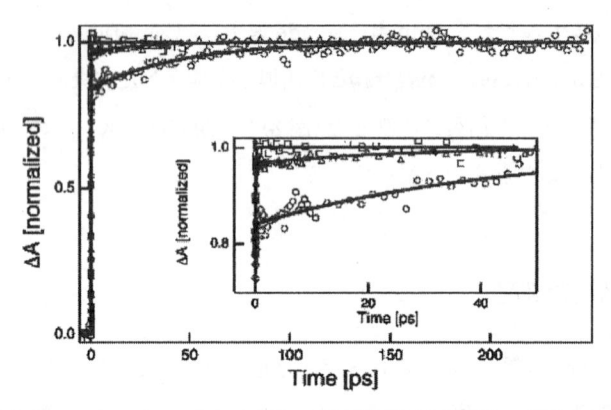

図9 超高速レーザーパルスを使用した，色素増感型太陽電池の過渡吸収分光測定
（プローブ：860 nm，ポンプ：535 nm）
色素：市販の N3（○），Grätzel 研で合成した N3（△），N719（□）。電極：多孔質透明 TiO$_2$ 膜。挿入図は変移立ち上がり付近を拡大したものである[19]。

6 おわりに

上記のように，人材的に国際色豊かな EPFL・Grätzel 研究室では，色素・TiO$_2$ 電極・電解液を変更させ，かつそのセルを分析することで，常に DSC の効率・耐久性を向上させ続けてきた。今年（2007年）夏に 63 歳となる Grätzel 教授であるが，教授はまだまだアグレッシブで，彼を支える優秀なスタッフが EPFL には揃っている。DSC の実用化に向けて，今後の更なる発展を期待したい。

文　献

1) S. Ito *et al., Chem. Commun.*, 4351(2005)
2) S. Ito *et al., Proceeding of ICCG*, 391(2006)
3) S. Ito *et al.,Thin Solid Films*, submitted
4) Md. K.Nazeeuddin *et al., J. Am. Chem. Soc.*, **127**, 16835(2005)
5) T. N. Murakami *et al., J. Electrochem. Soc.*, **153**(12), A2255(2006)
6) P. Wang *et al., Chem. Commun.*, 2972(2002)
7) W. Kubo *et al., Chem. Commun.*, 374(2002)
8) P. Wang *et al., J. Phys. Chem. B*, **107**, 14336(2003)
9) P. Wang *et al., Nature Mater.*, **2**, 402(2003)

第2章 EPFLにおける色素増感型太陽電池の研究開発動向

10) P. Wang *et al.*, *J. Am. Chem. Soc.*, **127**, 808 (2005)
11) P. Wang *et al.*, *Appl. Phys. Lett.*, **86**, 123508 (2005)
12) D. Kuang *et al.*, *J. Am. Chem. Soc.*, **128**, 4146 (2006)
13) D. Kuang *et al.*, *J. Am. Chem. Soc.*, **128**, 7732 (2006)
14) D. Kuang *et al.*, *Adv. Funct. Materz.*, **17**, 154 (2007)
15) D. Kuang *et al.*, *Adv. Mater.* (2007) in press
16) U Bach *et al.*, *Nature* **395**, 583 (1998)
17) J. Krüger *et al.*, *Appl. Phys. Lett.*, **81**, 367 (2002)
18) L. Schmidt-Mende *et al.*, *Appl. Phys. Lett.*, **86**, 013504 (2005); *Adv. Mater.*, **17**, 813 (2005)
19) B. Wenger *et al.*, *J. Am. Chem. Soc.*, **127**, 12150 (2005)
20) Z. Zhang *et al.*, *J. Phys. Chem. B*, **111**, 398 (2007)

第3章　韓国における色素増感太陽電池の研究開発動向
R&D activities on dye-sensitized solar cell in Korea

Nam-Gyu Park *

Abstract

Dye-sensitized solar cell has attracted much attention thanks to transparency and various colors as well as low-cost. During past decade, researches on dye-sensitized solar cell have been progressed in Korea. In this report, we briefly introduce R&D activities on dye-sensitized solar cell in Korea.

1　Introduction

Dye-sensitized solar cell is composed of a dye adsorbed wide bandgap nanocrystalline oxide film on transparent conducting substrate, a redox electrolyte and a metallic counter electrode. Dye molecule plays an important role in generating poto-excited electrons, wide bandgap nanocrystalline film provides a pathway for photo-injected electrons to move from dye to transparent conducting substrate and redox electrolyte delivers electrons from counter electrode to oxidized dye to regenerate dye. A lot of factors can influence on photovoltaic performance of dye-sensitized solar cell, such as morphology, film structure, porosity and particle size of nanocrystalline semiconductors, molar absorption coefficient, absorbance wavelength and purity of dye molecules and interfaces of solid-solid and/or solid-liquid etc.

Researches on dye-sensitized solar cell in Korea have been started with small groups from year 1996. Since then, many scientists and engineers have been interested in this next-generation solar cell. As of today, about 5～6 national research institutes including Korea Institute of Science and Technology (KIST), Korea Research Institute of Chemical and Technology (KRICT), Electronics and Telecommunications Research Institute (ETRI) and Korea Electrical Research Institute (KERI), over 10 universities including Korea University,

---

*　Korea Institute of Science and Technology (KIST)　Center of Energy Materials, Materials Science and Technology Division

第3章　韓国における色素増感太陽電池の研究開発動向

Hanyang University, Inha University, the Catholic University, Pusan National University and some private companies including Samsung are actively doing R&D on materials and module devices for dye-sensitized solar cell. As a result, over 100 scientific papers and several domestic and international patents have been produced during past 5 years. In addition, Organic Solar Cell Study Group is established in year 2000 and organizing annual workshop, winter and summer workshops every year, where about 120〜150 attendants are enjoying each winter and summer workshop. In this article, research activities of dye-sensitized solar cell are introduced in terms of materials and devices.

2　Research Activities

2.1　Nanocrystalline Wide Bandgap Materials

Nanocrystalline materials for dye-sensitized solar cell are important and should be first considered because they act as supporting materials for dye adsorption and photo-injected electrons' pathway. Therefore careful design and fabrication of nancrystalline materials and films should be taken into consideration for high efficiency dye-sensitized solar cell. Figure 1 shows candidates for materials for dye-adsorption, where these materials are selected by considering their conduction band energies, associated with the energy of excited state of dye molecules.

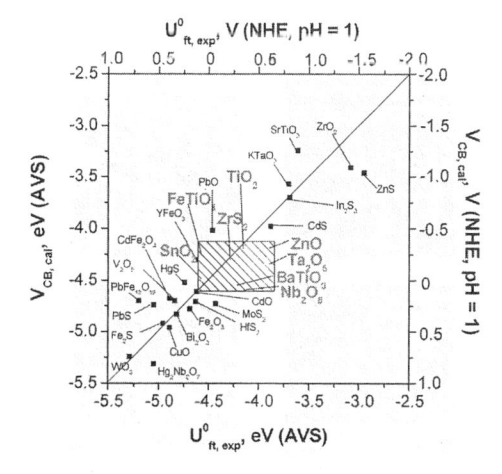

Figure 1　Conduction band energies and flat band potentials of binary and ternary oxides at pH=1 (NHE) or vacuum level, where inset box with diagonal line shows a conduction band energy range of materials for dye-sensitized solar cell

From Figure 1, some oxides such as TiO_2, ZnO, SnO_2, Nb_2O_5, $FeTiO_3$, Ta_2O_5 can be used for dye-sensitized solar cell. Although a few studies have explored semiconducting oxides such as SnO_2, ZnO, Nb_2O_5, CeO_2, and $SrTiO_3$, the preponderance of work has focused on the anatase form of TiO_2 since anatase TiO_2 shows best performance. On the other hand, relatively little attention has been paid to the rutile form of TiO_2. Park *et al.* studied first the rutile TiO_2-based dye-sensitized solar cell [1]. Rutile TiO_2 is known to be stabilized at high temperature. Therefore, for use in dye-sensitized solar cell temperature for synthesizing rutile form of TiO_2 is an issue since nanocrystalline morphology is hardly preserved at high temperature. Nanocrystalline rutile TiO_2 can be prepared at ambient temperature by hydrolysis of $TiCl_4$ [2]. Figure 2 compares the particle morphology and packing structure of anatse TiO_2 and rutile TiO_2. The rutile TiO_2-based dye-sensitized solar cell shows slightly lower performance than the anatase TiO_2-based one, which is due to lower surface area and loosely packed film structure.

Prof. Kim *et al.* reported an enhanced photovoltaic performance of rutile TiO_2-based dye-sensitized solar cell using a new approach involving the introduction of the common cationic surfactant cetyltrimethylammonium bromide (CTAB) for modifying a rutile TiO_2 film during its formation from hydrolyzed $TiCl_4$ solution [3]. CTAB-routed films were found to consist of smaller clusters of near-spherical TiO_2 particles, compared with larger clusters of long rod-shaped particles in the absence of CTAB. As a consequence, the photocurrent and photovoltage of the cell fabricated by using CTAB have increased significantly, leading to a

Figure 2 Surface and cross-section SEM micrographs of TiO_2 films composed of rutile (left) and anatase (right) particles

第3章 韓国における色素増感太陽電池の研究開発動向

conversion efficiency increase, compared with those of the cell prepared without CTAB. Prof. Yang *et al.* reported an effect of pre-heat-treatment of commercial TiO$_2$ powders on photovoltaic performance of dye-sensitized solar cell[4]. Photocurrent density of the as-received commercial TiO$_2$ powder (Sachtleben Chemie GmbH) is increased from 1.82 to 2.72 mA/cm^2 after pre-treatment at 450 ℃ when Eosin Y was used as a sensitizer. Electro spinning technique has been used for preparing nano-fibril TiO$_2$ electrodes. Dr. Kim *et al.* studied electrospun TiO$_2$-based dye-sensitized solar cells[5~7]. Figure 3 shows TiO$_2$ fibers prepared by electro spinning method, where fiber is composed of sing crystal-like nano particles.

The electrospun TiO$_2$ fiber-based film is beneficial for polymer electrolyte since the pore is well developed. An 6.2 % efficiency was demonstrated with dye-sensitized solar cell based on electrospun TiO$_2$ fiber film and quasi solid-state electrolyte.

Dr. Park *et al.* studied core-shell nanoparticles in order to reduce the loss of photo-injected electrons by recombination in the bulk film[8,9]. Core-shell type nanoparticles with SnO$_2$ and TiO$_2$ cores and zinc oxide shells were prepared using zinc acetate solution. X-ray absorption near-edge structure and extended X-ray absorption fine structure studies revealed the presence of thin ZnO-like shells around the nanoparticles at low Zn levels. Such thin layer of inorganic oxide was found to protect electron back transfer from TiO$_2$ to electrolyte (see Figure 4). As a result, the shell layer played the role in increasing photovoltage. Similar result was reported, where CaCO$_3$ was used for surface protection layer on TiO$_2$ cores and photovoltage increased with increasing concentration of CaCO$_3$[10]. Electrophoretical method was applied to prepare TiO$_2$ film. Prof. Sung *et al.* reported the preparation of an electrophoretically deposited TiO$_2$ without the use of a surfactant or any post-thermal

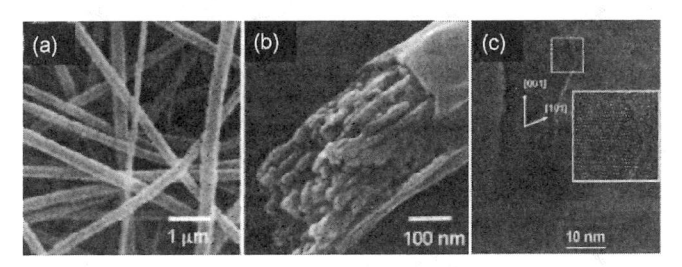

Figure 3 (a) electrospun TiO$_2$ fibers, (b) inside of electronspun TiO$_2$ fibers and (c) TEM and lattice fringe of TiO$_2$ particle inside fiber

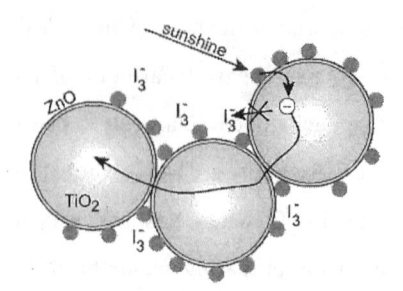

Figure 4 An illustration showing the role of shell layer on the core nanoparticles

treatments [11]. The resulting film was examined with reference to applications in a flexible dye-sensitized solar cell. The fill factor of about 50 % was obtained from as-deposited film, which was indicative of an interparticle connection induced in part without thermal treatment.

ZnO is one of candidates for dye-sensitized solar cell materials. However, ZnO has been known to be less effective material from the view point of energy conversion. Recently, Prof. Shin studied in detail on ZnO materials and demonstrated improved efficiency [12, 13]. The conversion efficiency as high as 5 % has been achieved using ZnO core and SiO_2 shell [14].

2.2 Dye Molecules

Prof. Kim *et al.* reported an enhancement of photocurrent density using a modified N3 dye molecules [15]. Figure 5 shows a schematic representation of N3 dye linked to another N3 dye which is immobilized on a TiO_2 particle.

The J_{sc} of the cell fabricated with N3-tbpe-N3- TiO_2 film increased to 12.1 mA/cm^2 from

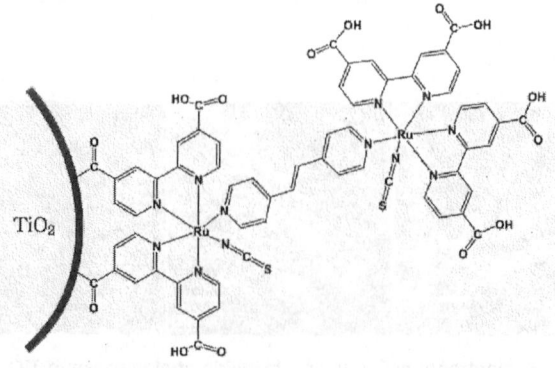

Figure 5 A schematic representation of a modified N3 dye using bridging molecule on TiO_2 particle

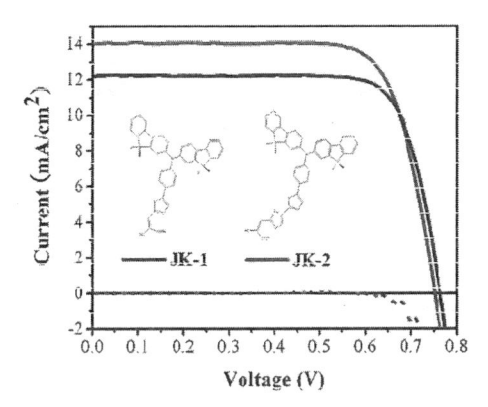

第3章 韓国における色素増感太陽電池の研究開発動向

Figure 6 I-V characteristics of TiO$_2$ films sensitized with the functionalized unsymmetrical organic molecules 3-{5-N,N-bis(9,9-dimethylfluorene-2-yl) phenyl) -thiophene-2-yl}-2-cyano-acrylic acid (JK-1) and 3-{5'-N,N-bis (9,9-dimethylfluorene-2-yl) phenyl) -2,2'-bisthiophene-5-yl]}-2-cyano-acrylic acid (JK-2)

10.4 mA/cm^2 of the cell with N3-TiO$_2$ film, where tbpe represents trans-1,2-bis (4-pyridyl) ethylene. The functional group at bipyridine was substituted with oligophenylenevinylene, which resulted in increase of photocurrent density due to the increased molar absorption coefficient[16]. Metal-free organic molecules are one of recent sensitizer research area. Organic sensitizers comprising donor, electron-conducting, and anchoring groups were engineered at molecular level and synthesized. About 8 % efficiency was observed using organic sensitizers[17].

2.3 Redox Electrolytes

Iodide and tri-iodide couple is commonly used for electron shuttle between counter electrode and dye cation. Photovoltaic properties are often influenced by counter cation in iodide, pH of electrolyte and solvent. Dr. Park *et al.* studied on effect of cations on the open-circuit photovoltage and the charge-injection efficiency of dye-sensitized nanocrystalline rutile TiO$_2$ films[18], where it was found that relatively smaller size Li$^+$ ions cause a shift in the TiO$_2$ conduction band edges toward more positive potentials than the relatively larger size 1,2-dimethyl-3-hexyl imidazolium ions. As a result, electrolyte containing Li$^+$ ions produced a lower photovoltage and at same time higher photocurrent than imidazolium cation because of altering both the energy and number of excited state levels of the dye that participate in electron injection. Polymer electrolyte has attracted attention recently since it might be essential for flexible dye-sensitized solar cell. Prof. Kang *et al.* studied polymer electrolyte as

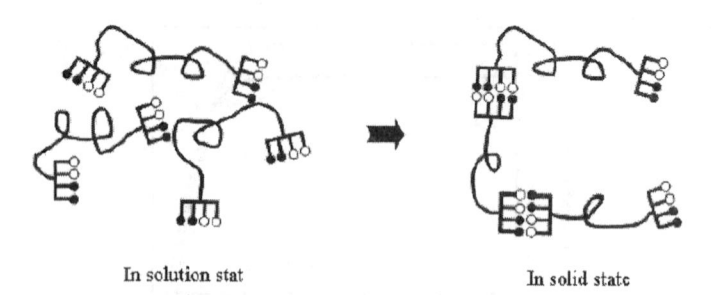

Figure 7　Schematic drawing of the hydrogen-bonded polymer in solution and solid states

well as solid-state device [19~21]. Composite polymer electrolyte containing fumed silica nanoparticle demonstrated conversion efficiency of 4.5 % at 100 mW/cm^2 illumination. To solve the problem of penetration issue in polymer electrolyte, superamolecular electrolyte was designed by modifying low molecular weight polyethylene glycol at both chain ends with functional groups having quadruple hydrogen bonding sites (Figure 7). The coil size in dilute solution of this electrolyte is small enough for the electrolyte to penetrate into mesopores of the TiO$_2$ layer.

2.4　Low Temperature Process and Flexible Device

Dye-sensitized solar cell can be prepared in the form of single cell, series-connected module and flexible device. For the case of flexible solar cell, polymer substrate and/or thin metallic substrate can be used. Deposition of TiO$_2$ film on polymer substrate is processed at low temperature. Dr. Park *et al.* recently proposed effective way to prepare TiO$_2$ film at low temperature using binder-free paste [22]. Simply adding ammonia solution into acidic TiO$_2$ colloid solution induced highly viscous paste as shown in Figure 8. This binder-free paste is beneficial to low-temperature fabrication of TiO$_2$ film, thereby can be used as a paste for plastic device. Metallic thin substrate is one of substrates for flexible device and beneficial for applying high temperature. It was reported that 4.2 % efficiency was achieved using ITO- and SiO$_2$-coated stainless steel as a substrate for deposition of TiO$_2$ layer [23]. Low-temperature preparation of Pt counter electrode is also important in flexible device. A Pt counter electrode with high surface was prepared using pulse current electrodeposition method and applied to flexible substrate [24]. Pulse current electrodeposition showed 1.8 times higher surface area compared with direct current electrodeposition, as a result higher photocurrent density. Room-

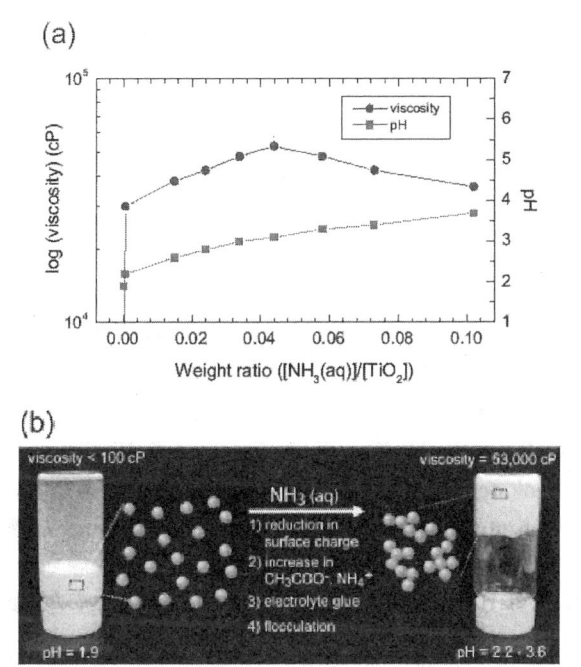

Figure 8 (a) effect of ammonia addition on viscosity and pH of the TiO_2 colloid solution, and (b) schematic representation of conversion of dispersed TiO_2 nanoparticles into flocculated particles, exhibiting highly viscous behavior

temperature chemical bath deposition technique was introduced by Prof. Han *et al*, where layer-by-layer structure of TiO_2/ZnO was prepared and hydrophilicity was controlled [25]. This method can be utilized for preparation of stable photoelectrode.

3　Summary and Outlook

In this article, research activities in Korea were briefly introduced based on the published papers. Previously, most researches in Korea were conducted by universities and national institutes. Recently, however, many companies in Korea become interested in commercialization of dye-sensitized solar cell materials and devices. Korean Governments including Ministry of Science and Technology (MOST) and Ministry of Chemical, Industry and Energy (MOCIE) have started funding for dye-sensitized solar cell R&D projects. Therefore, R&D activities of dye-sensitized solar cell in Korea are expected to increase gradually.

＊ Copyright of each figure except Figure 1 belongs to the corresponding publisher

References

1) N.-G. Park, J. van de Lagemaat, A. J. Frank, *J. Phys. Chem. B*, **104**, 8989 (2000)
2) N.-G. Park, G. Schlichtho1rl, J. van de Lagemaat, H. M. Cheong, A. Mascarenhas and A. J. Frank, *J. Phys. Chem. B*, **103**, 3308 (1999)
3) H.-Y. Byun, R. Vittal, D. Y. Kim and K.-J. Kim, *Langmuir*, **20**, 6853 (2004)
4) T.-V. Nguyen, H.-C. Lee, O.-B. Yang, *Sol. Energy Mater. Sol. Cells*, **90**, 967 (2006)
5) M. Y. Song, D. K. Kim, K. J. Ihn, S. M. Jo, D. Y. Kim, *Nanotechnology*, **15**, 1861 (2004)
6) M. Y. Song, Y. R. Ahn, S. M. Jo, D. Y. Kim, J.-P. Ahn, *Appl. Phys. Lett.* **87**, 113113 (2005)
7) S. M. Jo, M. Y. Song, Y. R. Ahn, C. R. Park, D. Y. Kim, *J. Macromol. Sci., Part A: Pure and Appl. Chem.*, **42**, 1529 (2005)
8) N.-G. Park, M. G. Kang, K. M. Kim, K. S. Ryu and S. H. Chang, D.-K. Kim, J. van de Lagemaat, K. D. Benkstein and A. J. Frank, *Langmuir*, **20**, 4246 (2004)
9) N.-G. Park, M. G. Kang, K. S. Ryu, K. M. Kim, S. H. Chang, *J. Photochem. Photobio. A: Chem.*, **161**, 105 (2004)
10) S. Lee, J. Y. Kim, K. S. Hong, H. S. Jung, J.-K. Lee, H. Shin, *Sol. Energy Mater. Sol. Cells*, **90**, 2405 (2006)
11) J.-H. Yum, S.-S. Kim, D.-Y. Kim, Y.-E. Sung, *J. Photochem. Photobio. A: Chem.*, **173**, 1 (2005)
12) Y.-J. Shin, K. S. Kim, N.-G. Park, K. S. Ryu, S. H. Chang, *Bull. Korean Chem. Soc.*, **26**, 1929 (2005)
13) K. S. Kim, Y.-S. Kang, J.-H. Lee, Y.-J. Shin, N.-G. Park, K. S. Ryu, S. H. Chang, *Bull. Korean Chem. Soc.* **27**, 295 (2006)
14) Y.-J. Shin *et al.* (unpublished)
15) S.-R. Jang, R. Vittal, J. Lee, N. Jeong K.-J. Kim, *Chem. Commun.*, 103 (2006)
16) S.-R. Jang, C. Lee, H. Choi, J. J. Ko, J. Lee, R. Vittal, K.-J. Kim, *Chem. Mater.*, **18**, 5604 (2006)
17) S. Kim, J. K. Lee, S. O. Kang, J. Ko, J.-H. Yum, S. Fantacci, F. De Angelis, D. Di Censo, Md. K. Nazeeruddin, M. Gratzel, *J. Am. Chem. Soc.*, **128**, 16701 (2006)
18) N.-G. Park, S.-H. Chang, J. van de Lagemaat, K.-J. Kim, A. J. Frank, *Bull. Korean Chem. Soc.*, **21**, 985 (2000)
19) J. H. Kim, M.-S. Kang, Y. J. Kim, J. Won, N.-G. Park, Y. S. Kang, *Chem. Commun.*, 1662 (2004)
20) Y. J. Kim, J. H. Kim, M.-S. Kang, M. J. Lee, J. Won, J. C. Lee, Y. S. Kang, *Adv. Mater.*, **16**, 1753 (2004)
21) M.-S. Kang, J. H. Kim, Y. J. Kim, J. Won, N.-G. Park, Y. S. Kang, *Chem. Commun.*, 889 (2005)
22) N.-G. Park, K. M. Kim, M. G. Kang, K. S. Ryu, S. H. Chang, Y.-J. Shin, *Adv. Mater.*, **17**, 2349 (2005)
23) M. G. Kang, N.-G. Park, K. S. Ryu, S. H. Chang, K.-J. Kim, *Sol. Energy Mater. Sol. Cells*, **90**, 574 (2006)

第3章　韓国における色素増感太陽電池の研究開発動向

24) S.-S. Kim, Y.-C. Nah, Y.-Y. Noh, J. Jo, D.-Y. Kim, *Electrochimica Acta*, **51**, 3814 (2006)
25) R. S. Mane, W. J. Lee, H. M. Pathan, S.-H. Han, *J. Phys. Chem. B*, **109**, 24254 (2005)

応用編

第1章 色素増感型光蓄電素子「光キャパシタ」

手島健次郎[*1], 村上拓郎[*2], 宮坂 力[*3]

1 はじめに

　携帯情報機器の改良と普及によって，情報化，ユビキタス化が急速に広がりつつある。これに伴って情報網は複雑，多様化，詳細化しており，その利用・設置場所は多岐にわたると考えられる。色素増感太陽電池(DSSC)は，ナノポーラス膜がつくる光入射界面の反射率が低いという特性から，シリコン系太陽電池と比較して曇天下や屋内の拡散光を効率よく吸収できる特長を持ち合わせており，携帯情報機器へのユビキタス電源の一つの候補として期待されている。しかしながら，ユビキタス電源が置かれる様々な環境，低光量や光量不安定な条件においては安定な電力を得ることは難しく，DSSCとは別に二次電池，キャパシタなどの蓄電装置を組み合わせることが必要となってくる。たとえ弱い拡散光であっても，DSSCで生じた電力を効率よく蓄電することができれば，高い積算電力の出力が期待できる。また，ユビキタス電源としては，携帯性，省スペース性を重視しなければならないことも重要な必要条件の一つであると考えられる。

　蓄電デバイスであるキャパシタや二次電池の充放電過程は電気化学反応であり，同様にDSSCの光発電過程は光電気化学過程に従って動作している。双方の過程が電気化学的過程の上に成り立っているため，うまく工夫することで蓄電と光発電機能を一つのデバイス中にまとめることが可能である。これはDSSCが電気化学方式であることの強みであり，シリコンなどのp-n接合型光電変換素子と差別化できる点である。

　二次電池電極活物質であるポリマー材料をDSSCと組み合わせた光二次電池に関する報告は，瀬川らによって研究が進められている[1]。湿式太陽電池は光エネルギーを一度化学エネルギーに変換した後に電気エネルギーとして取り出す過程を経るが，途中で生じた化学エネルギーを貯蔵する方式が光二次電池の考え方である[2]。

　これらに対して，我々はDSSCと電気二重層キャパシタ(Electric Double Layer Capacitor：

---

*1 Kenjiro Teshima　ペクセル・テクノロジーズ㈱　研究開発部　主任研究員
*2 Takurou N. Murakami　ローザンヌ連邦工科大学　博士研究員
*3 Tsutomu Miyasaka　桐蔭横浜大学　大学院工学研究科　教授；
　　　　　　　　　　ペクセル・テクノロジーズ㈱　代表取締役

EDLC)の機能をわずか数ミリの薄さで一体化させた"光キャパシタ"を考案した[3]。この光キャパシタはDSSCの光発電機能とEDLCの蓄電機能の両方を併せもった新しい電源の形であるといえる。EDLCは優れたくり返し特性を示すことが知られているために，メンテナンスフリーの蓄電装置として実用化もされており，DSSCとEDLCの組合せは，低コスト，メンテナンスフリー，省スペース，環境安全性を併せもつ安定電力供給源として最適な組合せであるといえる[4]。

2 光キャパシタの構造と動作機構

先に紹介したように，光キャパシタはDSSCとEDLCを組み合わせた新しい電力源デバイスである。我々が考案した光キャパシタには，当初考案した二電極式(図1)とそれを改良した三電極式光キャパシタ(図2)の二種類がある[5]。これらの光キャパシタの基本構造はDSSCの機能を持つ発電層と，EDLCの機能を持つ蓄電層の二つの層により構成されたサンドイッチ構造を取っている。

二電極式光キャパシタの光電極は，色素増感ナノ多孔性半導体層(ナノ酸化チタン層)に活性炭が物理的に接合した構造で，基板には色素増感太陽電池と同様に透明導電ガラスなどの光透過性電極を用いる。対極は活性炭層のみを坦持した電極であり，基板には白金などの金属膜を被覆した基板を用いる。両電極の活性炭はセパレータによって電気的に絶縁され，蓄電層と発電層中には共通の電解液が満たされている。活性炭は多孔質であるために比表面積が非常に大きく(1200 m^2/g)，その表面に形成される電気二重層との相互作用で電荷を静電的に蓄積する役割を持っている。非ファラデー的な蓄電反応を行うことから，キャパシタに用いる電解液には酸化還元種を

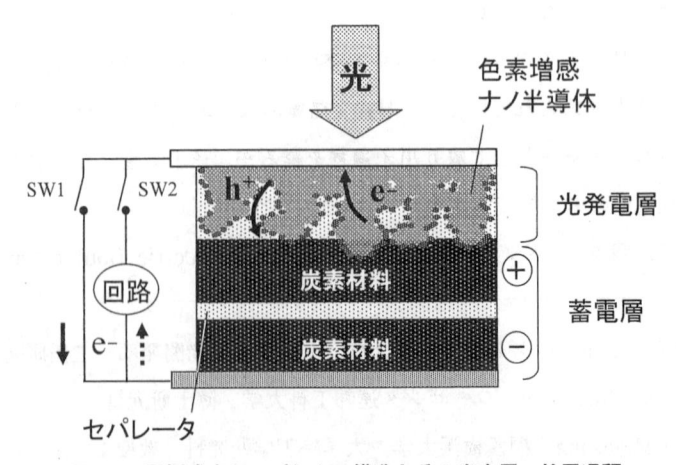

図1 二電極式光キャパシタの構造とその光充電，放電過程

第1章　色素増感型光蓄電素子「光キャパシタ」

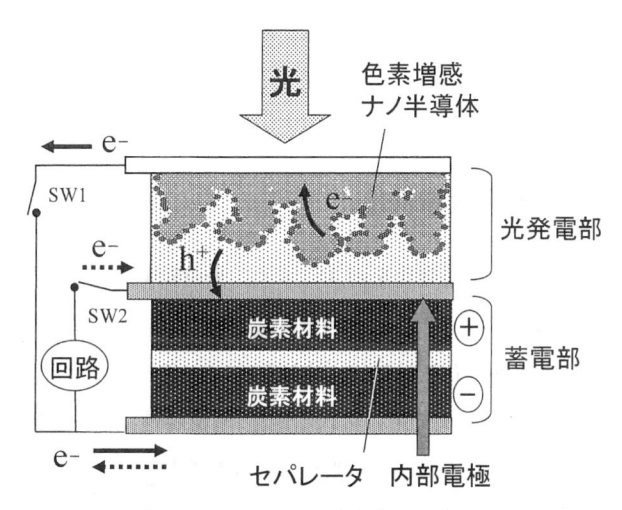

図2　三電極式光キャパシタの構造とその光充電，放電過程

含まず高い電気二重層容量を与えるものが選ばれる。電解液の典型的な支持塩としては，テトラアルキルアンモニウム塩(アニオン = BF_4 など)があり，溶媒には炭酸プロピルなどが用いられる。

　三電極式光キャパシタは，内部電極を挿入することで二電極式光キャパシタの欠点を改善し，光充放電特性を大幅に改善した素子である。この内部電極によってセルは2つの電解液に分けられており，その片面は光発電層の対極として動作し，裏面は蓄電ユニットの陽極としての役割を果たす。内部電極には，対極側表面に白金やカーボン等のカソード触媒を付与した薄い金属板を用いる。金属板であることから，対極と陽極の間の電荷移動(正孔の移動)にかかる抵抗負荷はゼロに等しく，蓄電にかかる抵抗ロスも低減される。発電層と蓄電層の電解液にはそれぞれの機能発現に適した電解溶液を使用することが可能であり，発電層に関しては色素増感半導体層の光発電機能に適したヨウ素系の酸化還元電解液が用いられ，蓄電層には高容量キャパシタ用の支持塩電解液を利用することができる。

　光蓄電は，スイッチ1(SW1)を短絡させた状態で光照射を行う。照射光を吸収することで色素が励起され，半導体である酸化チタンに電子を注入し電荷が生成される。酸化チタンに注入された電子は対向電極の活性炭層に移動し，その表面の電解液界面において電解質陽イオンと静電的に引き合うことで電気二重層を形成する。一方で，内部電極に担持された活性炭においては正電荷が蓄積される。これは色素の酸化体を酸化還元電解液が還元再生することで生じた電解液中の酸化体(ヨウ素)から，内部対極へ正孔の注入が起こるからである。この結果として活性炭中に生成した正孔は電解液中の陰イオンと静電的に引き合うことで電気二重層を形成して安定化し，電気エネルギーの蓄積が完了する。一方，放電時はスイッチ2(SW2)を短絡させ，外部回路を接続

する。電気二重層の形成により蓄積された電気エネルギーは，これらの緩和反応に伴い放電され，外部回路に電力を供給することが可能となる。

3 光キャパシタの光充放電特性

光充電および放電時の電流，電圧変化を図3に示す。光照射を開始すると，直ちに光電極から対向電極間で充電電流が観測され，それに伴い蓄電層（内部電極-対向電極間）の電圧も上昇する。光照射を続けることで，蓄電層の電圧はほぼ一定電圧まで上昇し，それに伴って電流値は減少する。この特性は太陽電池の評価でよく用いられる電圧-電流特性に従った関係を示す。光充電時の電流，電圧特性は蓄電層の静電容量と，発電層の太陽電池特性により決定され，光充電に要する時間は，蓄電層の容量と，発電層の光電変換効率，および発電容量に大きく依存することになる。

定電流放電した場合には蓄電層の電圧は直線的に減少し，典型的なEDLCと同じ特性を示す。この定電流放電時の放電波形から蓄電層の静電容量，内部抵抗などの各パラメータを算出することが可能である。

4 光キャパシタ構造の改良による光充放電特性の改善

光キャパシタとして最初に発表したのは，二電極式光キャパシタ（図1）である[3]。発電層であ

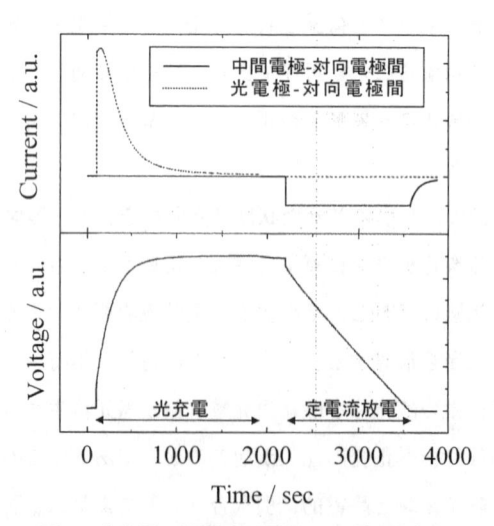

図3 光充電，放電時の電圧および電流変化

第1章 色素増感型光蓄電素子「光キャパシタ」

る色素単分子吸着酸化チタン多孔質上に直接蓄電層である活性炭層を積層させ,セパレータを介して対極側にもう一層の活性炭層を作製し,発電層,蓄電層に共通な有機電解質溶液を注入することで構成される。

光蓄電時の電圧変化を図4に示す。光照射に伴って二電極間の電圧は上昇し,光照射開始後約400秒後に0.41 Vで飽和し,光充電がほぼ完了したことを示す。この飽和電圧は通常のDSSCの開放起電力が0.8 V程度であることを考えると,約半分の充電電圧しか得られていないことを示している。以上のように基本的な性能は得られたが,低い充電性能となった要因は,電荷移動の不効率や内部抵抗ロスなどによることが考えられる。電荷移動に伴う不効率の大部分は,ナノサイズの酸化チタン粒子層とミクロンサイズの二次粒子径をもつ活性炭粒子層との界面で粒子間の十分な物理的接合が取れないことに由来すると考えられる。

図5は放電時の電圧変化であるが,放電開始直後におこる電圧降下は,放電時の内部抵抗の大きさを反映しており,これから得られる内部抵抗は3.3kΩと非常に大きな値であった。この結果,放電開始電圧は0.3 V程度とさらに低い電圧となった。放電開始電圧は最終的に出力される電力量に比例するため,電圧の低下は出力電力量の低下を意味する。この大きな内部抵抗は,放電時に生じる半導体界面のエネルギー障壁によってもたらされると考えられる。

そこで我々は,図2に示される,三電極式光キャパシタを考案した[6]。二電極式と大きく異なる点は内部電極を挿入した点であり,これによって光充電時の問題の一つであった電解液に関して,発電層,蓄電層のそれぞれに適した電解液を使用することが可能となっている。また同時に,内部電極から放電を行うことで,放電時の問題点となっていた半導体界面のエネルギー障壁を改

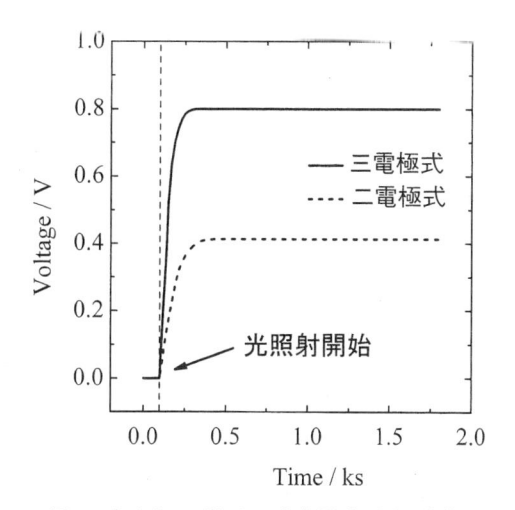

図4 各光キャパシタの光充電時の電圧変化

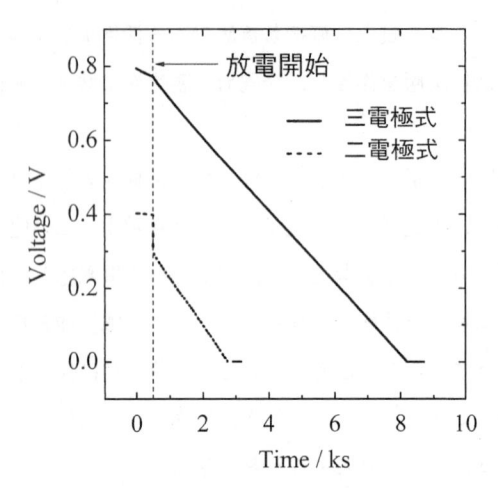

図5 各光キャパシタの定電流放電時の電圧変化

表1 二電極式および三電極式光キャパシタの光充放電特性

		Three-electrode	Two-electrode
Charged voltage	V	0.80 (195 %)	0.41
Internal resistance	Ω	20 (0.6 %)	3300
Output electric energy per cm^{-2}	μWh·cm^{-2}	34.7 (1052%)	3.3

善できることを期待した。

　図4に示される三電極式光キャパシタの光照射時の充電電圧変化においては，二電極式で問題であった充電電圧の低さが改善しており，0.8Vの充電電圧を達成していることが示された。この要因としては，内部電極を使用することにより発電に適した酸化還元電解溶液を使用することが可能となったこと，そして酸化チタンと活性炭界面での電荷移動の必要性が無くなり効率良い光起電力の発現が可能となったことが考えられる。また，図5に示されるように，放電開始時の電圧低下も大幅に改善しており，内部抵抗が20Ωまで劇的に低下し，二電極式と比較すると0.6 %ほどまで低減することが可能となった。放電時に蓄電層の陽極として内部電極を使用することで，二電極式で問題となっていた色素吸着酸化チタン／活性炭界面のエネルギー障壁が消失し，活性炭中に蓄電された電力を直接取り出し可能となったことが大きな要因であると考えられる。以上のような充電電圧と内部抵抗の改善は，最終的に得られる電力量密度を飛躍的に増加させ(表1)，二電極式と比較して約十倍もの容量の増加を達成することが可能となった。

第1章 色素増感型光蓄電素子「光キャパシタ」

5 蓄電層の改良による光充放電特性の改善

　三電極式光キャパシタの特長として，発電層および蓄電層の改良がそれぞれ独立して達成可能であることがあげられる。例えば，蓄電層に関しては，用いる電解溶液や蓄電層作製方法の最適化を行うことで光充放電特性を容易に改善することができる。

　蓄電層の作製方法としては，電極上にキャストやスキージ法などによって活性炭ペーストを塗布，乾燥する方法か，活性炭と結着剤の混合物を機械的プレスすることでペレットを作製する方法が一般的である。活性炭およびポリフッ化ビニリデン(PVDF)を DMF と混合することで得られた活性炭ペーストを白金コートガラス上にキャストコーティングすることで作製した蓄電層と，活性炭およびポリテトラフルオロエチレン(PTFE)の混合物をプレスすることで作製した蓄電層に関して充放電試験を行い，各パラメータを算出した結果を表2にまとめた。プレス法により作製した蓄電層は，キャスト法で作製したものと比較して，内部抵抗が55％ほど減少し，比静電容量についても134％の増加が確認された。SEM 観察の結果から活性炭粒子間の密着性が増加したことが確認されたため，これにより活性炭粒子間の電荷移動が改善され，内部抵抗が低減したことが考えられる。また，粒子間の接触性が改善することで電気二重層形成に関与する活性炭粒子が増加し，結果的に静電容量が増加したことが考えられる。以上のように蓄電層の作製方法を改善することで，光充放電特性を向上させることが可能であることが明らかとなった。また，プレス法は，活性炭量の制御が容易で，蓄電容量を増やすことができる点，素子の厚みを薄くできる点でも有利である。

　光充放電特性に影響を及ぼす他の要因の一つとして，蓄電層に用いる支持塩電解液組成があげ

表2　キャスト法およびプレス法による放電特性への影響

		Casted	Pressed
Weight of AC	mg	8.0	26.6 (333%)
Internal resistance	Ω	21.0	11.6 (55%)
Capacitance	$F \cdot g^{-1}$	57.2	76.4 (134%)
Discharged quantity of coulomb	$C \cdot g^{-1}$	10.0	13.7 (137%)
Output electric energy per kg^{-1}	$Wh \cdot kg^{-1}$	0.98	1.35 (138%)
Output electric energy per cm^{-2}	$\mu Wh \cdot cm^{-2}$	12.3	55.9 (454%)

表3 蓄電層電解液の違いによる放電特性への影響

		Organic solution (PC)	Aqueous solution (H_2SO_4 aq)
Weight of AC	mg	26.6	31.3 (118%)
Internal resistance	Ω	11.6	4.80 (41%)
Capacitance	$F \cdot g^{-1}$	76.1	142 (187%)
Discharged quantity of coulomb	$C \cdot g^{-1}$	13.7	24.2 (177%)
Output electric energy per kg^{-1}	$Wh \cdot kg^{-1}$	1.35	2.30 (170%)
Output electric energy per cm^{-2}	$\mu Wh \cdot cm^{-2}$	55.9	113 (202%)

られる。EDLCの電解液として一般的に用いられるのは，アルキルアンモニウム塩の炭酸プロピル溶液が用いられるが，この系は約3Vの耐電圧を有している。一方で，光発電層の開放起電力は約0.8V程度であることを考慮すると，有機溶媒系のみでなく水溶液系の利用できることが期待される。水溶液系の電解液は耐電圧が1.2V程度と低いものの，有機溶媒系と比較して静電容量が大きいことが知られており，DSSCからなる光発電層との組合せは適当であると考えられる。ここでは，$TEABF_4$の炭酸プロピル溶液(15 w%)と硫酸水溶液(30 w%)のそれぞれを蓄電層電解液として用いた場合について充放電試験を行い，各パラメータについて算出した結果を表3にまとめた。その結果，水溶液系において内部抵抗，比静電容量とも大幅に優れており，結果的に出力される総電力量は同重量の活性炭量で比較すると約1.7倍も改善することが明らかとなった。これは，電気伝導度が高く，高濃度の支持電解質水溶液を用いることで電気二重層が効率良く形成された結果であると考えられる。以上のように光キャパシタへの水溶液系支持電解液の組合せは有効であることが示されている。

6 大型光キャパシタの作製と拡散太陽光下における出力特性

上記のように改善した作製条件において大型三電極式光キャパシタ(光電極有効面積100 × 9 mm，厚さ3 mm)の試作を行った。光電極と対向電極間に整流用ダイオードを挿入することで，スイッチングすることなしに充放電を同時に達成することが可能となる。例えば，外部回路で消費される以上の電力が生じる場合，余剰の電力は蓄電されることが可能で，低光量で発電層の出

第1章　色素増感型光蓄電素子「光キャパシタ」

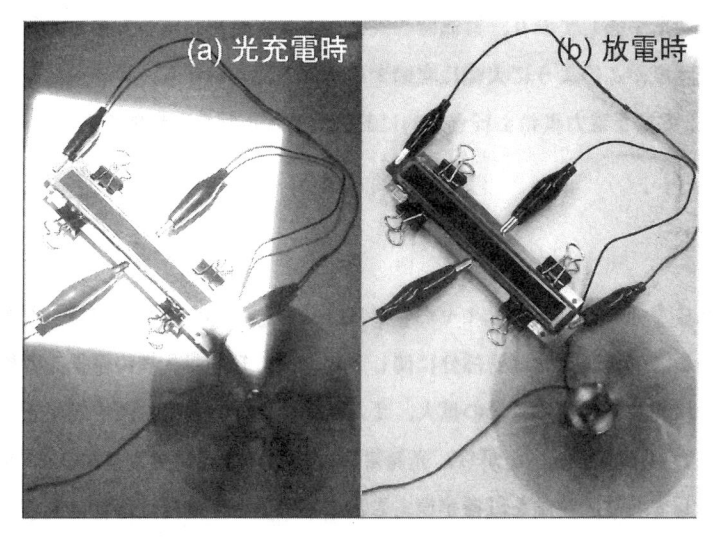

写真1　光キャパシタのモーターを用いた作動実験

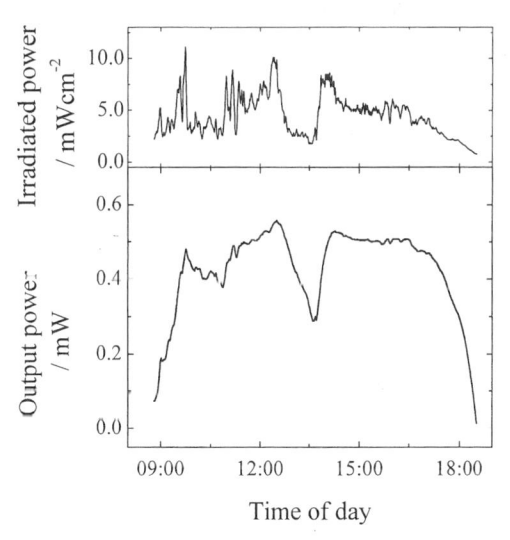

図6　曇天下における光キャパシタ出力特性(下段)と入射光強度(上段)

力が低下する状況では蓄電層に蓄えられた電力を使用して外部回路を駆動することが可能となる。これにより，写真1に示されるように光量が大きく変化するような条件下でも安定な電力供給ができるため，外部回路の安定な駆動が可能となる。

作製された大型光キャパシタを室内窓際に設置し，拡散太陽光が入射する条件下で出力特性について計測を行った結果を図6に示す。光キャパシタの出力電力は定電流放電することで測定されており，出力電圧を計測した結果から出力電力を算出している(図6下段)。図6の上段に示す

グラフは入射光強度を表しており，計測時の天候により入射光強度が大きく変動していることが分かる。入射光強度がこのように大幅に変動する条件下においても，光キャパシタの出力は非常に安定しており，安定な電力供給を行う目的において大きな効果を発揮することが示されている。

7　おわりに

DSSC と EDLC を組み合わせた光キャパシタは，それぞれのシステムが持つ改善要因を同時に持ち合わせている。例えば，発電層部分に関して言えば，長期耐久性の確保，変換効率の改善など，蓄電層部分に関しては蓄電容量の拡大，また共通の問題としては漏液対策を含めた安定性の向上などが考えられる。しかしながら，光発電層の効率は薄膜アモルファス Si 太陽電池に競争するまでに向上しており，安価な設備が使える色素増感型への期待は非常に大きいと言える。また，長期耐久性に関しても，2, 3 年の短期使用型であって，きわめて低コストで量産でき，環境リサイクルも容易なデバイスが構築できれば状況は変化すると考えられる。前述のように，ユビキタス化に伴う独立電源の必要性は，急速に拡大しているのは事実であり，近い将来この光キャパシタを実用化する可能性は非常に高いと考えられる。

謝辞

本研究の一部は，NEDO 太陽光発電技術研究開発プロジェクトの委託によって行われた。

文　　献

1) H. Nagai and H. Segawa, *Chem. Commun.*, 974 (2004)
2) H. J. Gerritsen, W. Ruppel and P. Wurfel, *J. Electrochem. Soc.*, **131**, 2037, (1987); G. Hoges, J. Manassen and D. Cahen, *Nature*, **261**, 403, (1976); S.Licht, G. Hodes, R. Tenne and J. Monassen, *Nature*, **326**, 363 (1987); A. J. Bard, F.-R. F. Fan, H. S. White and B. L. Wheeler, *J. Am. Chem. Soc.*, **102**, 5442, (1980)
3) T. Miyasaka, T. Murakami, *Appl. Phys. Lett.*, **85** (17), 3932, (2004)
4) 手島健次郎，宮坂力，*OHM*, **8**, 2006 年 6 月
5) 上原赫，吉川暹（監修），有機薄膜太陽電池の最新技術，シーエムシー出版，288，2005 年 11 月
6) T. Murakami, N. Kawashima, T. Miyasaka, *Chem. Commun.*, 3346 (2005)

第2章　色素増感光二次電池

瀬川浩司*

1　はじめに

　太陽電池は，一般に光強度に依存して出力が変動する。例えば日中の太陽光下では出力は最大となるが，暗闇では出力は得られない。このため，太陽電池は外部二次電池と組み合わせて用いられることが多い。一方，色素増感太陽電池をはじめとする湿式太陽電池[1]は，既存のpn接合太陽電池とは異なり，光エネルギーをいったん化学エネルギーに変換した後に電気エネルギーに変換する独特な反応機構のため，工夫すれば二次電池との一体化が可能になる。われわれはこの点に着目し，太陽電池自身に蓄電してしまうことができる「エネルギー貯蔵型色素増感太陽電池」(Energy Storable Dye Sensitized Solar Cell，ES‒DSSC)を世界に先駆けて開発した[2]。このES‒DSSCでは，通常の太陽電池として使用(図1(a))しながら余剰電力を太陽電池内部に貯蔵することができる。また，外部回路に何も負荷がない時には，吸収した光エネルギーを化学エネルギーに変換して貯蔵し有効に利用することができる。このようにして貯蔵したエネルギーを利用して，暗時においても電力が取り出せる(図1(b))。本章では，その仕組みについて解説する。

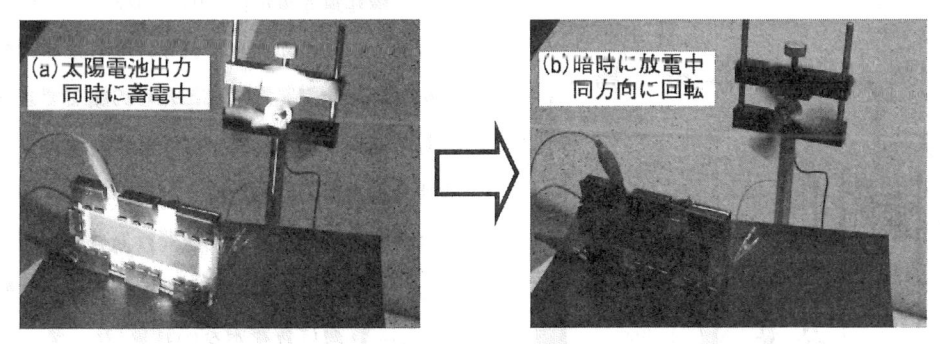

図1　エネルギー貯蔵型色素増感太陽電池(ES‒DSSC)の基本的機能
(a)通常の太陽電池出力時の写真。このとき余剰電力は太陽電池内部に蓄電されている。
(b)蓄えた電力を使って暗時に出力している写真。充放電のつなぎ換えは不要。
モーターは，太陽電池出力時も暗時の放電の際も切り替えなしで同一方向に回転する。

---

*　Hiroshi Segawa　東京大学　先端科学技術研究センター　教授

2 「蓄電できる太陽電池」の基本構成

従来から光電気化学セルに蓄電機能を持たせる試みはいくつかあったが[3〜6]，太陽電池と同様の形状をした実用的な光二次電池の報告は無かった。光電気化学セルとしては，2極式セル[3]，3極式セル[4,5]，4極式セル[6]などが報告されているが，その中でも3極式電気化学セルは他のセル構成よりも利点が多い。このため，われわれは最初から3極式電気化学セルを応用した光二次電池を作製した。ES-DSSCの基本構造（図2）は，DSSCと二次電池の融合型になっている。こうすることにより，単に太陽電池と二次電池を外部回路でつないだものに比べスケールメリットが生まれる。ES-DSSCでは，二次電池機能をもたせるためにDSSC部分以外に電荷を蓄積する酸化還元対を含む半電池が必要である。この半電池とDSSCはセパレータにより隔てられている。この半電池部分を電荷蓄積セル，電極を電荷蓄積電極とする。DSSC部分は基本的にはグレッツェルセルと同じ構成で，TiO_2電極はFTO電極に10〜30nmのTiO_2ナノ粒子が10μ程度の膜厚となったものである。このTiO_2上にRu色素を吸着させたものが光アノードとなる。光アノード側の電解質溶液はヨウ素レドックス（I^-/I_3^-）を使用している。溶媒にはアセトニトリルまたはプロピレンカーボネートなどを用いた。対極にはヨウ素レドックスに対する触媒作用があるPtをメッシュにした電極を用いた。電荷蓄積部分にはTiO_2光アノードからの電子を有効に蓄えられる電位を持つ材料が必要である。具体的には電荷蓄積部分の酸化還元電位がTiO_2の伝導帯（E_c）よりも低く，DSSC内のヨウ素レドックスの酸化還元電位よりも十分高いものである必要がある。一般的にTiO_2の伝導帯の電位は-0.5V vs. SCE程度であることが知られ，ヨウ素レドックスの酸化還元電位は$+0.2〜0.3$V vs. SCE程度であることが知られている。そのため電荷蓄積部分の酸化還元電位はこれらの間でできるだけ負の電位を持つ材料が好ましく，またより可逆性の高い電子移動を行う材料がよい。われわれは蓄電材料に主として導電性高分子を用いている。外部回路に何も負荷がない時（A-B間を閉じC-D間に負荷がない状態）は，光エネルギーは化学エネルギーに変換され貯蔵される。また，太陽電池出力時（C-D間に負荷がある状態）にも充電が行え，光照射時および放電時においても同じ方向に出力が取り出せる。暗時にC-D間に負荷がある場合，十分に光充電が行

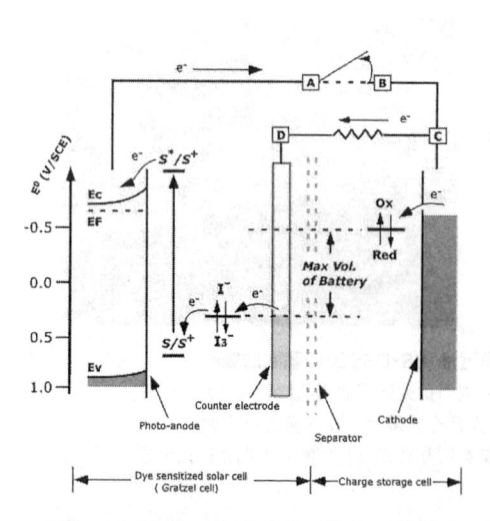

図2　ES-DSSCのエネルギーダイアグラムおよび作動原理図

第2章 色素増感光二次電池

われていれば出力がとれる。DSSC部分と電荷蓄積部分との間にイオン交換膜が挟まれていることにより電荷蓄積部分で還元された酸化還元種はDSSC内のヨウ素レドックスにより酸化されることなく還元状態が維持される。ここで光照射によって生じたエネルギーはヨウ素レドックスの酸化還元電位 $E(\mathrm{I^-/I_3^-})$ と電荷蓄積部分の酸化還元種（導電性高分子）の酸化還元電位 $E(\mathrm{redox})$ との差分の化学エネルギーとして変換され貯蔵される。自己放電などが起こらないとするとこの開回路電圧の最大値 $V_{\max}$ は理想的にはヨウ素レドックスの酸化還元電位 $E(\mathrm{I^-/I_3^-})$ と電荷蓄積部分の酸化還元電位 $E(\mathrm{redox})$ との差の電圧に保持される。

$$V_{\max} = E(\mathrm{I^-/I_3^-}) - E(\mathrm{redox})$$

最大開回路電圧だけを考えると電荷蓄積部分の導電性高分子の酸化還元電位 $E(\mathrm{redox})$ は TiO_2 の伝導帯の電位よりも少し低くヨウ素レドックスの酸化還元電位よりも十分高い電位を持つものを選ぶことが望ましい。C-D間に外部抵抗を負荷させた時には，光充電に生じる反応とは逆の反応が生じ放電が進行する。つまりヨウ素レドックスが還元され，電荷蓄積部分の導電性高分子が酸化される反応が起こる。以上の反応プロセスからわかるように，ES-DSSCでは太陽電池出力時の光充電過程と放電過程とでは，同じ方向に出力できる。ES-DSSCの作成で最も重要な点は電荷蓄積部分に用いる材料の選択である。

3 導電性高分子を用いた ES-DSSC

ポリピロールやポリアニリンなどの導電性高分子はドープ脱ドープにともなう酸化還元応答を示し，2次電池材料として研究されてきた[7～10]。また，ポリピロールなどはスーパーキャパシターへの応用の研究もなされている[11]。導電性高分子のなかでもポリピロールは高い導電性と化学的安定性を兼ね備えており，酸化によりアニオンがドーピングされ，電気化学重合も容易である。

Polypyrrole (PPy)

これらポリピロール膜はリチウムイオンバッテリーの正極活物質としても期待されている。これに対し本研究ではポリピロール膜電極を負極材料として利用している。この方法ではポリピロール膜の過剰酸化によるセル特性の低下などがおきない利点がある。充電時においてはポリピロール膜の脱ドーピング，放電時にはドーピングにより充放電がおこなわれる。図3にはわれわれが最初に作成したES-DSSCのセル分解構成図を示す。スペーサーにシリコンゴムを用いたとても単純な構造で，DSSC同様に製造がきわめて簡単である。DSSC部分と電荷蓄積電極はカ

チオン交換膜を介して接続した。使用したカチオン交換膜は炭化水素系イオン交換膜，セレミオン（旭硝子）である。AM1.5の光照射下で$I-V$曲線はDSSC単体のみとほぼ一致したことから，ES-DSSCの太陽電池特性はDSSCとほぼ同等の特性をもつことがわかる。ES-DSSCの暗時における開回路電圧は原理的に電荷蓄積部分の酸化還元電位とヨウ素レドックスの酸化還元電位により決まる。

ES-DSSCの起電力を高くするには，ドープ脱ドープの酸化還元電位ができるだけ負側のポリピロール膜電荷蓄積電極を用いる必要がある。またドープ脱ドープが高い可逆性をもち，繰り返しサイクル特性の良いものが必要である。このようなポリピロール膜は，プロピレンカーボネート中でピロールを低い電流密度で定電流電解重合することで得られる[12, 13]。低い電流密度での定電流電解重合により得られたポリピロール膜電極は，アノードおよびカソードピーク電位のピークセパレーションが狭く，高い可逆性をもつ。本研究では，酸化還元電位が－0.33V vs. SCE付近にある高い性能を持つポリピロール膜を用いた。

光充電を行なった後，ES-DSSCのV_{OCdark}の光充電時間依存性について調べた。光充電1分においては，V_{OCdark}は10分後には200mVまで低下してしまうが，光充電30分の十分な光充電においは，V_{OCdark}は15分でも約600mVの開回路電圧が維持されていることがわかった。これは光充電時間の増加とともにポリピロール膜の脱ドープが進み，膜中のドープ率が徐々に減少するためと考えられる。光充電電気量は光充電時間の増加とともに増大した。光充電時に10kΩの抵抗を負荷させた状態とそうでない状態とでも同等の充電電気量が得られたことが確認された。しかしながら，初期の実験におけるES-DSSCで得られた光充電電気量はかなり小さく，また閉回路電流値も小さいことから，これらを増大させる必要があった。このためには，ポリピロール膜電荷蓄積電極の重合量を増加させることが最も基本的な方法であるが，ポリピロール膜の重合量

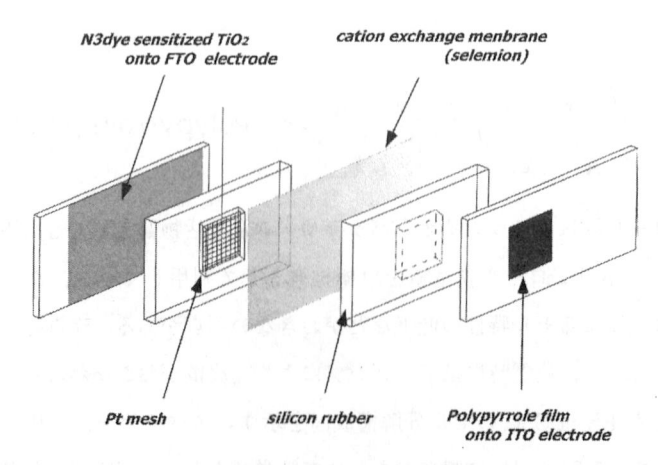

図3　ES-DSSCのセル分解構成図

第2章　色素増感光二次電池

を増加させるにつれてアノードおよびカソードでのピーク電流は大きくなるものの，それぞれのピーク電位は共にアノード方向にシフトし，アノード電流の立ちあがり電位もアノード側にシフトすることがわかった。このような重合量の増加に伴うアノード方向へのシフトは，①膜厚の増大による要因，②膜表面の不均一性によるドープ脱ドープにともなう構造変化による要因，の二つが考えられる。このアノードシフトを抑えるためには，重合量の増加による膜厚の増大や膜表面の不均一性を抑えることが必要であると考えられる。つまり膜の重合量を増加させたときに，より薄膜でより均一な膜が得られれば，より可逆で，よりカソード側にピークを持つようなポリピロール膜が得られると考えられる。

4　セパレータの改良

ES-DSSC の特性向上にはさまざまな課題がある。そのひとつは，セパレータである。われわれは，電荷蓄積電極の導電性高分子上にイオン交換膜を直接複合化することでセパレータと電荷蓄積電極を一体にした低抵抗型 ES-DSSC を作成し，著しくセル特性が向上することを明らかにした。比較のため低分子アニオンである ClO_4^- をドープしたポリピロール膜（PPy(ClO_4^-)）と，高分子アニオンである Nafion をドープしたポリピロール膜（PPy(Nafion)）を用いて低抵抗型 ES-DSSC を作成した（図4）。定電流電解重合により作成した PPy(ClO_4^-) および PPy(Nafion) 膜電極上にそれぞれセパレータの役割をする Nafion117® の溶液を均一に塗布し，約80度で加熱アニールし，電荷蓄積電極に用いた。

本研究で作成した異なるドーパントを持つポリピロール膜電極では，それぞれの還元過程において異なるイオンの移動が起こる。PPy(ClO_4^-) では通常通り対アニオンの脱ドーピングが起こるのに対し，PPy(Nafion) ではポリアニオンが動けないため，逆に対カチオンのドーピングが行

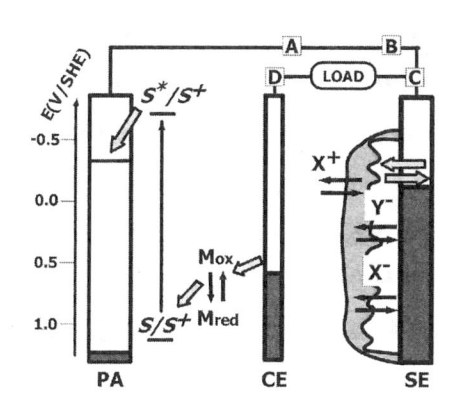

図4　電荷蓄積電極セパレーター体型の低抵抗型 ES-DSSC

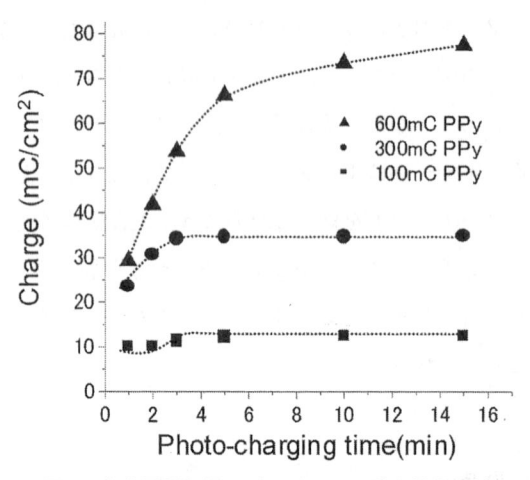

図5 光蓄電電気量のポリピロール重合量依存性

われる。この2種類のポリピロール膜電荷蓄積電極を用いたセルにおいて光充電を行なった。その結果，光充電により，PPy(ClO_4^-)では対アニオンの脱ドーピングによる膜収縮がおこり，その重合電気量の増加により膜の構造変化が顕著になることが明らかとなった。その結果電荷蓄積電極が劣化し，セル特性の低下がおこる。一方，PPy(Nafion)では光充電により対カチオンのドーピングが行われるため，膜収縮は起こりにくい。このため，重合電気量を増大させてもセル特性は低下せず，全体として高いセル特性が得られることが明らかとなった(図5)。

5 電荷蓄積電極の改良

これまでの研究で，ITO平板電極上では，PPy膜の重合電気量が増大するにつれ，ES-DSSCの電圧が著しく低下するという問題が生じていた。さらに，充放電過程に伴うPPy膜の膨脹収縮によるITO基板からの剥離によって，放電電気量の低下や耐久性に問題があることも分かってきた。これらの問題を解決するには，電極表面積を大きくするとともに膜の剥がれ難い基板を選択する必要がある。そこで，PPy膜と接着性が良いと言われるステンレス素材と，表面積が大きく膜が剥がれ難いメッシュ構造に着目し，ステンレスメッシュを基板に用いた。PPy/ステンレスメッシュを電荷蓄積電極に用いることによりPPy/ITOの場合に比べて，充放電速度が向上し，放電電気量も約2倍に上昇した。また，充電後の電圧も約40mV向上した。

次にこのステンレスメッシュ上のPPy膜に直接Nafionカチオン交換膜溶液を塗布した電荷蓄積電極を用いたES-DSSCを作成した。図6には，PPy/ステンレスメッシュにカチオン交換膜をコートし，セパレータをなくしたES-DSSCを示す。対極にはFTO上に白金を蒸着させたも

第 2 章　色素増感光二次電池

のを用い，電解液には 0.5M LiI, 0.05M I_2 の AN(アセトニトリル)溶液を用いた。カチオン交換膜には 5wt% Nafion117® を用い，メタノールで 10 倍希釈したものをコーティング液とした。コーティング後は，140℃のオーブンで 45 秒間アニールした。この操作を 100 回繰り返すことにより，電極をしっかりコーティングすることができる(膜厚は 15 μm 程度)。その後，0.1M $LiClO_4$ AN 溶液中に 2 時間浸漬させて，Nafion 膜中の H^+ を Li^+ にイオン交換した。この Nafion/PPy/ステンレスメッシュを電荷蓄積電極に用いた ES-DSSC を作成し，特性評価を行った。セレミオンを用いた場合に比べて，充放電速度が向上し，放電電気量も約 2 倍に上昇した。このようにカチオン交換膜の薄膜化による低抵抗化によって，特性を飛躍的に向上させることができた。さらに，電荷蓄積電極の蓄電容量を増加させるために，PPy の重合電気量を $1Ccm^{-2}$, $5Ccm^{-2}$ と増大させた。30 分の光照射によって $235.2mCcm^{-2}$ の大きな放電電気量を持ちながら，500mV 以上という高い電圧を保持した(図7)。このセルを用いて，ES-DSSC の重要な特性である出力安定性を評価した。30 分光充電後に，10kΩ 抵抗の負荷を接続した状態で光照射と暗時を 10 分毎に切り換えた時の電圧変化をモニタした。DSSC とは異なり暗時においても出力が可能で，PPy の重合電気量を増大することによって，長時間にわたり安定に高い出力を保持することができた。

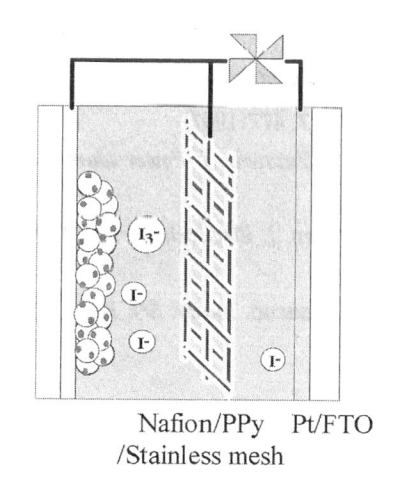

図 6　Nafion/PPy/ステンレスメッシュを電荷蓄積電極に用いた ES-DSSC の概略図

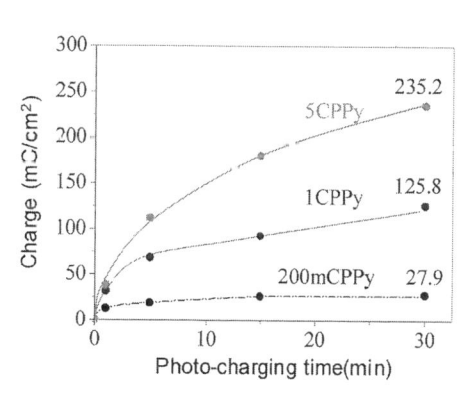

図 7　PPy の重合電気量 200mCcm^{-2}, 1Ccm^{-2}, 5Ccm^{-2} の Nafion/PPy/ステンレスメッシュを電荷蓄積電極に用いた ES-DSSC の各光照射時間に対する放電電気量

6 おわりに

本章ではES-DSSCの基本的な特性を紹介した。また，イオン交換膜と導電性高分子をハイブリッドした電荷蓄積電極を用いて，光充電速度を高めること，エネルギー貯蔵効率を高めること，充放電の繰り返し安定性を高めることなどを示した。色素増感太陽電池の多機能化のひとつとして，蓄電機能を付与した光二次電池の展開には期待が持たれる。

文　　献

1) A. Fujishima and K. Honda, *Nature*, **238**, 37 (1972)
2) H. Nagai, H. Segawa, *Chem. Commun.*, 974 (2004)
3) H. J. Gerritsen, W. Ruppel and P. Würfel, *J. Electrochem. Soc*, **131**, 2037 (1984)
4) G. Hoges, J. manassen and D. Cahen, *Nature*, **261**, 403 (1976)
5) S. Licht, G. Hodes, R. Tenne and J. Monassen, *Nature*, **326**, 363 (1987)
6) A. J. Bard, F.-R. F. Fan, H. S. White and B. L. Wheeler, *J. Am. Chem.. Soc.* **102**, 5442 (1980)
7) B. Coffey *et al.*, *J. Electrochem. Soc*, **142**, 321 (1995)
8) T. Yeu, R. E. White, *J. Electrochem. Soc*, **137**, 1327 (1990)
9) T. Osaka, T. Momma, H. Ito, B. Scrosati, *J. Power Sources*, **68**, 392 (1997)
10) H. Tsutsumi, S. Yamashita, T. Oishi, *J. Appl. Electrochem*, **27**, 477 (1997)
11) A. Rudge, J. Davey, I. Raistrick, S. Gottesfeld and J. P. Ferraris, *J. Power sources*, **47**, 89 (1994)
12) M. D. Levi, E. Lankri, Y. Gofer, D. Aurbach and T. Otero, *J. Electrochem. Soc*, **149**, E204 (2002)
13) K. West, B. Zachau-Chrustuansen, T. Jacobsen and S. Skaarup, *Mater. Sci. Eng.*, **B13**, 229 (1992)

第3章　色素増感太陽電池の最近の特許動向

酒井幸雄*

1　はじめに

　色素増感太陽電池は，1991年にスイス・ローザンヌ工科大学(EPFL)のGraetzelらにより，新規な湿式太陽電池としてNature誌に発表された。この電池は，アモルファスシリコン半導体太陽電池に比較できるほどの高い変換効率が得られるにもかかわらず，素子構造が簡単で大型の製造設備がなくても製造出来る可能性がある。安価でクリーンなエネルギーの開発は21世紀の日本が抱えるエネルギー問題の要であり，その切り札として色素増感型太陽電池による太陽光発電システムが日本発の実用化技術として発信されることが期待されている。

　また，フィルム化した色素増感太陽電池の軽量，フレキシブルあるいはカラフルなどの特性を生かし，携帯電源，家電をはじめとする広い用途が期待されている。

　最近は日本を筆頭に各国で活発に研究が行われ，いくつかのベンチャー企業も出現し，特許出願件数も急激に増加している。ここでは色素増感太陽電池の特許動向を，特許庁が平成17年度に行った「色素増感型太陽電池の特許出願技術動向調査」(http：//www.jpo.go.jp/shiryou/gidou-houkoku.htm)をもとに紹介する。

2　特許調査方法と色素増感太陽電池の技術分類

　特許出願技術動向調査では，調査対象として日本，米国，欧州，韓国，中国が選定され，日本特許の検索にはPATOLISが，海外特許の検索にはWPINDEXがデータベースとして採用されている。日本特許の検索に用いられた検索式を表1に示す(海外特許については省略)。検索された全件数に対し明細書を確認してノイズ落としを行い，日本特許1,034件，外国特許338件が色素増感太陽電池に関係する特許出願として抽出されている(表2)。次いで，表3に示す技術分類表に従って各々の特許出願に対し分類が付与され，解析が行われている。

---

*　Yukio Sakai　㈱ダイヤリサーチマーテック　調査コンサルティング部門　主幹研究員

表1 検索式:国内特許文献 PATOLIS

S1	F	FI = H01M14/00P	
S2	F	FI = H01L31/04Z	
S3	F	FI = H01G9/20	
S4	F	FT = 5H032AA06	
S5	F	FT = 5F051AA14	
S6	F	FK = ((太陽＊電池)＋(光電＊変換＊素子))	
S7	F	FK = (色素＋湿式＋酸化チタン＋2酸化チタン＋酸化亜鉛＋グレッチェル)	
S8	F	S6 ＊ S7	
S9	F	CLM = (色素増感太陽電池＋(色素増感＊太陽電池))	
S10	F	CLM = (湿式太陽電池＋(湿式＊太陽電池))	
S11	F	CLM = ((光電変換素子＋太陽電池)＊(色素＋湿式＋酸化チタン＋2酸化チタン＋酸化亜鉛＋グレッチェル))	
S12	F	WD = 色素増感太陽電池	
S13	F	WD = 湿式太陽電池	
S14	F	S1＋S2＋S3＋S4＋S5＋S8＋S9＋S10＋S11＋S12＋S13	
S15	F	S14 ＊ AD = >19800101	

出典:特許出願技術動向調査報告書「色素増感型太陽電池」,p.60,第1-1-8表

表2 特許検索結果

		検索日	検索件数*	データベース採用件数**
日本特許		2005.07.26	2,879	1,034
海外特許		2005.08.08	1,769	338
海外特許内訳	US		963	149
	EP		630	148
	CN		172	30
	KR		44	11

＊公開／登録の重複有り, ＊＊公開／登録の重複なし
出典:特許出願技術動向調査報告書「色素増感型太陽電池」,p.61,第1-1-10表

3 特許出願の全体動向

　色素増感太陽電池の基本となる特許は,Graetzelにより1988年に出願された。その後,図1に示すように1997年頃から出願件数が急増し,その傾向は現在も継続している。色素増感太陽電池の安価で高効率な次世代太陽電池としての可能性が1991年のGraetzelらの論文で示されたあと,世界各地で行われた研究開発の結果が1997年頃から特許出願の形で現れてきたものと思われる。

＊同一特許が複数国に出願された場合,出願件数としては重複して積算されている。

第3章　色素増感太陽電池の最近の特許動向

表3　技術分類表

大分類	中分類	小分類
01.基板	A.材料	1.ガラス基板, 2.セラミックス基板, 3.樹脂基板, 4.金属基板, 5.その他
	B.機能	1.集電, 2.集光・散乱, 3.波長変換, 4.その他
	C.その他	
02.導電膜	A.導電膜材料	1.SnO_2（FTOを含む）, 2.ITO, 3.ZnO（IZOを含む）, 4.カーボン系, 5.その他
	B.成膜方法	1.蒸着法, 2.スパッタ法, 3.スプレーパイロリシス法, 4.その他
	C.導電膜構造	1.集電／金属配線層, 2.中間膜, 3.多層膜, 4.集光, 5.その他
	D.その他	
03.半導体膜	A.チタニア電極	1.チタニアナノ粒子, 2.チタニアナノチューブ, ナノチューブ, ナノロッド, 3.チタニアドーピング, 4.電極への添加剤, 5.電極処理, 6.その他
	B.チタニア複合電極	1.TiO_2/SnO_2電極, 2.その他
	C.非チタニア電極	1.ZnO電極, 2.SnO_2電極, 3.ZnO/SnO_2電極, 4.Nb_2O_5電極, 5.その他
	D.p型半導体電極	
	E.タンデム型電極	
	F.成膜技術	1.湿式法, 2.乾式法, 3.低温成膜法, 4.その他
	G.光電極の構造	1.光散乱層および反射層, 2.その他
	H.その他	
04.色素	A.金属錯体系	1.Ru錯体色素, 2.その他金属錯体
	B.有機色素系	1.メチン色素, 2.キサンテン色素, 3.ポルフィリン色素, 4.フタロシアニン色素, 5.アゾ系色素, 6.クマリン系色素, 7.その他の有機色素
	C.被覆	1.吸着, 2.積層, 3.複数色素の利用, 4.その他
	D.その他	
05.電荷輸送材	A.液体電解質	1.液体電解質, 2.イオン性液体, 3.非ヨウ素系電解質, 4.その他
	B.擬固体電解質	1.ゲル化, 2.その他
	C.固体電荷輸送材	1.p型半導体, 2.ホール輸送層
	D.その他	
06.対極	A.対極の材料	1.白金（貴金属）, 2.カーボン, 3.導電性ポリマー, 4.複合材料, 5.その他
	B.成膜方法／電極形成法	1.スパッタ法, 2.その他
	C.対極の構造	1.集電, 2.集光, 光の反射, 3.透明電極, 4.その他
07.封止技術	A.封止材料	1.ポリマー系接着剤, 2.セラミックス系接着剤
	B.封止方法	
	C.その他	
08.電池製造技術	A.単セル	1.電池全体構成, 2.部分構造, 3.その他
	B.モジュール	1.単モジュール内の複数セルの接続, 2.複数モジュール間の接続, 3.その他
	C.製造技術	1.製造プロセス, 2.製造装置, 3.その他
	D.フレキシブルセル	1.フィルム化, 2.高速量産化, 3.その他
	E.大面積化	
	F.その他	
09.その他	A.評価技術	1.測定方法, 2.標準化, 3.LCA
	B.その他	1.充電機能, 2.その他

出典：特許出願技術動向報告書「色素増感型太陽電池」, p.5, 第1=5表

色素増感太陽電池の最新技術 II

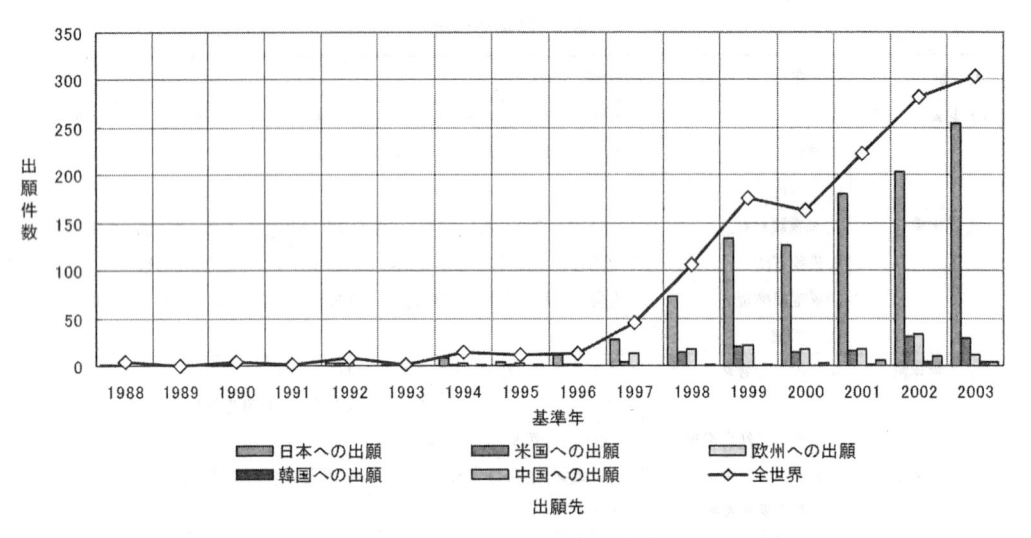

図1 各出願先国への出願件数の推移（出願件数：1,372件）
出典：特許出願技術動向調査報告書「色素増感型太陽電池」, p.8, 第2-3図 a

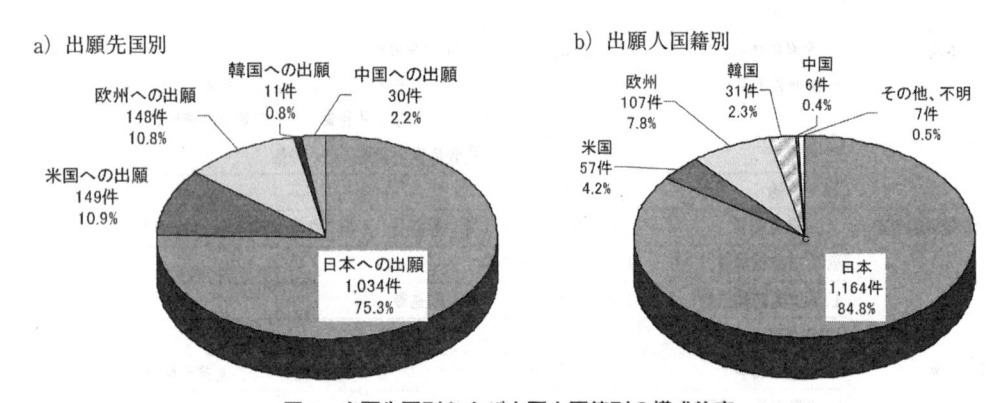

図2 出願先国別および出願人国籍別の構成比率
出典：a) 特許出願技術動向調査報告書「色素増感型太陽電池」, p.9, 第2-3図 b；
　　　b) 同, p. 71, 第2-1-7図 b

　特許検索実施時点までに全世界で1,372件*の特許出願が行われた。その75％が日本への出願であり，欧米への出願を合わせると出願件数の97％と大多数を占めている（図2 a））。出願人国籍別に見ると日本からの出願が，全出願の約85％を占めている（図2 b））。

　特許出願の国際的な流れを図3に示す。日本国籍の出願人は，日本への出願が圧倒的に多いが，欧州や米国へも多くの件数が出願されている。欧州国籍の出願人は欧州域内のみならず，出願の約半数を日本や米国に出願している。米国国籍の出願人の場合，米国出願件数の1/3程度の件数を日本や欧州に出願している。件数としては少ないが，日米欧から中国への出願が見られるが，

280

第3章　色素増感太陽電池の最近の特許動向

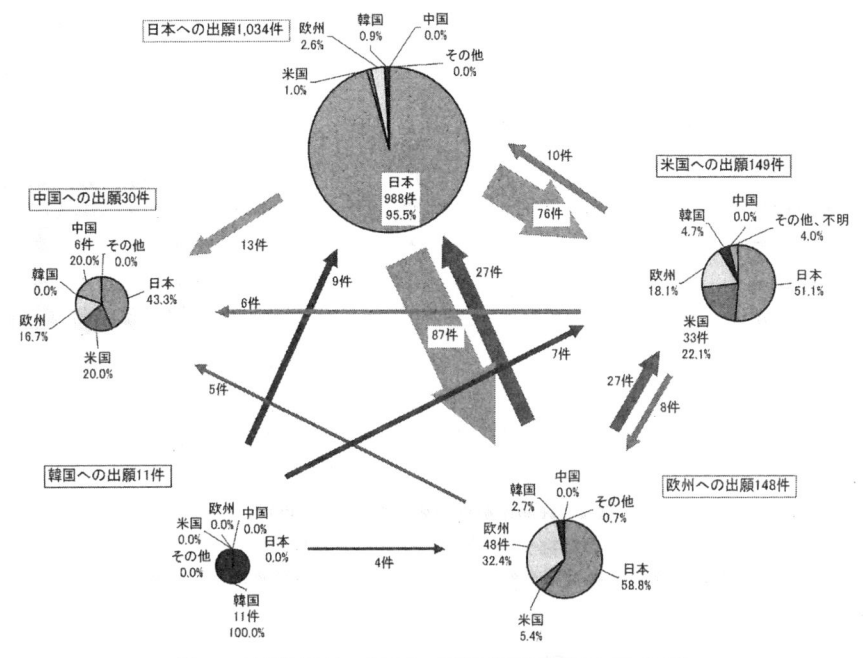

図3　出願先国別—出願人国籍別出願件数収支（全世界）
出典：特許出願技術動向調査報告書「色素増感型太陽電池」，p.10，第2-5図

中国国籍の出願人の出願先は中国国内に限られている。一方，韓国国籍の出願人は，日米欧に出願している。

今回の調査で，韓国への出願が確認された11件の特許出願は全て韓国国籍であったが，韓国特許庁の特許情報をベースに韓国企業により行われた調査では57件の出願が確認され，そのうち25件が日本企業からの出願であった。正確性を必要とする場合，中国，韓国については別途調査する必要がある。

4　技術分野別動向分析

特許出願の推移を技術区分別に見ると，図4に示すように半導体膜，色素および電荷輸送材という3要素に関する特許出願が中心で，特に1997年以降この3要素の出願が急激に増加している。一方，工業化を目指した電池製造技術も1998年以降出願件数が増加している。

出願人国籍別の技術区分別の特許出願件数を見ると，図5に示すようにすべての出願人国籍において半導体膜に関しての特許出願が多い。半導体膜に次いで，日本では色素と電荷輸送材，米国と欧州では電池製造技術に関する出願が多いことが特徴的である。

色素増感太陽電池の最新技術 II

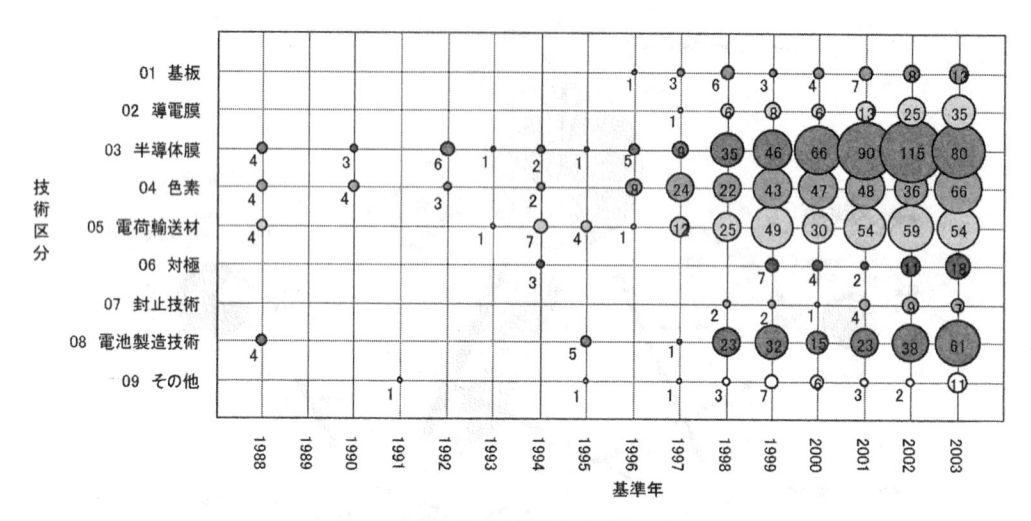

図4 技術区分別出願件数推移(全世界)
*複数国への出願時は重複して積算表示
出典：特許出願技術動向調査報告書「色素増感型太陽電池」, p.11, 第2-7図 a

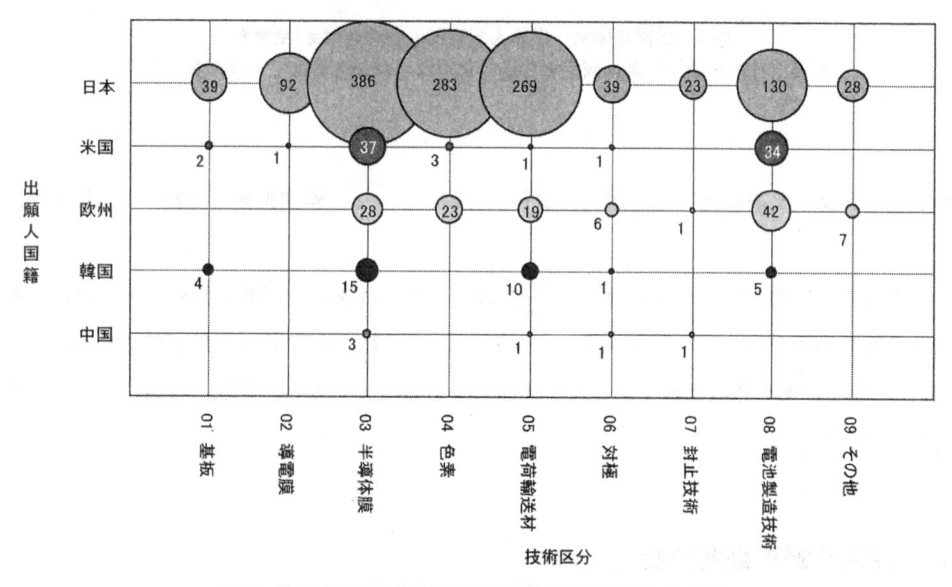

図5 出願人国籍別の技術区分別特許出願件数(全世界)
出典：特許出願技術動向調査報告書「色素増感型太陽電池」, p.13, 第2-9図 a

5 出願人別動向

図6に示すように，出願件数の上位には，238件の富士フイルムを筆頭に，シャープやソニーなどの家電，半導体，色素関連などの日本企業が続いている。富士フイルムは，1999年をピー

第 3 章　色素増感太陽電池の最近の特許動向

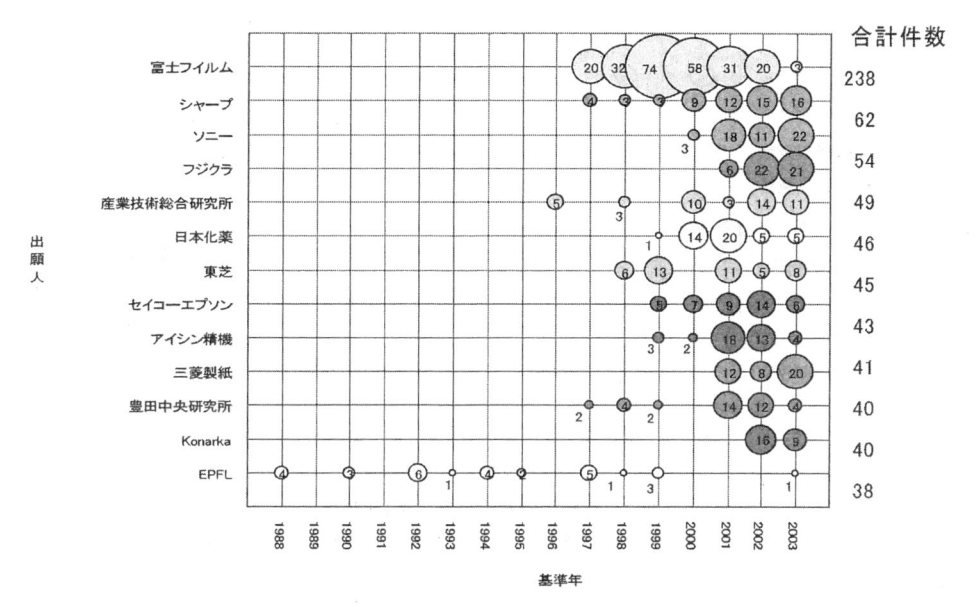

図 6　出願人別出願件数（全世界）
出典：特許出願技術動向調査報告書「色素増感型太陽電池」，p.15，第 2-11 図

クに出願件数が減少しはじめ，現在特許出願活動は収束しているように思われる。一方，シャープ，ソニー，フジクラ，三菱製紙は，2001 年以降出願が増加傾向にある。産業技術総合研究所は，1996 年から 2003 年に至るまでコンスタントに出願が行われ，日本での先駆者的な役割を果たしていることがうかがえる。

海外では，EPFL が 1988 年の基本特許出願から，その後も継続して特許出願を行っている。米国のベンチャー企業である Konarka は 2002 年から特許出願が始まっている。

登録件数では，EPFL が 19 件と最も多く，各国で特許が成立している。富士フイルムの 16 件は米国での登録である。産業総合研究所は国内外で 13 件が登録されている（図 7）。

6　EPFL/Graetzel の特許出願

表 4 に示すように Graetzel らにより欧州に出願された特許出願の多くは，米国，日本およびオーストラリアにも出願されている。また，中国にも 1 件出願されている。韓国への出願は行われていないようである。

1988 年の特許出願（特許 2664194）が色素増感太陽電池の基本特許と考えられる。明細書中には，金属酸化物半導体の種類と性状，表面粗さ係数，ゾルゲル法による酸化物半導体の製造法，発色団層の Ru 系色素の種類の他，基板，導電膜，対極などについても記載され，Graetzel 型太陽電

色素増感太陽電池の最新技術 II

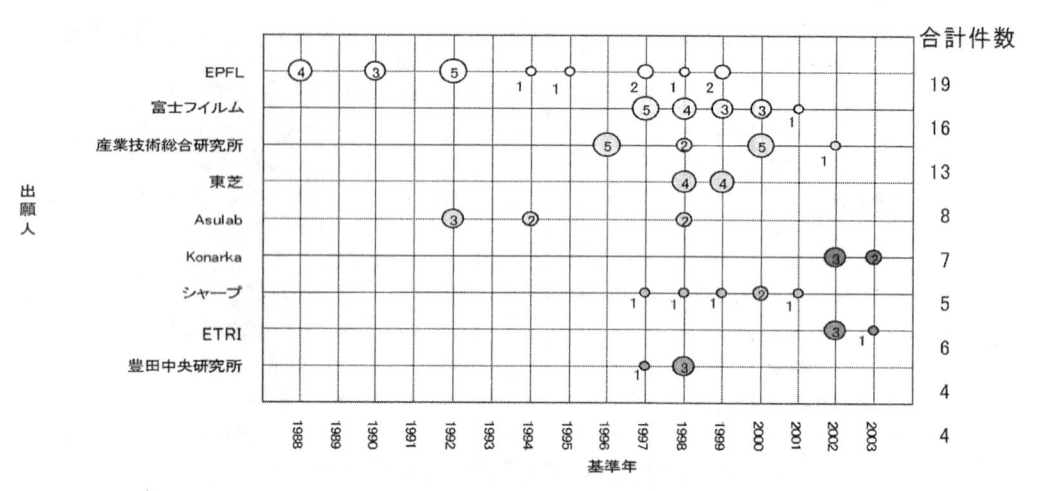

図7　出願人別登録件数上位（全世界）
出典：特許出願技術動向調査報告書「色素増感型太陽電池」, p.15, 第2-12図

表4　EPFLから各国への出願状況

基準年	出願先					発明等の名称
	日本	米国	欧州	オーストラリア	中国	
1988	特許2664194	US4927721 US5084365	EP0333641			光電気化学電池・その製法および使用法
1990	特許2101079	US5350644	EP0525070	AU650878		光電池
1992	特許3681748	US5525440	EP0584307	AU675779		光電気化学セルの製造方法および得られた光電気化学セル
1992	特表平07-500630 特許3731752	US5463057	EP0613466	AU683222		有機化合物（N3色素など）
1993	特表平09-507334	US5728487	EP737358	AU687485		光電気化学電池およびこの電池用の電解液
1994	特表平10-505192		EP0796498		CN1157052	電気化学式太陽電池セル
1994	特表平10-504521	US5789592	EP758337	AU697111		ホスホン酸化ポリピリジル化合物およびその錯体
1995	特表平11-514787	US6069313	EP0858669	AU728725		光起電力セル電池およびその製造方法
1997	特表2001-510199		EP0998481	AU734412		光増感剤（ジョンソンマッセイと共願）
1997	特表2002-512729	US6245988	EP983282	AU743120		金属複合体光増感剤および光起電力セル色素（N749色素など）
1998			EP1086506			Primary And Secondary Electrochemical Generator
1999	特表2003-504799	US6936143	EP1198621	AU775773		可視光による水開裂用のタンデム電池
2003			EP1473745			Dye Sensitized Solor Cell

出典：特許出願技術動向調査報告書「色素増感型太陽電池」, p.18, 第2-17表

第3章　色素増感太陽電池の最近の特許動向

池の半導体膜，色素，電解質，電池製造技術などについて基本的な構成・技術が開示されている。

　また，二酸化チタン層が二価または三価金属から選択された金属イオンでドーピングされている導電層（半導体層）およびπ伝導性を有するキレート基を有する光増感剤を含む光電池を特徴とする特許2101079，拡散バリヤを配置する半導体膜の改良および，燃焼法で調製したチタニア粒子などを特徴とする特許3681748，およびN3色素に関する特許3731752の3件が登録となっている。上記の特許を含むEPFLの主な特許出願のカバー範囲を図8に示す。

7　主要研究開発テーマ別特許出願の流れ

　色素増感太陽電池の基本的な概念はEPFLの出願によりカバーされているが，実用化或いは変換効率の改善を目指し，特に日本の企業から多くの特許が出願されている。

　ここでは，色素増感太陽電池の実用化に向けての主要な研究開発テーマである，①低温成膜法，②電解液の固体化，③量産化技術，④変換効率の改善（色素と光電極），の4項目について重要と判断された特許を示す。

　特許の抽出に当たっては，①登録特許，②同じ技術に属する特許出願の中では出願の時期の早

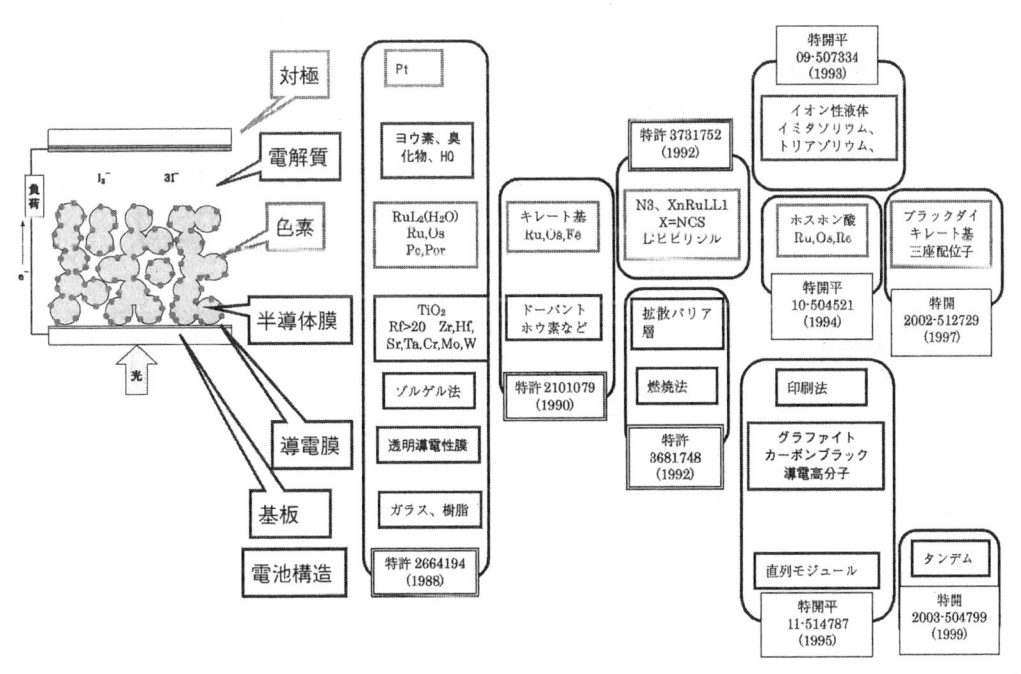

図8　EPFLから出願されている特許のカバー範囲
出典：特許出願技術動向調査報告書「色素増感型太陽電池」，p.19，第2-18図

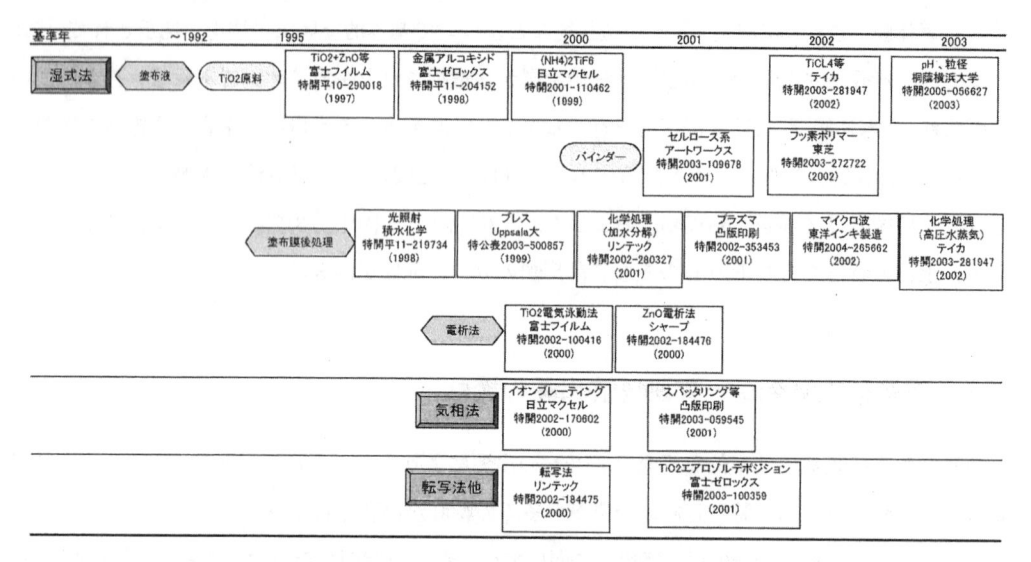

図9　低温成膜法
出典：特許出願技術動向調査報告書「色素増感型太陽電池」，p.35，第6-2図

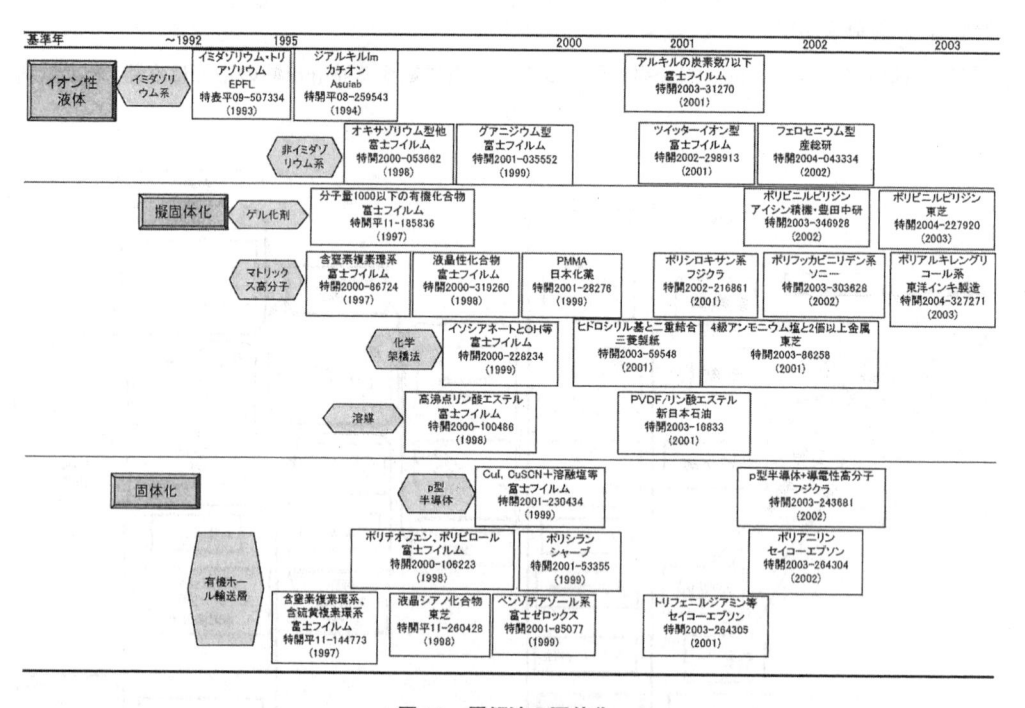

図10　電解液の固体化
出典：特許出願技術動向調査報告書「色素増感型太陽電池」，p.36，第6-3図

い特許出願，③現在研究開発，商品化開発を活発に行っている企業，研究機関の特許出願，④学会等で注目を集めている技術に関する特許出願，に着目して抽出されている。

第3章 色素増感太陽電池の最近の特許動向

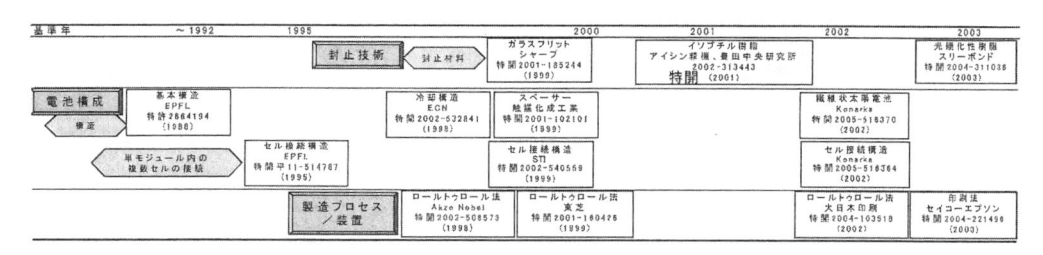

図11 量産化技術
出典：特許出願技術動向調査「色素増感型太陽電池」，p.37，第6-4図

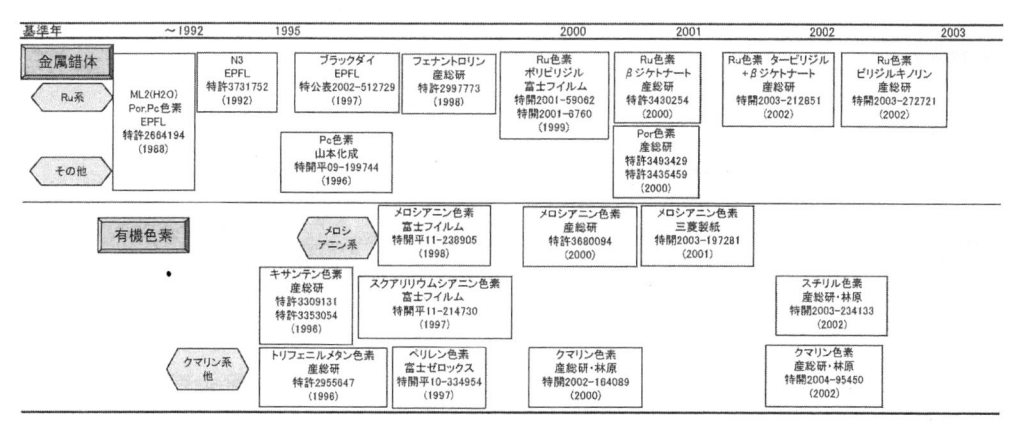

図12 変換効率の改善（色素）
出典：特許出願技術動向調査「色素増感型太陽電池」，p.37，第6-5図

8 おわりに

　色素増感太陽電池の基本構成は，1976年に大阪大学の坪村によって明らかにされた[1]が，特許出願はされなかった。Graetzel（EPFL）らは，画期的な技術により色素増感太陽電池の変換効率を飛躍的に高めたが，1991年の論文[2]発表に先立ち，1988年に，半導体膜，Ru錯体色素，電解質，電池製造技術などの電池の基本的な構成・技術を明細書に記載した色素増感型太陽電池の基本特許と考えられる特許出願（EP0333641，特許2664194）を行った。引き続きGraetzelらはEPFLから特許2101079，特許3681748，特許3731752，Asulabから特許3336528などの特許出願を行い，色素増感型太陽電池の電極構造，色素，電解液等を広くカバーした強い特許ポジションを得ている。最近登録された代表的な色素であるN3に関する特許3731752は1992年の出願であり，2012年まで権利が存続する。スイスのSolanonix，オーストラリアのSTI，米国のKonarkaの3社は何れも，Graetzel（EPFL）からライセンスを受けビジネスあるいは開発を進めている。

色素増感太陽電池の最新技術 II

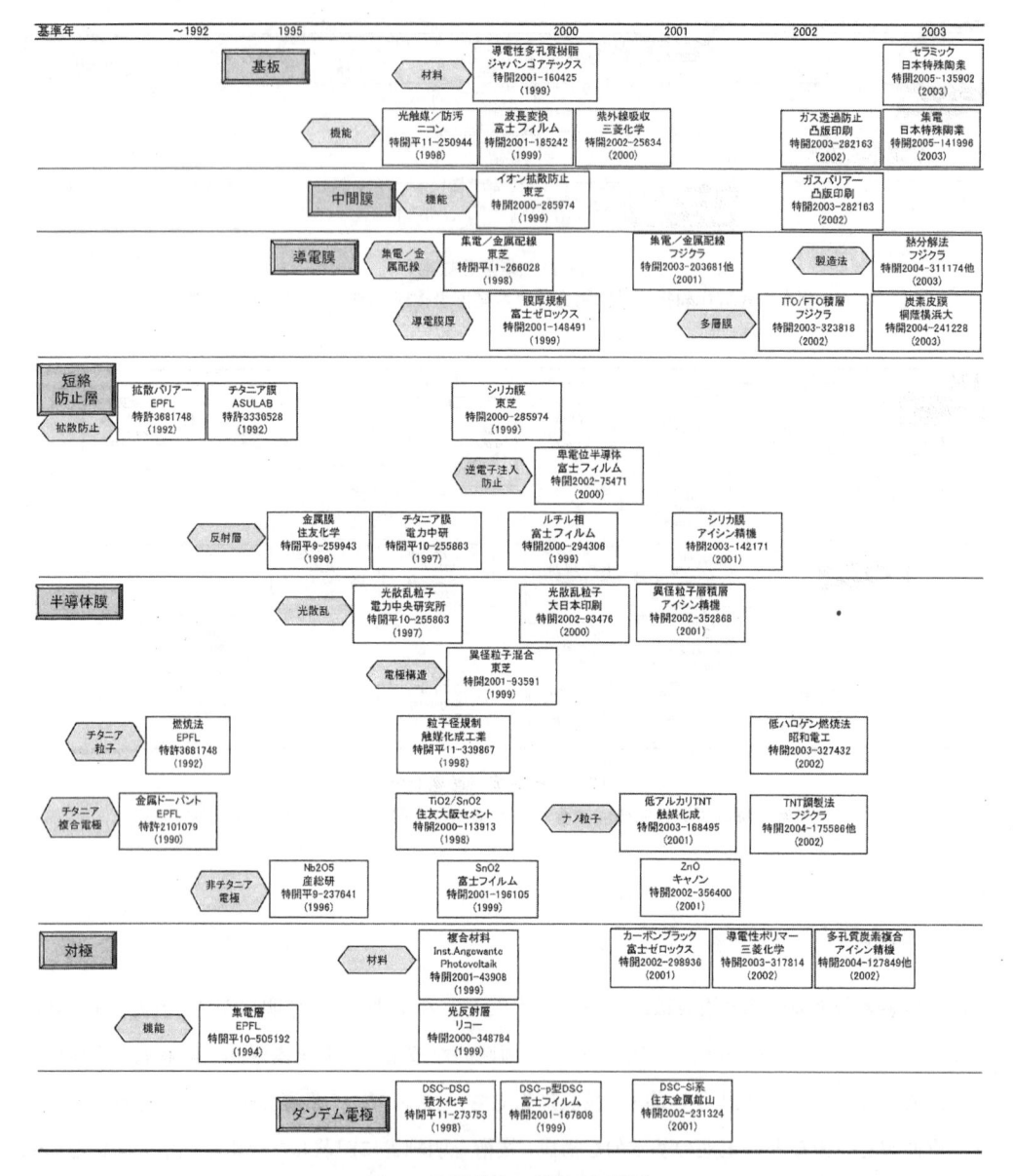

図13　変換効率の改善（光電極）
出典：特許出願技術動向調査「色素増感型太陽電池」，p.38，第6-6図

　2005年7～8月時点での，特許庁調査での色素増感型太陽電池の特許出願件数は1,372件である。その約85％（1,164件）が日本からの出願であり，欧米を含め海外に対して大きくリードしている。日本からの出願は，半導体膜，色素，電荷輸送材などの光エネルギー変換効率に大きく影響する主要3要素はもとより，実用化に際して重要な要素技術である基板，導電膜および電池製

第3章　色素増感太陽電池の最近の特許動向

造技術にいたるまで広範囲におよび，実用化に向けての取り組みが着実に進捗していることを示している。

　色素増感太陽電池の特許出願を行っている日本の企業，大学，研究機関の数は130を超え，その中には多くの民間企業が含まれている。それらの民間企業の業種は，写真，電池，家電，電気，化学，電子，製紙，自動車，印刷，無機材料と多岐に渡っており，各々が特徴的な素材・原料や加工技術を有し色素増感型太陽電池の研究開発に係わっている。日本では，変換効率の向上，耐久性の改善，コストの低減，フレキシブルフィルム化などの課題に対し，基板，導電膜，光電極，色素，電解質，対極などの素材・原料・加工技術などについて幅広く取り組みが行われ，各々の分野において高いレベルの実用化技術が構築されつつある。基本技術はGraetzel(EPFL)により開発されたが，実用化技術においては明らかに日本の技術が世界をリードしていると思われる。

　その結果，現在では耐久性および安全性も大幅に改善され携帯電源，屋内用電源などの分野では実用可能なレベルに近づきつつあるが，未だ住宅用発電システムとしての実用化レベルには達していない。長期的な視野で，住宅用発電システムとしての実用化に向けて技術開発を継続・展開する必要がある。一方，当面は，色素増感型太陽電池のカラフル性，軽量性，フレキシブルな形状の自由度等の特性を生かした分野での実用化を進め，色素増感太陽電池産業の市場を創出・育成していくことが求められている。

謝辞

　本報告は特許庁が平成17年度に行った「色素増感型太陽電池の特許出願技術動向調査」にもとづいて作成されました。本報告の発表および図表の引用を許可して頂きました特許庁関係者の皆様に深く感謝申し上げます。

文　　献

1) Tsubomura, H., Matsumura, M., Nomura, Y., Amamiya, T., *Nature*, **261**, 402 (1976)
2) O'Regan, B., Graetzel, M., *Nature*, **353**, 737-740 (1991)

色素増感太陽電池の最新技術Ⅱ《普及版》

(B1026)

2007年 5 月31日　初　版　第 1 刷発行
2013年 3 月 8 日　普及版　第 1 刷発行

監　修　荒川裕則　　　　　　　　Printed in Japan
発行者　辻　賢司
発行所　株式会社シーエムシー出版
　　　　東京都千代田区内神田 1 − 13 − 1
　　　　電話 03(3293)2061
　　　　大阪市中央区内平野町 1 − 3 − 12
　　　　電話 06(4794)8234
　　　　http://www.cmcbooks.co.jp/

〔印刷　倉敷印刷株式会社〕　　　　　© H. Arakawa, 2013

落丁・乱丁本はお取替えいたします。

本書の内容の一部あるいは全部を無断で複写（コピー）することは，法律で認められた場合を除き，著作者および出版社の権利の侵害になります。

ISBN978-4-7813-0708-4　C3054　¥4600E